Mathematik zwischen Schule und Hochschule

Rolf Dürr • Klaus Dürrschnabel • Frank Loose
Rita Wurth
Herausgeber

Mathematik zwischen Schule und Hochschule

Den Übergang zu einem WiMINT-Studium gestalten – Ergebnisse einer Fachtagung, Esslingen 2015

Herausgeber
Rolf Dürr
Staatliches Seminar für Didaktik und
Lehrerbildung (Gymnasien)
Tübingen, Deutschland

Frank Loose
Mathematisches Institut der Universität
Universität Tübingen
Tübingen, Deutschland

Klaus Dürrschnabel
Hochschule Karlsruhe - Technik und Wirtschaft
Karlsruhe, Deutschland

Rita Wurth
Mettnau-Schule
Radolfzell, Deutschland

ISBN 978-3-658-08942-9 ISBN 978-3-658-08943-6 (eBook)
DOI 10.1007/978-3-658-08943-6

Die Deutsche Nationalbibliothek verzeichnet diese Publikation in der Deutschen Nationalbibliografie; detaillierte bibliografische Daten sind im Internet über http://dnb.d-nb.de abrufbar.

Springer Spektrum

Gedruckt auf säurefreiem und chlorfrei gebleichtem Papier

Springer Fachmedien Wiesbaden GmbH ist Teil der Fachverlagsgruppe Springer Science+Business Media (www.springer.com)

Inhalt

Vorwort

Der Übergang von der Schule zur Hochschule fällt den Studienanfängerinnen und -anfängern zunehmend schwer. Speziell das als abstrakt empfundene Fach Mathematik stellt sich als hohe Hürde beim Studieneinstieg heraus, insbesondere wenn es sich um Studierende eines wirtschafts-, informations-, ingenieurs- oder naturwissenschaftlichen Faches handelt, im Folgenden kurz mit WiMINT (Wirtschaft, Mathematik, Informatik, Naturwissenschaften und Technik) bezeichnet. Erschwerend kommt hinzu, dass Studierende dieser Studiengänge nicht Mathematik als Hauptfach studieren, sondern Mathematik nur als Hilfswissenschaft benötigen.

Dass die Probleme beim Studieneinstieg in den letzten Jahren größer geworden sind, zeigen z. B. die Studien des Deutschen Zentrums für Hochschul- und Wissenschaftsforschung DZHW. Sie belegen, dass im Bereich WiMINT die Studienabbrecherzahlen mit teilweise über 40 % besonders hoch sind und u. a. Leistungsprobleme sowie mangelnde Vorkenntnisse hierfür verantwortlich gemacht werden.

Verschärft wird die Situation dadurch, dass Schulen als abgebende Institution und Hochschulen als aufnehmende Institution nur selten Kontakt pflegen. Auf beiden Seiten hat sich jedoch in den vergangenen Jahren vieles gewandelt. Bildungspläne in den Schulen wurden infolge der internationalen Studien TIMSS und PISA ebenso verändert wie das Studium infolge der Bologna-Reform mit der damit verbundenen Umstellung auf die Abschlüsse Bachelor und Master. Um das gegenseitige Informationsdefizit abzubauen und den Übergang von der Schule zur Hochschule im Bereich Mathematik zu glätten, hat sich im Jahr 2002 die Gruppe cosh – Cooperation Schule Hochschule gebildet, eine Gruppe von Lehrern und Hochschuldozenten aus Baden-Württemberg im Bereich der Mathematik.

Ein aktuelles Ergebnis von cosh ist der Mindestanforderungskatalog Mathematik für ein Studium von WiMINT-Fächern. Im Frühjahr 2012 zeichnete sich ab, dass bundesweite Bildungsstandards für die allgemeine Hochschulreife veröffentlicht werden und infolgedessen in Baden-Württemberg neue Bildungspläne für die verschiedenen Bildungsgänge zu entwickeln sind. Aus diesem Grund haben die Schul- und Hochschulvertreter der cosh-Gruppe vereinbart, einen Mindestanforderungskatalog Mathematik für den Einstieg in ein WiMINT-Studium zu formulieren. Dieser wurde ausgehend von einer Tagung im Sommer 2012 in mehreren Stufen im Konsens zwischen Lehrerenden an Schulen und Hochschulen entwickelt. In ihm sind mathematische Kenntnisse, Fertigkeiten und Kompetenzen beschrieben, die ein Studienanfänger haben sollte, um erfolgreich ein WiMINT-Studium bestehen zu können. Der Katalog ist durch Beispielaufgaben operationalisiert, um den Schwierigkeitsgrad und das Niveau der erwarteten Kompetenzen zu konkretisieren. Der vollständige Katalog ist im Anhang dieses Tagungsbandes zu finden.

Mit der Fülle der Reaktionen auf die Veröffentlichung des Mindestanforderungskatalogs hatten die Autorinnen und Autoren nicht gerechnet. Die bundesweiten Rückmeldungen sind durchweg sehr positiv, die skizzierten Kompetenzen und Inhalte werden allgemein als realistisch für die Schnittstelle eingestuft. Neben der Aufzählung der Kenntnisse und Fertigkeiten findet insbesondere die Konkretisierung durch Beispielaufgaben Zustimmung. Die Tatsache, dass dieser Katalog im Konsens zwischen Schule und Hochschule entwickelt wurde, wird vielfach besonders gelobt.

Bei der Arbeit am Mindestanforderungskatalog stellte sich heraus, dass es einige Inhalte gibt, die von den Hochschulen erwartet werden, die aber nicht in den Bildungsplänen der Schulen und auch nicht in den inzwischen veröffentlichten bundesweiten Bildungsstandards abgebildet sind. Die entsprechenden Stellen sind im Katalog gekennzeichnet. Die Diskrepanz zwischen Hochschulerwartungen und Schulwissen wird somit klar aufgezeigt und dient als Orientierung für die Weiterentwicklung der Schnittstelle. Der Mindestanforderungskatalog informiert alle Beteiligten auf Seiten der Schule, welche Weiterentwicklung der Bildungspläne anzustreben ist. Die Hochschulen werden darüber in Kenntnis gesetzt, worauf sie im besten Fall aufbauen können.

Damit die Lücke geschlossen werden kann, muss die Politik die entsprechenden Rahmenbedingungen setzen. Die Studienanfängerinnen und -anfänger von WiMINT-Fächern müssen sich zudem darum bemühen, die im Mindestanforderungskatalog formulierten Kenntnisse zu erwerben. Auch das wird explizit im Katalog festgehalten.

Mit der Formulierung des Mindestanforderungskatalogs ist ein erster Schritt getan, dem jedoch Maßnahmen zu dessen Verbreitung und zur weiteren Glättung der Schnittstelle zwischen Schule und Hochschule folgen müssen. Konsequenzen zur Verbreitung der formulierten Inhalte sind ebenso notwendig wie Maßnahmen zum Schließen der systematischen Lücke zwischen Schulwissen und Hochschulerwartungen.

Das Ministerium für Kultus, Jugend und Sport sowie das Ministerium für Wissenschaft, Forschung und Kunst in Baden-Württemberg kündigten eine Fachtagung an, um den Mindestanforderungskatalog in der Breite bekannt und transparent zu machen und die Konsequenzen daraus zu diskutieren. Die Konzeption und Durchführung dieser Fachtagung wurde der cosh-Gruppe übertragen. Die Tagung fand vom 09. bis 11. Februar 2015 in der Landesakademie für Fortbildung und Personalentwicklung an Schulen in Esslingen statt. Alle Universitäten und alle Hochschulen für angewandte Wissenschaften mit einer WiMINT-Studienrichtung Baden-Württembergs waren auf der Tagung präsent, dazu Vertreter der Pädagogischen Hochschulen und der Dualen Hochschule Baden-Württemberg. Insgesamt nahmen ebenso viele Lehrerinnen und Lehrer teil, sowohl von beruflichen Schulen als auch von allgemeinbildenden Gymnasien. Hinzu kamen Experten und Beobachter aus anderen Bundesländern, des DZHW, der Hochschulrektorenkonferenz, der bundesweiten Mathematikkommission Übergang Schule-Hochschule und Fachreferenten der Ministerien.

Die wesentlichen Ergebnisse dieser Fachtagung sind Inhalt dieses Tagungsbandes. Die Artikel sind weitgehend unabhängig voneinander lesbar, aber nicht losgelöst voneinander zu sehen. Der Tagungsband ist in folgende Teile gegliedert:

Teil 1: Grundlagen. Hier werden die Entstehungsgeschichte und die bisherige Arbeit von cosh dargestellt. Neben dem Mindestanforderungskatalog wurden diverse weitere Erfolge erzielt, die Thema des entsprechenden Artikels sind. Ein aktuelles Projekt von cosh, welches in diesem Teil beschrieben wird, ist eine Längsschnittevaluation zur Situation der Studierenden in Bezug auf Mathematik und der Wirksamkeit der angebotenen Unterstützungsmaßnahmen. Eine Beschreibung der Vorgeschichte der Tagung und des Tagungsortes runden diesen Teil ab.

Teil 2: Impulsreferate. Einen wesentlichen Teil der Tagung stellten die Impulsreferate zu den Themen Studienabbruch, Fachdidaktik für WiMINT, Online-Plattform auf Basis des Mindestanforderungskatalogs sowie Anregungen zur Stärkung der Kooperation dar. Diese Vorträge wurden von den Referenten für den Tagungsband aufbereitet. Impressionen der Firma FESTO zum Thema Mathematik im Ingenieuralltag runden das Kapitel ab.

Teil 3: Diskussionsforen. Am zweiten Tag fanden Diskussionsforen zu den Themen Gestaltung einer Online-Plattform zur Selbstdiagnose, Entwicklung einer Fachdidaktik Mathematik für WiMINT und Stärkung der Kooperation Schule-Hochschule statt. Die wesentlichen Ergebnisse der Foren sind hier zusammengestellt.

Teil 4: Öffentliche Veranstaltung. Am Abend des zweiten Tages fand im Rahmen einer öffentlichen Veranstaltung eine Podiumsdiskussion statt, bei der Vertreter aller Fraktionen des Landtages, der Hochschulrektorenkonferenz und der Industrie die anstehenden Fragen diskutierten. Zentrale Aussagen sind in diesem Teil aufgeführt.

Teil 5: Empfehlungen. Die Teilnehmerinnen und Teilnehmer haben am Ende der Fachtagung mit großer Einmütigkeit Empfehlungen für die Weiterentwicklung der

Schnittstelle und der Kooperation verabschiedet. Diese Empfehlungen mit zugehörigen Erläuterungen sind hier zu finden.

Nach dem Schlusswort befindet sich im Anhang der Mindestanforderungskatalog Mathematik (Version 2.0).

Die Erstellung eines solchen Tagungsbandes ist mit einem großen Aufwand von verschiedenen Personen verbunden. Zunächst möchten wir allen Autoren für die beigesteuerten Artikel danken, welche natürlich die Grundlage dieses Tagungsbandes bilden. Ohne diese Beiträge wäre ein derartiges Projekt undenkbar. Diese Artikel müssen zusammengeführt und in ein gemeinsames Layout gegossen werden. Diese Aufgabe hat Herr Dipl.-Math. Jochen Schröder mit Bravour gemeistert, wobei er gekonnt den Spagat zwischen Freundlichkeit und Hartnäckigkeit gegenüber den Autoren beherrschte. Die Beiträge der Herausgeber hat er inhaltlich maßgeblich mitgestaltet. Frau Kerstin Hoffmann vom Springer-Verlag danken wir für die vertrauensvolle und immer konstruktive Zusammenarbeit.

Die Herausgeber des Tagungsbandes hoffen, dass der Mindestanforderungskatalog und die Fachtagung dazu beitragen, die Schnittstelle Schule-Hochschule im Bereich Mathematik weiter zu glätten und den Übergang für die Studienanfängerinnen und -anfänger zu verbessern. Sicher ist schon vieles gewonnen, wenn es eine Diskussion und ein Bemühen um diese Schnittstelle gibt. Das Ziel von cosh ist jedoch, nicht auf diesem Stand stehen zu bleiben, sondern die Schnittstelle hin zu einer besseren Passung von Schulwissen und Hochschulerwartungen weiterzuentwickeln.

Karlsruhe, Radolfzell, Tübingen, im September 2015
Für die Arbeitsgruppe cosh
Rolf Dürr, Klaus Dürrschnabel, Frank Loose und Rita Wurth

Grußwort Theresia Bauer, Wissenschaftsministerin

Baden-Württemberg

MINISTERIUM FÜR WISSENSCHAFT, FORSCHUNG UND KUNST

Mathematikerinnen und Informatiker, Naturwissenschaftlerinnen und Ingenieure sowie natürlich Wirtschaftswissenschaftlerinnen und Wirtschaftswissenschaftler: Das sind die Berufsgruppen, von denen wir uns Ideen und Innovationen versprechen, von denen wir uns gesellschaftlichen Fortschritt erhoffen!

Doch leider haben wir nicht genug Absolventinnen und Absolventen in diesen Fächern. Immer stärker macht sich der Fachkräftemangel bemerkbar, bei privaten wie auch bei öffentlichen Arbeitgebern. Und dafür gibt es zwei Ursachen: Zu wenige entscheiden sich für ein Studium in den WiMINT-Fächern, und zu viele brechen ein WiMINT-Studium vorzeitig ab.

Aus Untersuchungen wissen wir: Auf den Übergang kommt es an! Ganz wichtig für den Studienerfolg ist, dass der Wechsel von der Schule zur Hochschule gelingt. Der Studienbeginn ist die kritische Phase, in der sich viele Neulinge schlecht vorbereitet, überfordert, frustriert fühlen – und dann die Hochschule wieder verlassen. Nicht selten ist es die Mathematik, die Studierende in den ersten Semestern straucheln lässt.

Ich bin daher überaus froh, dass es die Arbeitsgruppe „cooperation schule:hochschule" gibt. In ihr finden sich engagierte Fachleute aus Schule und Hochschule zusammen. Ihr Ziel ist es, jungen Menschen den Studienbeginn zu erleichtern, den Wechsel von der Schule an die Hochschule reibungslos zu gestalten.

Das neueste Produkt aus der Ideenschmiede dieser Arbeitsgruppe liegt jetzt vor: Der „Mindestanforderungskatalog Mathematik". Eine kleine, aber höchst nutzbringende Schrift, die ausführlich darlegt, welches mathematische Niveau einen erwartet, wenn man sich für einen WiMINT-Studiengang entscheidet. Veranschaulicht wird das Ganze mit einer Vielzahl von Aufgabenbeispielen.

Ich danke der Arbeitsgruppe „cosh" herzlich. Das Bändchen, das sie hervorgebracht hat, schließt eine Lücke. Nun können Studieninteressierte schon früh erkennen, auf welche mathematischen Anforderungen sie sich gefasst machen müssen. Und sie können sich entsprechend vorbereiten – zum Beispiel durch den Besuch nachqualifizierender Lehrveranstaltungen, für deren inhaltliche Ausgestaltung der Katalog ebenfalls wertvolle Hinweise gibt. Das Personal an den Hochschulen kann dem Leitfaden entnehmen, welche Kenntnisse es von den Studierenden nicht erwarten darf, wo es also mit seiner Lehre ansetzen muss.

Der Mindestanforderungskatalog Mathematik – da bin ich mir sicher – wird vielen jungen Menschen helfen, ein WiMINT-Studium zu beginnen und erfolgreich zu Ende zu führen. Davon profitieren alle: Die Absolventinnen und Absolventen, auf die hervorragende Karrierechancen warten. Die privaten und öffentlichen Arbeitgeber, die dringend Fachkräfte benötigen. Und die ganze Gesellschaft, die in den Innovationsgeist gut ausgebildeter junger Leute große Hoffnungen setzt.

Theresia Bauer MdL
Ministerin für Wissenschaft, Forschung und Kunst des Landes Baden-Württemberg

Grußwort Andreas Stoch, Kultusminister

Eines der zentralen Anliegen der Landesregierung im Bildungsbereich ist es, die Voraussetzungen für gelingende Übergänge zwischen den schulischen Bildungsgängen zu sichern, ebenfalls zwischen schulischer Bildung und Ausbildung beziehungsweise Studium. Einen wichtigen Beitrag werden dabei die neuen Bildungspläne leisten, die künftig stärker als in der Vergangenheit zwischen den Schularten abgestimmt sein werden.

Für den Übergang von der Schule zur Hochschule hat die Kultusministerkonferenz am 18. Oktober 2012 einheitliche Leistungsanforderungen für die gymnasiale Oberstufe und das Abitur in allen 16 Bundesländern festgelegt. Von der Grundschule bis zum Abitur liegen damit bundesweit geltende Bildungsstandards für zentrale Fächer vor.

Aufgrund der Heterogenität der mathematischen Anforderungen verschiedener Studiengänge an den Hochschulen sowie der Heterogenität unter den jeweiligen Qualifikationsniveaus der Studierenden lassen sich Schwierigkeiten an der Schnittstelle Schule/Hochschule leider nicht immer ausschließen. Als ein Hauptproblem wurde dabei der Kenntnisstand im Fach Mathematik genannt. Aus diesem Anlass wurde bereits im Jahr 2002 die Arbeitsgruppe Kooperation Schule-Hochschule (AG cosh) eingerichtet, die zunächst ausschließlich an der Schnittstelle zwischen beruflichen Schulen und Hochschulen tätig war. Ergebnisse deren Arbeit sind unter anderem: Erhöhung der Stundenzahl im Fach Mathematik in den kaufmännischen Berufskollegs von früher fünf auf jetzt sechs Wochenstunden, Mitarbeit von Professoren der Hochschulen für angewandte Wissenschaften bei der Lehrplanarbeit, Einführung eines außerunterrichtlichen Angebots „Aufbaukurs Mathematik" als Studienvorbereitung unter Mitarbeit der beruflichen Schulen und Hochschulen, Zusammenarbeit bei Weiterbildungsmaßnahmen sowie gegenseitige Hospitation im Unterricht beziehungsweise in der Vorlesung.

Die Erweiterung des Teilnehmerkreises der AG cosh um Mathematiklehrkräfte der allgemein bildenden Gymnasien und Professorinnen und Professoren der Universitäten, der Pädagogischen Hochschulen sowie der Dualen Hochschulen führte schließlich zur Entwicklung des „Mindestanforderungskatalogs Mathematik (Version 2.0)", der den Kern der Kenntnisse beschreibt, die Studienanfängerinnen und Studienanfänger insbesondere in den MINT- und Wirtschaftsfächern haben sollten, um ihr Studium erfolgreich zu beginnen. Gleichzeitig zeigt der Mindestanforderungskatalog auf, welche mathematischen Inhalte durch die Bildungs- bzw. Lehrpläne der verschiedenen Bildungsgänge abgedeckt werden. Der Katalog soll somit für alle Beteiligten an Schule und Hochschule transparent machen, welche Kenntnisse und Fähigkeiten Studienanfängerinnen und Studienanfänger bereits in der Schule erwerben und wo Professorinnen und Professoren mit ihrer Lehre beginnen müssen.

Ein weiterer Schritt zur Optimierung des Übergangs Schule/Hochschule ist die Einführung des „Vertiefungskurses Mathematik" an allgemein bildenden Gymnasien sowie des Kurses „Mathe+" an Beruflichen Gymnasien. Mit diesen Angeboten werden die Schülerinnen und Schüler über den verpflichteten Mathematikunterricht hinaus an besondere Denk- und Arbeitsweisen herangeführt, die für Studiengänge der Natur-, Sozial- und Geisteswissenschaften typisch sind. Ausgewählte inhaltliche und fachmethodische Grundlagen der Mathematik können in diesen Kursen vertieft behandelt werden. Am 7. November 2014 hatten die Teilnehmerinnen und Teilnehmer des zweiten Kursjahres des „Vertiefungskurses Mathematik" erstmals die Möglichkeit, ihre Kenntnisse in einer landesweit einheitlich gestellten Klausur unter Beweis zu stellen, die zeitlich an allen staatlichen Universitäten Baden-Württembergs geschrieben wurde.

Ich wünsche der Fachtagung „Mathematik zwischen Schule und Hochschule – den Übergang zu einem WiMINT-Studium gestalten", die sowohl vom Ministerium für Kultus, Jugend und Sport als auch vom Ministerium für Wissenschaft, Forschung und Kunst unterstützt wird, einen erfolgreichen Verlauf und gute Ergebnisse in unserem gemeinsamen Ziel, die Schülerinnen und Schüler Baden-Württembergs bei der Entwicklung erfolgreicher Bildungsbiographien zu unterstützen.

Andreas Stoch MdL
Minister für Kultus, Jugend und Sport des Landes Baden-Württemberg

1 Grundlagen

Tagungsprogramm 1.1

Montag, 09.02
10:00 Uhr: Begrüßung, Informationen rund um den Mindestanforderungskatalog

14:00 Uhr: Referate mit Diskussion zu den Themen
- Studienabbruch, Ursachen und Folgen (Dr. Heublein, DZHW)
- Fachdidaktik Mathematik für WiMINT (Prof. Dr. Walcher, RWTH Aachen)
- Online-Plattformen basierend auf dem Mindestanforderungskatalog (Dr. Haase, MINT-Kolleg)
- Stärkung der Kooperation und Verbreitung des Mindestanforderungskatalogs (StDin Wurth, cosh)

19:00 Uhr: Mathematik im Ingenieuralltag (Prof. Dr. Post, FESTO)

Dienstag, 10. 02.
9:00 Uhr ganztägig: Diskussionsforen
- Forum 1: Fachdidaktik Mathematik für WiMINT
- Forum 2: Online-Test zur Selbstdiagnose auf Basis des Mindestanforderungskatalogs
- Forum 3: Stärkung der Kooperation Schule Hochschule und Methoden zur Verbreitung des Mindestanforderungskatalogs

18:00 Uhr: Öffentliche Veranstaltung „Ohne Mathe keine Chance" in der Aula der HS Esslingen
- Offenes Forum
- Grußworte

- Kurzreferate zum Mindestanforderungskatalog und zu Ursachen von Studienabbrüchen
- Podiumsdiskussion mit Vertretern der im Landtag vertretenen Fraktionen und Experten:
  - Hilde Cost (Geschäftsführerin IHK-Bezirkskammer Esslingen-Nürtingen, Mitglied des Hochschulrats der HfWU Nürtingen-Geislingen)
  - Prof. Dr. Bastian Kaiser (Vorsitzender Rektorenkonferenz HAW)
  - Dr. Timm Kern, MdL (FDP, Mitglied des Bildungsausschusses)
  - Gerhard Kleinböck, MdL (SPD, Mitglied des Bildungsausschusses)
  - Sabine Kurtz, MdL (CDU, Mitglied des Bildungs- und des Wissenschaftsausschusses)
  - Siegfried Lehmann, MdL (Grüne, Vorsitzender des Bildungsausschusses)
  - Moderation: Dr. Alexander Mäder (Stuttgarter Zeitung)

Mittwoch, 11. 02.
9:00 Uhr: Diskussion der Ergebnisse
- Ergebnisse der Foren
- Verabschiedung von Empfehlungen
- Schlussrunde

12 Uhr: Mittagessen und Ende der Tagung

Teilnehmer der Tagung 1.2

StD Frieder Achtstätter, LS Stuttgart
StD Achim Boger, Gewerbliche Schule Schwäbisch Gmünd
Prof. Dr. Irene Bouw, Universität Ulm
StD'in Gabriele Brosch-Kammerer, Berufliches Schulzentrum Leonberg
Prof. Dr. Rebecca Bulander, HS Pforzheim
Prof. Dr. Eva Decker, HS Offenburg
OStR Ralf Dehlen, Max-Eyth-Schule Kirchheim unter Teck
Prof. Rolf Dürr, Staatliches Seminar für Didaktik und Lehrerbildung (Gymnasien) Tübingen
Prof. Dr. Klaus Dürrschnabel, HS Karlsruhe
StD Armin Egenter, Gewerbliche Schule Heidenheim
StD Wolfgang Eppler, Walther-Groz-Schule Kaufm. Schule Albstadt
Prof. Dr. Wolfgang Erben, HfT Stuttgart
Prof. Dr. Michael Felten, HDM Stuttgart
Prof. Dr. Heinrich Freistühler, Universität Konstanz
Prof. Hans Freudigmann, Staatliches Seminar für Didaktik und Lehrerbildung (Gym.) Tübingen
Prof. Matthias Gercken, Staatliches Seminar für Didaktik und Lehrerbildung (Gymnasien) Karlsruhe
Prof. Dr. Gerhard Götz, HS Mosbach
Dr. Stephanie Grabowski, HRK nexus
Dr. Christian Groh, Eberhard-Gothein-Schule Mannheim
Prof. Dr. Gabriele Gühring, HS Esslingen
Dr. Daniel Haase, MINT-Kolleg Karlsruhe
Prof. Bernd Hatz, Staatliches Seminar für Didaktik und Lehrerbildung (Gymnasien) Esslingen
Dr. habil. Frieder Haug, Carlo-Schmid-Gymnasium Tübingen

Prof. Dr. Elkedagmar Heinrich, HTWG Konstanz
Prof. Dr. Bernhard Heislbetz, HS Rottenburg
Prof. Dr. Frank Herrlich, Universität Karlsruhe
Dr. Ulrich Heublein, DZHW Leipzig
Dr. Jörg Heuß, ehem. Staatliches Seminar für Didaktik und Lehrerbildung (BS) Karlsruhe
Prof. Dr. Stefan Hofmann, HS Biberach
Prof. Dr. Walter Hower, HS Albstadt-Sigmaringen
Prof. Dr. Reinhold Hübl, HS Mannheim
StD Thomas Jurke, Kultusministerium
Prof. Dr. Wolfram Koepf, Universität Kassel
Prof. Veronika Kollmann, Staatliches Seminar für Didaktik und Lehrerbildung (Gymnasien) Stuttgart
OStR Bernhard Koob, Gottlieb-Daimler-Schule 2 Sindelfingen, 71065 Sindelfingen
StR'in Ulrike Kopizenski, Hubert-Sternberg-Schule Wiesloch
Prof. Dr. Harro Kümmerer, ehem. HS Esslingen
StD Jürgen Kury, Carl-Helbing-Schule Emmendingen
Prof. Dr. Günther Kurz, ehem. HS Esslingen
Prof. Dr. Axel Löffler, HS Aalen
Prof. Dr. Frank Loose, Universität Tübingen
Christiane Lozano-Falk, LS Stuttgart
Prof. Dr. Karin Lunde, HS Ulm
Margrit Mooraj, HRK nexus
Prof. Dr. Heinz Jürgen Müller, Universität Mannheim
Prof. Dr. Cornelia Niederdrenk-Felgner, HS Nürtingen
Prof. Dr. Guido Pinkernell, PH Heidelberg
Prof. Dr. Stephan Pitsch, HS Reutlingen
Dr. Martin Rheinländer, Universität Heidelberg
StD Dr. Thorsten Schatz, Staatliches Seminar für Didaktik und Lehrerbildung (Gymnasien) Tübingen
Prof. Dr. Axel Schenk, HS Heilbronn
Jochen Schröder, HTW Karlsruhe
StR Katja Schüttig, Gewerbliche Schule Ravensburg
Prof. Dr. Wolfgang Soergel, Universität Freiburg
StD'in Ulla Sturm-Petrikat, Oskar-von-Nell-Breuning-Schule Rottweil
Prof. Dr. Kirstin Tschan, HS Furtwangen
Prof. Dr. Stefan Vinzelberg, HS Mannheim
Prof. Dr. Markus Vogel, PH Heidelberg
Prof. Hans-Peter Voss, GHD Karlsruhe
Prof. Dr. Sebastian Walcher, RWTH Aachen
MR Steffen Walter, Wissenschaftsministerium
StD Dr. Thomas Weber, Carl-Engler-Schule Karlsruhe

StD Bruno Weber, ehem. LS Stuttgart
Prof. Dr. Timo Weidl, Universität Stuttgart
Prof. Dr. Stefan Wewers, Universität Ulm
RSDin Karen Wunderlich, Kultusministerium
StD'in Rita Wurth, Mettnau-Schule Radolfzell
Prof. Dr. Kirsten Wüst, HS Pforzheim
Prof. Dr. Georg Zimmermann, Universität Hohenheim

Gruppenfotos 1.3

Foto: Rita Wurth

Foto: Brigitte Gass

1.4 Lehrkräftefortbildung an der Landesakademie – Neues erfahren in kreativer Atmosphäre

Die Landesakademie für Fortbildung und Personalentwicklung an Schulen – rechtsfähige Anstalt des öffentlichen Rechts – wurde 2004 gegründet und ist mit ihren Standorten Bad Wildbad, Comburg und Esslingen die zentrale Fortbildungseinrichtung für Lehrerinnen und Lehrer des Landes Baden-Württemberg.

Die 131 Mitarbeiterinnen und Mitarbeiter sorgen für ein zeitgemäßes und aktuelles Fortbildungs- und Qualifizierungsangebot, mit welchem die Landesakademie ein großes Spektrum an fachlichen und didaktischen Themen für alle Schularten abdeckt.

So gibt es für unterschiedliche Zielgruppen Fortbildungen zu aktuellen fachlichen und didaktischen Fragen, zur Umsetzung neuer Lehrpläne, zur Schul- und Qualitätsentwicklung, zu den Themen Schulführung, Personalentwicklung, Inklusion, Urheberrecht und Datenschutz, zu digitalen Medien im Unterricht, zum Umgang mit schwierigen Schülerinnen und Schülern sowie zur Lehrergesundheit. Unterstützt wird die intensive fachliche Fortbildung durch den Austausch in offener und kreativer Atmosphäre.

Jenseits des Schulalltags Neues erfahren und gemeinsam für den Unterricht erarbeiten: Das erleben jedes Jahr rund 34 000 Lehrerinnen und Lehrer in über 1700 Fortbildungen an den drei Standorten der Landesakademie für Fortbildung und Personalentwicklung an Schulen. Und über 90 Prozent dieser Lehrkräfte beurteilen die Leistung der Landesakademie mit gut oder sehr gut – das ist Ansporn und Verpflichtung zugleich.

Die Landesakademie selbst setzt wichtige Impulse für die Weiterentwicklung von Schule und Unterricht. Die Akademiereferentinnen und -referenten arbeiten bei vielen innovativen Projekten mit, teilweise auch gemeinsam mit externen Partnern wie Universitäten, Seminaren und Unternehmen. Über 80 Projekte werden derzeit in der Landesakademie bearbeitet und sukzessive in den Fortbildungsalltag umgesetzt.

Mit dem Lehrerfortbildungsserver unter lehrerfortbildung-bw.de unterhält die Landesakademie ein umfangreiches Unterstützungssystem für Lehrerfortbildungen in Baden-Württemberg. Hier sind Informationen zu den Fortbildungen zu finden, aber auch Materialien und Datenbankanwendungen, E-Learning-Applikationen sowie Hinweise und Links zu weiteren Fortbildungsangeboten für Lehrerinnen und Lehrer in Baden-Württemberg.

Die Landesakademie ist in vielen internationalen Projekten engagiert. Lehrkräfte – beispielsweise aus China, Saudi-Arabien, Frankreich, Israel und Russland – informieren sich über das Schulwesen in Baden-Württemberg und werden zum Teil auch an den Standorten der Landesakademie fortgebildet.

Die Landesakademie im Internet: http://lehrerfortbildung-bw.de/lak/

cosh – Ursache, Entstehung und Erfolge

1.5

Klaus Dürrschnabel, Hochschule Karlsruhe – Technik und Wirtschaft
Rita Wurth, Mettnau-Schule Radolfzell

Zusammenfassung

Die Arbeitsgruppe cosh hat sich im Jahr 2002 als eine Initiative zwischen Lehrerinnen und Lehrern an Beruflichen Schulen und Professorinnen und Professoren an den damaligen Fachhochschulen in Baden-Württemberg gebildet. Inzwischen sind alle Schul- und Hochschultypen in dieser Arbeitsgruppe vertreten. Ziel der AG cosh ist die Glättung des als schwierig empfunden Übergangs von der Schule zur Hochschule im Bereich Mathematik. In den über zehn Jahren ihres Bestehens hat die Arbeitsgruppe cosh einige Erfolge erzielt, u. a. die Konzeption eines schuljahresbegleitenden Zusatzangebots von Aufbaukursen für studierwillige Schülerinnen und Schüler, die Mitwirkung von Hochschulvertretern bei Lehrplanarbeiten in beratender Funktion sowie die Erhöhung der Stundentafel in Mathematik in einem speziellen Schulzweig. Zentral sind auch die regelmäßig stattfindenden Kooperationstagungen zwischen Schule und Hochschule. Augenblickliche Aktivitäten der cosh-Gruppe sind eine Längsschnittevaluation an den Hochschulen für angewandte Wissenschaften sowie die Veröffentlichung eines gemeinsam entwickelten Mindestanforderungskatalogs für ein WiMINT-Studium.

1.5.1 Ausgangslage und Gründung von cosh

Im Jahr 1997 wurde der deutsche Mathematikunterricht desillusioniert. Nachdem sich Deutschland bis dahin de facto an keinen internationalen Vergleichsstudien beteiligt hatte, wurden die Ergebnisse der internationalen TIMS-Studie (TIMSS = Third International Mathematics and Science Study) veröffentlicht, die auch die Schulleistungen der deutschen Schülerinnen und Schüler umfasste [1]. Die Ergebnisse waren enttäuschend, Deutschland kam über einen Platz im Mittelfeld nicht hinaus. Selbst die leistungsstärksten Schüler waren im internationalen Vergleich nicht in der Spitzengruppe vertreten. Mehr als zwei Drittel der Schüler der Abschlussklassen der Oberstufe kamen über die Anwendung einfacher Konzepte und Regeln der Sekundarstufe 1 nicht hinaus, nur 5 % erreichten Problemlösekompetenzen auf Oberstufenniveau. Diese ernüchternden Ergebnisse wurden in den viel beachteten PISA-Studien 2000 und 2003, die allerdings die Kenntnisse in der Mittelstufe über alle Schularten hinweg untersuchten, bestätigt.

Infolge der für Deutschland enttäuschenden Ergebnisse wurde der bis dahin voruniversitär ausgerichtete Schulunterricht vollkommen neu konzipiert. Im Auftrag der Bund-Länder-Kommission für Bildungsplanung und Forschungsförderung wurde bereits 1997 ein Gutachten zur Vorbereitung eines Programms zur Steigerung der Effizienz des mathematisch-naturwissenschaftlichen Unterrichts in Auftrag gegeben. Diese Expertise [2] ist die Grundlage der Programme SINUS und SINUS-Transfer, die in Baden-Württemberg in einer Lehrerfortbildungsreihe mit dem Namen WUM (Weiterentwicklung der Unterrichtskultur in Mathematik) mündeten. Alternative Unterrichtsformen hielten Einzug, verbunden mit einer Abkehr vom reinen Frontalunterricht hin zu selbsterarbeitendem Lernen und der Etablierung offener Aufgaben. Die Verwendung digitaler Mathematikwerkzeuge hatte zudem zur Folge, dass zeitaufwendige Rechenroutinen nicht mehr wie früher ausgiebig trainiert wurden.

Diese Veränderungen müssen natürlich zu Lasten von Inhalten und Rechenfertigkeiten gehen, was zu Problemen beim Übergang von der Schule zur Hochschule bzw. zur Universität führen kann, insbesondere wenn diese unzureichende Kenntnis von den Veränderungen haben. In Baden-Württemberg wurden besonders große Probleme bei den Schulabgängern eines speziellen Bildungsgangs des zweiten Bildungswegs gesehen, den sog. Berufskollegs. In diesem Bildungsgang können Schülerinnen und Schüler mit entsprechender Vorbildung innerhalb einer verkürzten Schulzeit an einer Beruflichen Schule die Fachhochschulreife erwerben. Im Fall, dass die Schülerinnen bzw. Schüler die Mittlere Reife und eine abgeschlossene Berufsausbildung haben, beträgt diese Schulzeit nur ein Schuljahr, in der die Oberstufenmathematik des Gymnasiums vermittelt werden muss.

Die Absolventen mit Fachhochschulreife starten im Normalfall ein Studium an einer Hochschule für angewandte Wissenschaften (HAW), vormals Fachhochschule. Knapp die Hälfte der Studienanfängerinnen und -anfänger der HAWs kommen aus diesem Bereich. Berücksichtigt man zudem, dass in Baden-Württemberg etwa jedes dritte Abitur an einem Beruflichen Gymnasium und damit auch an einer Beruflichen Schule abgelegt wird, bedeutet dies, dass die Hochschulen für angewandte Wissenschaften etwa zwei Drittel ihrer Studienanfängerinnen und -anfänger aus dem Bereich der Beruflichen Schulen beziehen.

Erschwerend zu den Veränderungen auf der Schulseite kommt hinzu, dass infolge der Bologna-Konvention [3] das traditionelle Studium an den Hochschulen zu Beginn des neuen Jahrtausends reformiert wurde. Die Einführung der gestuften Bachelor-Master-Abschlüsse und die Etablierung des European Credit Transfer System (ECTS) zur Messung des Aufwands anstatt der bis dahin üblichen Semesterwochenstunden führten zu einem Studium mit kleinteiligeren Prüfungsanforderungen und damit einer höheren Prüfungsbelastung.

Aus den genannten Gründen war es 2002 naheliegend, den Kontakt zwischen Schule und Hochschule zu suchen. Da die größten Probleme beim Übergang von der Schule zur Hochschule bei den Absolventinnen und Absolventen mit Fachhochschulreife gesehen wurden, initiierten engagierte Lehrerinnen und Lehrer aus den Beruflichen Schulen und Professorinnen und Professoren aus dem Bereich der Hochschulen für angewandte Wissenschaften einen eintägigen Informationsaustausch mit dem Ziel, sich gegenseitig auf den aktuellen Stand zu bringen. Seit dem Jahr 2000 gab es vereinzelt gegenseitige Besuche bei Fortbildungsveranstaltungen im Schul- und Hochschulbereich, und über solch einen Kontakt wurde auch die Expertise der Hochschulen bei der Neugestaltung der gymnasialen Oberstufe in den Beruflichen Gymnasien nachgefragt. Dennoch dauerte es bis zum 3. Dezember 2002, bis erstmals ein paritätisch besetztes Treffen zwischen Vertretern der Beruflichen Schulen und der Hochschulen für angewandte Wissenschaften stattfand.

Das Ergebnis des Treffens war ernüchternd. Der geplante Informationsaustausch über die Veränderungen spielte nur eine untergeordnete Rolle, stattdessen dominierten gegenseitige Vorwürfe die Tagung. Die Hochschulvertreterinnen und -vertreter sprachen davon, dass die Vorkenntnisse der Studienanfängerinnen und -anfänger immer schlechter würden und den Ansprüchen der Hochschulen nicht mehr genügten und dass die Schulen ihrem Auftrag einer Vorbereitung auf ein Hochschulstudium nicht mehr gerecht würden. Vielmehr würde nur noch der Einsatz des Taschenrechners gelehrt. Umgekehrt argumentierten die Lehrerinnen und Lehrer, dass die Hochschulen auf dem Stand von vor 30 Jahren stehen geblieben seien und sich nicht an die Veränderungen und die neuen Kompetenzen der Studienanfängerinnen und -anfänger anpassen würden. Von unangebrachten Erwartungen an die Schulen war ebenso die Rede wie von Hochschulen als Fortschrittsverweigerer.

Zurückblickend ist die Einschätzung übereinstimmend so, dass ein derartiger kontrovers geführter Meinungsaustausch mit gegenseitigen Beschimpfungen notwendig war, um die über mehrere Jahre entstandenen Emotionen abbauen zu können. Die Initiatoren des Informationsaustauschs ließen sich von diesem Fehlstart nicht entmutigen. Im Folgejahr wurde eine dreitägige Fachtagung durchgeführt, in der es um die „Definition der Schnittstelle zwischen Schule und Hochschule im Fach Mathematik" ging, also um die Erwartungen an die Schulabsolventinnen und -absolventen bzw. Studienanfängerinnen und -anfänger. Bei der Vorbereitung wurde sehr darauf geachtet, dass die Tagung in einer konstruktiven Arbeitsatmosphäre stattfinden konnte. Die Tagung fand vom 11. – 13. November 2003 in Rastatt statt. Es nahmen jeweils 20 Personen aus dem Schul- und Hochschulbereich teil. Studierende, die über ihre Probleme beim Studieneinstieg berichteten, und fachliche Expertinnen und Experten, z. B. aus den zuständigen Ministerien, kamen als Referenten hinzu. Neben der gegenseitigen Information war ein zentrales Anliegen der Fachtagung, die beidseitigen Erwartungen an die mathematischen Kenntnisse der Schulabgängerinnen und -abgänger bzw. Studienanfängerinnen und -anfänger zu präzisieren. Zur Überraschung aller stellte sich heraus, dass diese von Schul- und Hochschulseite überwiegend ähnlich eingeschätzt wurden. Es herrschte weitgehend Konsens, dass mehr Lösefähigkeiten und Arbeitsmethodiken als detailliertes Faktenwissen an der Schnittstelle gewünscht werden. Natürlich gab es an etlichen Stellen auch Differenzen in der Einschätzung, insbesondere wenn es um Inhalte ging, die je nach Sichtweise an der Schnittstelle vorhanden sein sollten bzw. aus Zeitgründen nicht in der Schule vermittelt werden können. Diese Differenzen, die z. B. im Bereich der Logarithmusfunktion und der Differenziationsregeln festgestellt wurden, wurden pragmatischerweise protokolliert. Damit wussten beide Seiten, bei welchen Themen es besonders große Probleme gibt, auf die man künftig ein besonderes Augenmerk legen muss.

Infolge dieser erfolgreichen Tagung waren sich die Vertreterinnen und Vertreter der Schulen und Hochschulen einig, dass das gegenseitige Gespräch und die Kooperation weitergehen müssen. Es bildete sich ein paritätisch besetztes Kernteam, das die weitere Konzeption der Kooperation zwischen Schule und Hochschule plante und ausgestaltete. Diese Kooperation, die sich den Namen cosh – Cooperation Schule Hochschule gab, beschränkte sich zunächst auf die Beruflichen Schulen und die Hochschulen für angewandte Wissenschaften. Diese Einengung erschien zum damaligen Zeitpunkt aufgrund der Entstehungsgeschichte einerseits als sinnvoll, zum anderen wollte man das zu diskutierende Themenspektrum durch Einbeziehung zusätzlicher Schul- und Hochschultypen nicht von Anfang an noch heterogener und damit komplizierter gestalten. Erst in neuerer Zeit, nachdem sich die Kooperation gefestigt hat, sind auch die Allgemeinbildenden Gymnasien, die Universitäten, die Pädagogischen Hochschulen und die Duale Hochschule in der Kooperationsgruppe cosh vertreten.

In den folgenden Jahren fanden in regelmäßigen Abständen immer wieder Kooperationstagungen statt. Neben der wechselseitigen Information standen dabei anfangs das Kennenlernen und Verstehen der verschiedenen Positionen im Fokus. Später konnten dann auch weiterführende Themen wie die Nachhaltigkeit von Mathematiklehre, der Einsatz digitaler Mathematikwerkzeuge oder die Grundsätze bei der Formulierung von Prüfungsaufgaben ins Zentrum der Diskussion gerückt werden.

1.5.2 Der Aufbaukurs Mathematik am Berufskolleg

Auf der Fachtagung zur Definition der Schnittstelle zwischen Schule und Hochschule im November 2003 schilderten Studierende mit Fachhochschulreife ihre Probleme in Mathematik beim Studieneinstieg. Gleichzeitig berichteten sie von zeitlichen Reserven während ihrer Schulzeit. Nach ihrer Berufsausbildung hätten sie es genossen, mit dem Schulschluss um 13 Uhr im Wesentlichen fertig zu sein. Die Nachmittage hätten sie nutzlos verstreichen lassen, anstatt sich auf das Studium, das sie ja nach dem einen Schuljahr zum Erwerb der Fachhochschulreife aufnehmen wollten, vorzubereiten. Gerade in Mathematik hätte es sich herausgestellt, dass die Nachteile der Studienanfängerinnen und -anfänger mit Fachhochschulreife gegenüber denjenigen mit Abitur besonders gravierend seien.

Andererseits wurden schon zum damaligen Zeitpunkt an vielen Hochschulen unmittelbar vor Studienbeginn Brückenkurse angeboten, die den Studieneinstieg in ein Studium von Wirtschafts- oder MINT-Fächern, kurz WiMINT, in Mathematik erleichtern sollen. Doch was können derartige Brückenkurse, die in Form von Crash-Kursen abgehalten werden, erreichen? Sie können bei den Studienanfängerinnen und -anfängern nur Kenntnisse auffrischen, die irgendwann einmal während der Schulzeit verstanden wurden, aber dann in Vergessenheit geraten sind. Nun hatten sich die schulischen Inhalte aufgrund der neuen Unterrichtsformen so verändert, dass die Brückenkursinhalte nicht mehr sehr gut zu den Vorkenntnissen passten. Besonders gravierend wurde die Lücke bei den Absolventinnen und Absolventen der einjährigen Berufskollegs gesehen.

So entstand die Idee, die Inhalte des Brückenkurses bereits schuljahresbegleitend an den Berufskollegs für studierwillige Schülerinnen und Schüler anzubieten.

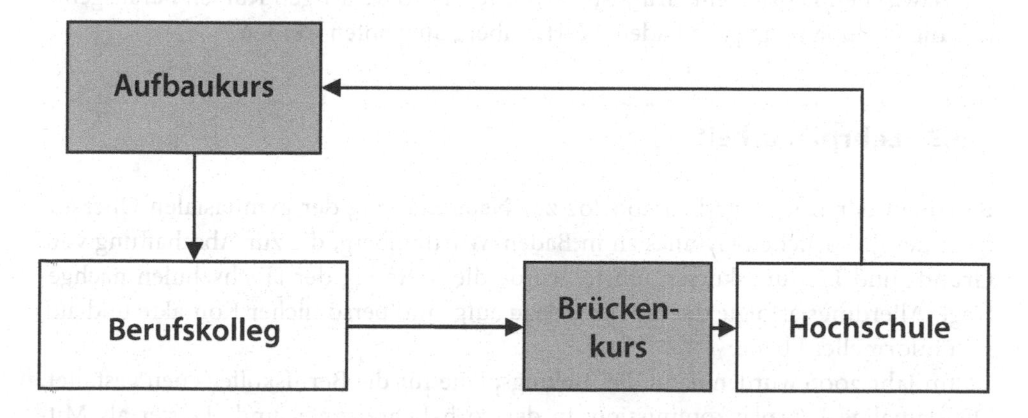

Gemeinsam entwickelten Vertreterinnen und Vertreter von Schule und Hochschule ein Curriculum für einen sog. Aufbaukurs mit Beispielaufgaben. Dieser beinhaltete zunächst die Themen der elementaren Algebra, der elementaren Funktionen sowie der Trigonometrie und Geometrie und wurde später mit etwas Differenzial- und Integralrechnung angereichert [4]. Die Kurse umfassen insgesamt 40 Unterrichtsstunden und werden von Studierenden der Hochschulen schuljahresbegleitend in den Schulen angeboten. Auf diese Weise fließen neben den mathematischen Inhalten auf der vertrauenswürdig empfundenen Ebene Studierender-Schüler Informationen rund um das Studium in die Schulen. Insbesondere werden die Anforderungen speziell im Bereich Mathematik bereits im Vorfeld des Studiums mit den Schülerinnen und Schülern diskutiert.

In den Anfangsjahren wurden Projektmittel bereitgestellt, um die studentischen Tutorinnen und Tutoren von Lehrenden der Hochschuldidaktik und der Staatlichen Seminare für Lehrerbildung auf ihre Aufgabe vorzubereiten. Leider sind die Mittel seit mehreren Jahren ausgelaufen, sodass nur noch eine individuelle Vorbereitung durch die verantwortlichen Lehrerinnen und Lehrer bzw. Hochschulprofessorinnen und -professoren möglich ist.

Überall, wo diese Kurse angeboten werden, werden sie von den Teilnehmerinnen und Teilnehmern sehr positiv evaluiert. Leider ist es jedoch nicht gelungen, die Kurse in die Breite zu tragen, obwohl diese vom Kultusministerium in einem offiziellen Schreiben beworben wurden. Es erwies sich immer wieder als schwierig, genügend geeignete Studierende als Tutorinnen und Tutoren zu finden. Speziell an weit von den Hochschulen abgelegenen Schulstandorten konnten trotz signalisiertem Interesse seitens der Schulen keine Aufbaukurse angeboten werden.

Es soll nicht verschwiegen werden, dass es an einigen Standorten Probleme gab. So wurden die Aufbaukurse vereinzelt als organisierter Nachhilfeunterricht missverstanden oder das Lehrerkollegium stand dieser Form der Zusatzkurse ablehnend gegenüber, da nun Studierende in ihr Kerngeschäft, nämlich der Vermittlung mathematischer Inhalte an die Schülerinnen und Schüler, eingriffen.

Inzwischen hat sich ein Grundstock von 10 bis 20 derartigen Kursen herausgebildet, die regelmäßig in ganz Baden-Württemberg angeboten werden.

1.5.3 Lehrplanarbeit

Bereits in der Lehrplanarbeit 2001/02 zur Neugestaltung der gymnasialen Oberstufe an den Beruflichen Gymnasien in Baden-Württemberg, die zur Abschaffung von Grund- und Leistungskursen führte, wurde die Meinung der Hochschulen nachgefragt. Allerdings erfolgte die Initiative dazu aufgrund persönlicher Kontakte und auf rein informeller Ebene.

Im Jahr 2006 wurden dann die Bildungspläne für die Berufskollegs neu gestaltet. Die damalige Lehrplankommission, in der cosh-Lehrerinnen und -Lehrer als Mitglieder vertreten waren, bat cosh-Professorinnen und -Professoren als Gäste zu den Sitzungen hinzu, um deren Einschätzung zu den Planungen zu erfahren. Hierdurch konnten einige Wünsche der Hochschulen im Lehrplan umgesetzt werden. Diese Mitarbeit ist im Vorwort des Lehrplans explizit ausgewiesen [5]:

> **„Ziel der einzelnen Lehrplaneinheiten ist es, die Schülerinnen und Schüler zu befähigen, Mathematik anzuwenden und sie auf ein Studium vorzubereiten. Deshalb wurden in die Lehrplanarbeit auch Vertreterinnen und Vertreter von Fachhochschulen in beratender Funktion einbezogen."**

In Baden-Württemberg gibt es mehr als zwanzig verschiedene Arten des Berufskollegs, die in einem, in zwei oder in drei Jahren zur Fachhochschulreife führen. Bis 2006 hatten diese unterschiedliche Bildungspläne in Mathematik. Dies ist für die Hochschulen wenig hilfreich, da hierdurch die Vorlesungen nicht auf einer einheitlichen Grundlage aufgebaut werden können. Vielmehr müssen alle Themen, die in einer Schulart nicht behandelt wurden, entweder in den Vorlesungen in der begrenzten Zeit zu Lasten anderer Inhalte erneut aufgegriffen werden oder die betroffenen Studienanfängerinnen und -anfänger müssen sich die Inhalte, sofern sie im Studium benötigt werden, auf andere Weise aneignen.

Die Professorinnen und Professoren in der Lehrplankommission konnten darauf hinwirken, dass die verschiedenen Lehrpläne bis auf die Wahlthemen vereinheitlicht und an die Bildungspläne der Gymnasien angepasst wurden. Insbesondere wurde die Behandlung der trigonometrischen Funktionen und der Exponentialfunktion verbindlich eingeführt. Dadurch wurde eine solide Basis für die Hochschulen geschaffen. In der aktuell stattfindenden erneuten Revision der Bildungspläne werden auf Wunsch der Hochschulen die Wahlthemen weiter eingeschränkt und damit die Verbindlichkeit der Inhalte weiter gestärkt.

Im Rahmen der Lehrplanarbeit 2006 fiel den Hochschulvertreterinnen und -vertretern auf, dass in den Bildungsplänen mehr Unterrichtsstunden ausgewiesen waren, als tatsächlich zur Verfügung stehen. Zusammen mit den sonstigen Problemen, die bei den Vorkenntnissen der Studienanfängerinnen und Studienanfänger mit Fachhochschulreife gesehen werden, führte dies dazu, dass über die Landesrektorenkonferenz der Hochschulen für angewandte Wissenschaften ein Brief an den damaligen Kultusminister initiiert wurde, in dem auf die Probleme und insbesondere auf die Diskrepanz zwischen den ausgewiesenen und real gehaltenen Unterrichtsstunden hingewiesen wurde. Die Antwort war zunächst enttäuschend. Es wurde argumentiert, dass es sich bei der ausgewiesenen Stundenzahl um eine reine Rechengröße zum Zweck der Vergleichbarkeit der Stundentafeln zwischen den Bundesländern handle. Man habe sich auf der Ebene der Kultusministerkonferenz abgesprochen, generell von einem Schuljahr von 40 Unterrichtswochen auszugehen, um eine Basis für Vereinbarungen, z. B. bei einer Anrechnung einer schulischen Ausbildung, zu haben. Infolge des Briefes wurde jedoch in den Folgejahren die Stundentafel Mathematik in den kaufmännischen Berufskollegs um eine Stunde erhöht und damit den anderen Typen der Berufskollegs angeglichen – ein schöner Erfolg der Kooperation, zumal die Schulseite schon seit vielen Jahren diese Anpassung angemahnt hatte.

Die positiven Auswirkungen einer Mitarbeit der cosh-Gruppe bei Lehrplänen zeigt sich auch im neuen Wahlfach der Kursstufe mit dem Namen „Mathe+", welches im Schuljahr 2014/15 als Schulversuch an einigen Beruflichen Gymnasien startete und im Schuljahr 2015/16 für alle interessierten Beruflichen Gymnasien geöffnet wird. Ein analoges Fach „Vertiefungskurs Mathematik" gibt es seit dem Schuljahr 2013/14 auch an den Allgemeinbildenden Gymnasien. Anspruch der neuen Wahlfächer „Mathe+" und „Vertiefungskurs Mathematik" ist, die Schülerinnen und Schüler auf die mathematischen Anforderungen, die sie beim Studium eines WiMINT-Fachs (Wirtschaft, Mathematik, Informatik, Naturwissenschaften und Technik) erwarten, vorzubereiten. Daher war es naheliegend, Vertreterinnen und Vertreter der cosh-Gruppe, insbesondere auch aus dem Hochschulbereich, in die Lehrplanarbeit einzubeziehen. Dies geschah in Ansätzen bereits bei der Konzeption des „Vertiefungskurses Mathematik", aber dann in vorbildlicher Weise bei der Konzeption des Lehrplans „Mathe+" an den Beruflichen Gymnasien.

Nach einem Kick-off-Meeting mit allen Beteiligten, d. h. mit Vertreterinnen und Vertretern aus Schule und Hochschule und damit auch von cosh, begann die eigentliche Lehrplanarbeit, wobei stets Hochschulvertreterinnen und -vertreter mit beratender Stimme anwesend waren. Das Ergebnis wird dementsprechend von Schul- und Hochschulseite für gut befunden und befürwortet.

1.5.4 Sonstige Kooperationsaktivitäten

Neben den genannten Schwerpunktthemen gab es in den ersten Jahren der Kooperation zwischen Schule und Hochschule viele weitere Aktivitäten. Hier sind zuallererst die regelmäßigen Kooperationstagungen zu nennen, deren Teilnehmerzahl sich von anfangs 25–40 auf nunmehr 70–80 steigerte. Konkret wurden folgende Tagungen durchgeführt:

03. 12. 2002: Eintägiger Informationsaustausch, Stuttgart
11. 11.–13. 11. 2003: Definition der Schnittstelle Schule-Hochschule, Rastatt
07. 05.–08. 05. 2004: Konzeption der Aufbaukurse, Stuttgart-Birkach
16. 09.–17. 09. 2004: Kick-off-Tagung zu den Aufbaukursen, Esslingen
30. 05.–02. 06. 2005: 1. Evaluationstagung zu den Aufbaukursen, Esslingen
24. 07.–26. 07. 2006: 2. Evaluationstagung zu den Aufbaukursen, Esslingen
24. 11.–25. 11. 2006: Perspektivtagung, Bad Boll
11. 10.–13. 10. 2007: Einsatz digitaler Mathematikwerkzeuge, Esslingen
24. 11.–26. 11. 2008: Nachhaltigkeit von Mathematik, Esslingen
01. 01.–03. 03. 2010: Perspektivtagung, Esslingen
27. 02.–29. 02. 2012: 10 Jahre cosh – aktuelle Entwicklungen und Konzeption der Längsschnittevaluation, Esslingen
05. 07. 2012: Formulierung eines Mindestanforderungskatalogs Mathematik für ein Studium von MINT- oder Wirtschaftsfächern, Esslingen

25.02.–27.02.2013: Vorstellung und Diskussion des Mindestanforderungskatalogs WiMINT, Esslingen
24.02.–26.02.2014: Weiterentwicklung zum Mindestanforderungskatalog Mathematik (Version 2.0) WiMINT, Esslingen
09.02.–11.02.2015: Ministeriale Fachtagung zu Konsequenzen aus dem Mindestanforderungskatalog, Esslingen

Diese Tagungen müssen sorgfältig vorbereitet und die Ergebnisse umgesetzt werden. Hierzu trifft sich das Kernteam etwa vierteljährlich für ein Wochenende in einem Tagungshotel.

Neben den genannten Tagungen gibt es diverse weitere Kontakte. So werden Hochschulprofessorinnen und -professoren immer wieder als Referentinnen und Referenten zu Lehrerfortbildungen eingeladen. Die Hochschuldozentinnen und -dozenten sind gerne nachgefragte Expertinnen und Experten, die Auskunft über das Studium aus erster Hand geben. Umgekehrt werden an den Didaktikzentren der Hochschulen auch Fortbildungsangebote über die veränderten Lehrmethoden an den Schulen angeboten, die von Lehrerinnen und Lehrern der Schulen unterstützt werden. Besuche von Professorinnen und Professoren im Unterricht an den Schulen werden ebenso durchgeführt wie Besuche von Schulklassen in Vorlesungen an den Hochschulen.

Zusätzlich zu den landesweiten Aktivitäten werden aktuell von cosh-Mitgliedern lokale Kooperationen mit gegenseitigen Besuchen und Informationsveranstaltungen zwischen den Hochschulen und den umliegenden Schulen aufgebaut. Hierdurch kann eine erweiterte Fachöffentlichkeit erreicht werden.

1.5.5 Erweiterung von cosh durch Allgemeinbildende Gymnasien und Universitäten

In Baden-Württemberg ist das Schulwesen der Beruflichen Schulen unabhängig von dem der Allgemeinbildenden Gymnasien. Dies bedeutet insbesondere, dass die Bildungspläne der Beruflichen Gymnasien nicht identisch mit denen der Allgemeinbildenden Gymnasien sind, selbst die zentral gestellten Abiturprüfungen sind unterschiedlich. Die Unabhängigkeit zieht sich bis in die Organisationsstruktur hinein, die Aufsichts- und Regelungsorgane in den Regierungspräsidien bzw. im Kultusministerium sind in unterschiedlichen Abteilungen angesiedelt. Dies hat zur Folge, dass es fast keine offiziellen Kontakte zwischen den Beruflichen Schulen und den Allgemeinbildenden Gymnasien gibt.

Im Jahr 2010 fand nun eine Kooperationstagung zwischen Vertreterinnen und Vertretern der Beruflichen Schulen und der Allgemeinbildenden Gymnasien statt. Zu dieser Tagung waren auch Hochschulvertreterinnen und -vertreter eingeladen, die über die bisherige Arbeit von cosh an der Schnittstelle Berufliche Schule – Hochschule berichteten. Vonseiten der Allgemeinbildenden Gymnasien wurde großes Interesse an dieser Arbeit signalisiert, von der man bisher wenig Kenntnis hatte. Es wurde zunächst die Idee entwickelt, eine zu cosh analoge Kooperationsgruppe zwischen den Allgemeinbildenden Gymnasien und den Universitäten zu gründen. Für diese Konstellation gab es folgende Gründe:

- Die Arbeit der klassischen cosh-Gruppe würde nicht überfrachtet. So könnte sich die cosh-Gruppe weiterhin intensiv um das Übergangsproblem der Absolventinnen und Absolventen der Berufskollegs kümmern, die ausschließlich an den Beruflichen Schulen ihre Fachhochschulreife erwerben und dann ein Studium an einer Hochschule für angewandte Wissenschaften aufnehmen.
- Die Universitäten beziehen einen Großteil ihrer Studienanfängerinnen und -anfänger aus dem Bereich der Allgemeinbildenden Gymnasien. Wenn man die Abiturientenanteile zugrunde legt, kommen etwa zwei Drittel der Studienanfängerinnen und -anfänger der Universitäten aus den Allgemeinbildenden Gymnasien und ein Drittel aus dem Beruflichen Schulwesen, während die Anteile an den Hochschulen für angewandte Wissenschaften genau umgekehrt sind.
- Die Erwartungen der Universitäten an die Absolventinnen und Absolventen der Gymnasien wurden als höher angesehen als diejenigen, die die Hochschulen für angewandte Wissenschaften wegen des hohen Anteils der Studienanfängerinnen und -anfänger mit Fachhochschulreife stellen können.
- Die jährlichen Kooperationstagungen der klassischen cosh-Gruppe hatten mit 40 bis 50 teilnehmenden Personen eine Größenordnung erreicht, die eine weitere Vergrößerung des Teilnehmerkreises als schwierig erscheinen ließ.

Aus den genannten Gründen suchten die Allgemeinbildenden Gymnasien den Kontakt zu den Universitäten und gründeten eine zu cosh analoge Gruppe mit dem Namen ZUG-M, Zusammenarbeit Universität-Gymnasium in Mathematik. Es war von Anfang an daran gedacht, in den Gruppen cosh und ZUG-M nicht unabhängig voneinander zu agieren, sondern vielmehr die Aktivitäten, z. B. auch in Form gemeinsamer Fachtagungen abzustimmen.

Die ersten Sitzungen der Gruppe ZUG-M zeigten, dass entgegen der ursprünglichen Erwartungen doch die gleichen Themen wie in der cosh-Gruppe als diskussionswürdig angesehen wurden. Zudem stellte es sich als zunächst schwierig heraus, geeignete Ansprechpartner auf Seiten der Universitäten zu finden.

Zeitgleich wurde von der cosh-Gruppe unter Einbeziehung der Allgemeinbildenden Gymnasien und der Universitäten der Mindestanforderungskatalog (nächster Abschnitt) entwickelt. Dies führte letztendlich dazu, dass ZUG-M in cosh integriert wurde.

Neben den Universitäten und Hochschulen für angewandte Wissenschaften gibt es in Baden-Württemberg noch die Pädagogischen Hochschulen, die hauptsächlich für die Lehrerausbildung zuständig sind, und die Duale Hochschule, die ein duales Studium anbietet. Die Pädagogischen Hochschulen meldeten von sich aus ihr Interesse, in der cosh-Gruppe mitzuarbeiten. Im Rahmen einer Diskussion um die künftige Gestaltung des Lehrplans am Beruflichen Gymnasium im Jahr 2013 kam die cosh-Gruppe mit der Dualen Hochschule in Kontakt.

Damit sind seit 2013 alle Schultypen, die zu einer Hochschulzugangsberechtigung führen, und alle Hochschultypen Baden-Württembergs innerhalb der cosh-Gruppe vertreten.

1.5.6 Aktuelle Aktivitäten: Längsschnittevaluation und Mindestanforderungskatalog

Die cosh-Gruppe ist aktuell mit zwei Aktivitäten beschäftigt: zum einen mit einer Längsschnittevaluation und zum anderen mit dem Mindestanforderungskatalog WiMINT. Beiden Aktivitäten ist ein eigenes Kapitel in diesem Tagungsband gewidmet, sodass hier nur kurz auf diese Themen eingegangen werden soll.

Seit dem Wintersemester 2012/13 wird eine Längsschnittevaluation an den Hochschulen für angewandte Wissenschaften durchgeführt, die letzte Befragung erfolgte im Sommersemester 2015. Ziel ist die Erfassung der aktuellen Situation der Studien anfängerinnen und -anfänger bezüglich ihrer Mathematikkenntnisse und eine Evaluation der Unterstützungsmaßnahmen, die an den Hochschulen angeboten werden. Hintergrund ist, dass die Hochschulen insbesondere mit Mitteln aus dem Bund-Länder-Programm „Qualitätspakt Lehre“, aber auch mit anderen Projektmitteln Maßnahmen finanzieren, die den Studierenden den Studieneinstieg erleichtern sollen. Fast jede an den Hochschulen gestartete Initiative zielt auch auf Mathematik ab. Die Maßnahmen reichen von Brückenkursen unmittelbar vor Studienbeginn, den vermehrten Einsatz von vorlesungsbegleitenden Tutorien, Stützkursen für Studierende mit mathematischen Defiziten, Studienmodelle individueller Geschwindigkeit bis hin zu Service-Zentren Mathematik, wohin sich Studierende mit ihren mathematischen Problemen wenden können. Eine offene Frage ist, wie sich diese Maßnahmen auf den Studienerfolg auswirken. Die cosh-Gruppe entwickelte mit Unterstützung einer Psychologin einen Fragebogen, der Studierenden der Hochschulen für angewandte Wissenschaften beginnend mit dem 2. Semester bis zum 5. Semester wiederkehrend vorgelegt wird. Erste Ergebnisse dieser Längsschnittbefragung befinden sich in einem separaten Beitrag.

Bundesweite Aufmerksamkeit erzielte die cosh-Gruppe durch ihren Mindestanforderungskatalog Mathematik [6]. Aufgrund der speziellen Situation im Jahr 2012 wollte die cosh-Gruppe auf die vielen Veränderungen im Schulbereich und die anstehende Entwicklung neuer Lehrpläne vorbereitet sein. Man initiierte eine Fachtagung zur Formulierung eines Mindestanforderungskatalogs Mathematik für ein Studium von Wirtschafts- und MINT-Fächern, in dem die erforderlichen Kenntnisse, Fertigkeiten und Kompetenzen für ein WiMINT-Studium festgehalten werden sollten.

Die Reaktionen auf diesen Katalog waren überraschend. Fachverbände, die bundesweite Mathematikkommission Übergang Schule-Hochschule, Hochschulrektorenkonferenzen, der Verbund der technischen Universitäten TU9 und viele einzelne Hochschulen begrüßten den Mindestanforderungskatalog als eine realistische Sammlung von Inhalten und Kompetenzen, welche von den Hochschulen an der Schwelle zu einem WiMINT-Studiums erwartet werden. Darüber hinaus zeigt er die Diskrepanz zwischen diesen Erwartungen und den Kenntnissen auf, die Absolventinnen und Absolventen der verschiedenen Schultypen in Baden-Württemberg gemäß gültigem Lehrplan mitbringen. Das Auflisten gewünschter Kenntnisse an der Schnittstelle sowie das Aufzeigen der Diskrepanz zwischen Schulwissen und Hochschulerwartungen können, so der allgemeine Tenor, als Orientierung für die Weiterentwicklung von Lehrplänen und Studiengängen dienen.

Auch die beteiligten Ministerien in Baden-Württemberg, das Ministerium für Kultus, Jugend und Sport sowie das Ministerium für Wissenschaft, Forschung und Kunst begrüßten den Katalog. So wurde in einer Stellungnahme zu einem Antrag im Landtag zu den Mathematikkenntnissen junger Menschen die Arbeit der cosh-Gruppe explizit gewürdigt und die Tagung zum Mindestanforderungskatalog, zu der auch der vorliegende Tagungsband gehört, angekündigt.

Der Entwicklung des Mindestanforderungskatalogs sowie der Tagung ist ein eigenes Kapitel in diesem Tagungsband gewidmet.

Literatur

[1] J. Baumert, W. Bos, R. Lehmann. TIMSS/III. Dritte Internationale Mathematik- und Naturwissenschaftsstudie. Mathematische und naturwissenschaftliche Bildung am Ende der Schullaufbahn, Band 2: Mathematische und physikalische Kompetenzen am Ende der gymnasialen Oberstufe. Leske+Budrich Opladen, 2000.

[2] Bund-Länder-Kommission für Bildungsplanung und Forschungsförderung. Heft 60: Gutachten zur Vorbereitung des Programms „Steigerung der Effizienz des mathematisch-naturwissenschaftlichen Unterrichts“, BLK Bonn, 1997.

[3] Joint declaration of the European Ministers of Education. The Bologna Declaration of 19 June 1999, www.ehea.info, 1999.

[4] K. Dürrschnabel, B. Weber. Aufbaukurse Mathematik an den einjährigen Berufskollegs. Beiträge zum 6. Tag der Lehre 2005, 129–133. Studienkommission für Hochschuldidaktik an Fachhochschulen in Baden-Württemberg, 2005.

[5] Ministerium für Kultus, Jugend und Sport. Lehrplan für das Berufskolleg; Einjähriges Berufskolleg zum Erwerb der Fachhochschulreife: Mathematik. 2009.

[6] cosh. Mindestanforderungskatalog Mathematik (Version 2.0) der Hochschulen Baden-Württembergs für ein Studium von WiMINT-Fächern. 2014.

1.6 Der Mindestanforderungskatalog und die Tagung „Mathematik zwischen Schule und Hochschule"

Prof. Dr. Klaus Dürrschnabel, Hochschule Karlsruhe – Technik und Wirtschaft

Zusammenfassung

Die Schnittstelle Schule-Hochschule hat sich in den vergangenen Jahren verändert. Außerdem ist durch das zunehmend vielfältiger und komplexer werdende Schulwesen in Baden-Württemberg die Heterogenität der Studienanfängerinnen und -anfänger noch größer geworden. Im Oktober 2012 wurden die bundesweiten Bildungsstandards im Fach Mathematik für die Allgemeine Hochschulreife veröffentlicht, die nun in neue Bildungspläne umgesetzt werden müssen. Die Arbeitsgruppe cosh hat als Grundlage für die anstehenden Lehrplanarbeiten einen Mindestanforderungskatalog für ein Studium von WiMINT-Fächern entwickelt. Als Reaktion auf diesen Katalog wurde von ministerialer Seite eine Fachtagung „Mathematik zwischen Schule und Hochschule" angeregt, die im Februar 2015 in Esslingen stattgefunden hat.

1.6.1 Ausgangslage

Die Situation in Baden-Württemberg zu Beginn des Jahres 2012 war eine besondere. Nachdem das Land fast 50 Jahre eine Regierung unter CDU-Führung hatte, war eine neue Landesregierung aus Grünen und SPD ins Amt gewählt worden. Damit wurde der Wandel des klassischen dreigliedrigen Schulsystems aus Hauptschule, Realschule und Gymnasium beschleunigt. Das auf acht Jahre ausgelegte Allgemeinbildende Gymnasium wurde an 44 Standorten um eine neunjährige Variante erweitert. Es wurde die neue Schulart der Gemeinschaftsschule eingeführt, in der schülerspezifisch unterrichtet wird und alle Schulabschlüsse erreicht werden können. Damit wurde insbesondere ein neuer Weg zur Allgemeinen Hochschulreife neben Allgemeinbildendem und Beruflichem Gymnasium eröffnet.

Hinzu kommt, dass das Berufliche Schulwesen in Baden-Württemberg in den vergangenen Jahren ausgebaut wurde und an Bedeutung gewonnen hat. Inzwischen werden mehr als die Hälfte der Hochschulzugangsberechtigungen in Baden-Württemberg (Hochschulreife und Fachhochschulreife) an einer Beruflichen Schule erworben. Dies geht einher mit der Gründung neuer Schultypen im Bereich der Beruflichen Gymnasien. Während es früher nur das Technische Gymnasium, das Wirtschaftsgymnasium und das Ernährungswissenschaftliche Gymnasium gab, gibt es inzwischen zusätzlich z. B. das Sozialpädagogische Gymnasium, das Biotechnologische Gymnasium und das Agrarwissenschaftliche Gymnasium, das Ganze noch mit verschiedenen Profilen wie Informationstechnik, Umwelt oder internationale Wirtschaft, um nur einige zu nennen. Hinzu kommt, dass das klassische 3-jährige Berufliche Gymnasium vermehrt durch eine 6-jährige Variante ergänzt wird, allein in den letzten Jahren wurden weitere 15 Standorte eröffnet.

Unter dem Motto „Kein Abschluss ohne Anschluss" ist Baden-Württemberg stolz auf seinen zweiten Bildungsweg, der es Schülern mit einem dualen Berufsabschluss über die verschiedensten Wege ermöglicht, nachträglich die Hochschulreife oder Fachhochschulreife zu erwerben. Dieser zweite Bildungsweg ist im vereinfachten Diagramm des Kultusministeriums auf der linken Seite dargestellt. Wie komplex die Bildungslandschaft in Realität ist, kann man z. B. daran erkennen, dass in dem Block Berufskolleg mehr als 20 verschiedene Schultypen zusammengefasst sind.

Zu Beginn des Jahres 2012 waren auch die bundesweiten Bildungsstandards in Mathematik für die Allgemeine Hochschulreife angekündigt, die am 18. 10. 2012 von der Kultusministerkonferenz KMK letztendlich verabschiedet wurden [1]. Zudem hatten die Bildungspläne für die Allgemeinbildenden und Beruflichen Gymnasien, aber auch die für die anderen Schultypen ein Alter von etwa 10 Jahren erreicht, und so war es absehbar, dass in absehbarer Zeit neue Lehrpläne für die verschiedenen Bildungsgänge entwickelt werden würden. Darauf wollte die AG cosh vorbereitet sein und so entstand die Idee, gemeinsam von Schul- und Hochschulseite einen Mindestanforderungskatalog Mathematik für ein Studium von MINT- oder Wirtschaftsfächern zu entwickeln.

1.6.2 Die Arbeitstagung

In einer Arbeitstagung am 5. Juli 2012 wurden die wesentlichen Eckpunkte derartiger Mindestanforderungen von Vertreterinnen und Vertretern der Beruflichen Schulen, der Allgemeinbildenden Gymnasien, der Hochschulen für Angewandte Wissenschaften und der Universitäten unter Beteiligung des Kultus- und des Wissenschaftsministeriums erarbeitet.

Eigentlich war die Intention, gemeinsame Mindestanforderungen zu formulieren mit speziellem Vertiefungswissen je nach Studienrichtung. So war der Gedanke, dass Studierende klassischer Ingenieurwissenschaften wie Elektrotechnik oder Maschi-

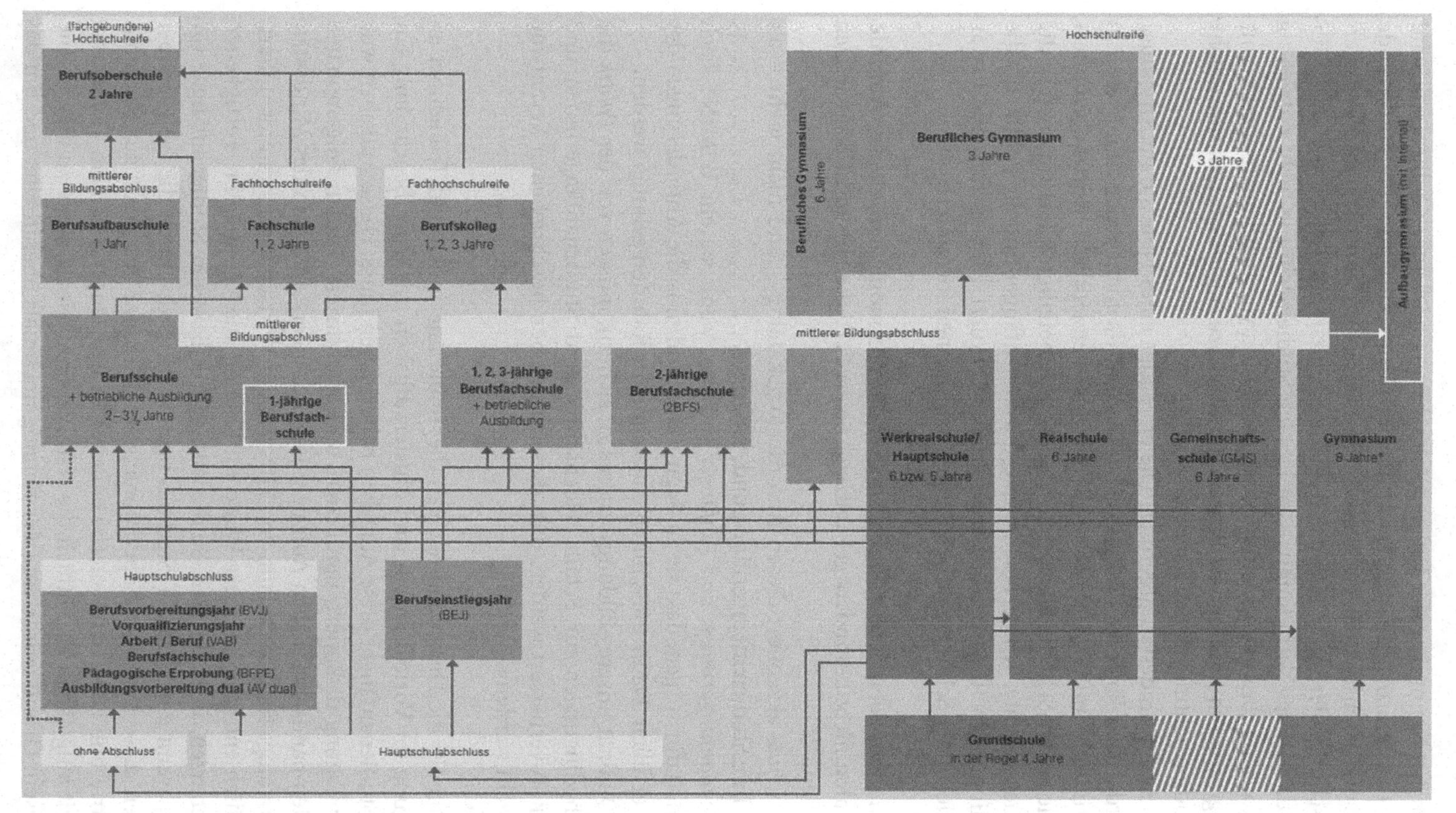

Quelle: Ministerium für Kultus, Jugend und Sport Baden-Württemberg

nenbau vermehrt Kenntnisse der Differenzialrechnung mitbringen sollten, während Studierende der Informatik Grundkenntnisse in Gruppentheorie und Studierende der Wirtschaftswissenschaften elementare Kenntnisse in Statistik haben müssten. Zur Überraschung aller waren sich die Teilnehmerinnen und Teilnehmer an der Tagung einig, dass dieses Vertiefungswissen je nach Studienrichtung nicht notwendig ist. Es war Konsens, dass ein gemeinsamer Grundkanon von mathematischen Kenntnissen genügt, um ein Studium im Bereich WiMINT zu beginnen, egal um welche konkrete Studienrichtung es sich handelt.

Aber was heißt Mindestanforderung? Die erste Idee einer Note 4,0 im Abschlusszeugnis wurde nach längerer Diskussion verworfen, da nicht jeder Abiturient ein Hochschulstudium im WiMINT-Bereich beginnt. Letztendlich wurde formuliert, dass man alle an der Schnittstelle Schule-Hochschule beteiligten Institutionen in die Pflicht nehmen möchte: Schule, Hochschule, Studienanfänger und die Politik, die die Rahmenbedingungen für den Übergang vorgibt. Verkürzt wurden folgende Erwartungen an die an der Schnittstelle beteiligten Institutionen formuliert:

- Die *Schule* muss den Schülerinnen und Schülern ermöglichen, die im Anforderungskatalog nicht besonders gekennzeichneten Fertigkeiten und Kompetenzen zu erwerben.
- Die *Hochschule* akzeptiert diesen Anforderungskatalog – und nicht mehr – als Basis für ihre Studienanfängerinnen und -anfänger.
- Die *Studienanfängerinnen und -anfänger* müssen, wenn sie ein WiMINT-Fach studieren, dafür sorgen, dass sie zu Beginn des Studiums die Anforderungen des Katalogs erfüllen. Dafür muss ihnen ein adäquater Rahmen geboten werden.
- Um die Qualität unseres Bildungssystems zu sichern, müssen von der *Politik* die Rahmenbedingungen für Schule, Hochschule und Studienanfängerinnen und -anfänger so verbessert werden, dass diese ihrer oben beschriebenen Verantwortung gerecht werden können.

Als Grundlage für die Diskussion reichten die Teilnehmerinnen und Teilnehmer an der Fachtagung im Vorfeld jeweils drei Musteraufgaben mit einer Begründung ein, warum ein Studienanfänger diese Aufgaben beherrschen muss. Diese Aufgaben wurden auf der Tagung diskutiert, modifiziert und strukturiert. In den Folgemonaten wurde aus den handschriftlichen Aufzeichnungen eine erste Version des Mindestanforderungskatalogs für ein Studium von MINT- oder Wirtschaftsfächern formuliert.

Letztendlich entstand auf diese Weise ein Katalog aus Kenntnissen, Fertigkeiten und Kompetenzen, über die eine Studienanfängerin bzw. ein Studienanfänger verfügen sollte, wenn ein WiMINT-Studium begonnen wird. Durch die Aufgabenbeispiele werden diese Kenntnisse operationalisiert. Da keine Aufgaben zur elementaren Geometrie und zur Trigonometrie eingereicht wurden und keinem Teilnehmer dieses Defizit aufgefallen ist, enthielt die erste Version keine Inhalte zu diesem Thema. Aus diesem Grund wurde 2014 der Katalog nochmals überarbeitet und um das

Kapitel Elementare Geometrie/Trigonometrie ergänzt, das Ergebnis ist die Version 2.0 des Mindestanforderungskatalogs. Bei dieser Gelegenheit wurden zusätzlich noch geringfügige textuelle Korrekturen vorgenommen.

Bei der Erstellung des Dokuments und den damit verbundenen Diskussionen wurde eine Diskrepanz zwischen Schulbildung und Hochschulanforderungen offensichtlich. Es gibt mathematische Inhalte, welche die Hochschulen als Vorwissen erwarten, die aber nicht in den Bildungsplänen der Gymnasien und der Berufskollegs und auch nicht in den neuen, am 18.10.2012 veröffentlichten bundesweiten Bildungsstandards für die allgemeine Hochschulreife enthalten sind. Beispiele für solche Inhalte sind Wurzelgleichungen, Betragsgleichungen, Rechnen mit Ungleichungen, Unterschied zwischen Äquivalenz und Implikation, Kreisgleichung oder anschauliche Vektorgeometrie. Diese Diskrepanz ist an den entsprechenden Stellen im Mindestanforderungskatalog durch eine Markierung kenntlich gemacht, im Vorwort wird darauf explizit hingewiesen.

Die erste Version des Mindestanforderungskatalogs konnte zu Beginn des Jahres 2013 beiden zuständigen Ministerien in Baden-Württemberg, dem Ministerium für Kultus, Jugend und Sport sowie dem Ministerium für Wissenschaft, Forschung und Kunst, übergeben werden. Mit Vorlage dieses Katalogs entstand erstmals in der etwa 200-jährigen Geschichte des Abiturs eine gemeinsam von Schul- und Hochschulseite entwickelte Definition der mathematischen Kenntnisse, die beim Übergang von der Schule zur Hochschule erwartet werden.

1.6.3 Die Reaktionen

Der Mindestanforderungskatalog wurde bei der cosh-Jahrestagung 2013 erstmals einer nicht am Entstehungsprozess beteiligten Fachöffentlichkeit vorgestellt. Die Zustimmung war einhellig, Schul- und Hochschulseite begrüßten das Dokument als längst überfällig.

Unmittelbar nach der cosh-Tagung veröffentlichte die Mathematik-Kommission Übergang Schule-Hochschule, eine gemeinsame Kommission der mathematischen Verbände DMV (Deutsche Mathematiker-Vereinigung), GDM (Gesellschaft für Didaktik der Mathematik) und MNU (Deutscher Verein zur Förderung des mathematischen und naturwissenschaftlichen Unterrichts), den Mindestanforderungskatalog auf ihrer Website mit einer positiven Stellungnahme, wodurch der Katalog bundesweit bekannt wurde.

Infolgedessen wurden Initiatoren der cosh-Gruppe bundesweit zu mathematischen Kolloquien zum Thema Mindestanforderungskatalog eingeladen. Bei der Preisverleihung des Ars legendi-Preises für exzellente Hochschullehre 2013 bot sich die Gelegenheit, den Katalog auch innerhalb der Hochschulrektorenkonferenz und des Stifterverbandes für die deutsche Wissenschaft bekannt zu machen. Letztendlich wurde ein Vertreter der cosh-Gruppe auch in den „Runden Tisch Ingenieurwissenschaften" des Projekts „nexus – Übergänge gestalten, Studienerfolg verbessern" der Hochschulrektorenkonferenz berufen. Die TU9 entwickelte auf Basis des Mindestanforderungskatalogs die Online-Kurse OMB+ (www.ombplus.de) und VE&MINT (www.ve-und-mint.de), die für viele Studienanfänger eine wichtige Hilfe in Mathematik darstellen.

Das Wissenschaftsministerium Baden-Württemberg nahm den Mindestanforderungskatalog auf die Tagesordnung seiner turnusmäßigen Sitzungen mit den Prorektorinnen und Prorektoren für Lehre der Universitäten und der Hochschulen für angewandte Wissenschaften. Auch die Prorektorinnen und Prorektoren äußerten sich positiv über den Mindestanforderungskatalog, dieser habe die Schnittstelle Schule-Hochschule im Bereich Mathematik ein erhebliches Stück vorangebracht.

Auf eine Anfrage vom 21. 05. 2013 im Landtag Baden-Württemberg zu den Mathematikkenntnissen junger Menschen in Baden-Württemberg [2] wies die Landesregierung auf die Arbeit der AG cosh und den erarbeiteten Mindestanforderungskatalog zur Beschreibung der erforderlichen Kenntnisse an der Schnittstelle Schule-Hochschule hin. Es wurde eine gemeinsame Tagung der AG cosh, des Wissenschaftsministeriums und des Kultusministeriums angekündigt, um den Katalog in der Breite zu diskutieren und transparent zu machen. Diese Tagung fand nun vom 9. bis 11. Februar 2015 an der Landesakademie für Fortbildung und Personalentwicklung an Schulen in Esslingen statt und ist Inhalt des vorliegenden Tagungsbandes.

1.6.4 Die Konzeption der Tagung

Die Organisation der angekündigten Fachtagung zum Mindestanforderungskatalog wurde der cosh-Gruppe übertragen, die sich eng mit den beteiligten Ministerien abstimmte. Man bemühte sich, alle beteiligten Institutionen einzubeziehen. Letztendlich ist es gelungen, dass Mathematik-Vertreterinnen und -Vertreter aller neun Landesuniversitäten sowie aller 18 Hochschulen für angewandte Wissenschaften mit einer WiMINT-Ausbildung auf der Fachtagung vertreten waren. Hinzu kamen Professorinnen und Professoren der Pädagogischen Hochschulen und der Dualen Hochschule Baden-Württemberg. Die Allgemeinbildenden Gymnasien und die Beruflichen Schulen waren summarisch mit der gleichen Anzahl von Personen wie die Hochschulseite auf der Tagung vertreten, sodass die gewünschte Parität zwischen Schule und Hochschule gewahrt war. Abgerundet wurde der Teilnehmerkreis durch Vertreterinnen und Vertreter des Kultus- und des Wissenschaftsministeriums sowie fachliche Expertinnen und Experten, die einen Bezug zum Thema hatten. Insbesondere waren Vertreterinnen und Vertreter der Mathematik-Kommission Übergang Schule-Hochschule, des Deutschen Zentrums für Hochschul- und Wissenschaftsforschung sowie Beobachter aus anderen Bundesländern und der Hochschulrektorenkonferenz zugegen.

Das cosh-Kernteam hat die Tagung sorgfältig vorbereitet. Der cosh-Gruppe war klar, dass es bei der Fachtagung nicht nur um eine Bekanntmachung des Mindestanforderungskatalogs gehen kann, der nur den Ist-Zustand feststellt. Vielmehr sind Konsequenzen notwendig. Konsequenterweise wurde als Titel der Tagung

Mathematik zwischen Schule und Hochschule –
den Übergang zu einem WiMINT-Studium gestalten

gewählt.

Letztendlich wurde nachfolgendes Programm für die Fachtagung erarbeitet:

Montag, 09.02.2015
Vormittag: Begrüßung, Informationen rund um den Mindestanforderungskatalog
Nachmittag: Referate mit Diskussion zu den Themen

- Studienabbruch, Ursachen und Folgen (Dr. Heublein, DZHW)
- Fachdidaktik Mathematik für WiMINT (Prof. Dr. Walcher, RWTH Aachen)
- Online-Plattformen basierend auf dem Mindestanforderungskatalog (Dr. Haase, MINT-Kolleg)
- Stärkung der Kooperation und Verbreitung des Mindestanforderungskatalogs (StDin Wurth, cosh)

Abend: Mathematik im Ingenieuralltag (Prof. Dr. Post, Firma FESTO)

Dienstag, 10.02.2015
Ganztägig: Parallele Diskussionsforen
Forum 1: Fachdidaktik Mathematik für WiMINT
Forum 2: Online-Test zur Selbstdiagnose auf Basis des Mindestanforderungskatalogs
Forum 3: Stärkung der Kooperation Schule Hochschule und Methoden zur Verbreitung des Mindestanforderungskatalogs
Abend: Öffentliche Veranstaltung „Ohne Mathe keine Chance?!“ mit Podiumsdiskussion

Mittwoch, 11.02.2015
Diskussion der erzielten Ergebnisse
Verabschiedung von Empfehlungen
Mittag: Abschluss und Ende der Tagung

Ein besonderes Augenmerk verdient die öffentliche Veranstaltung am Dienstagabend. Nach einer Einführung in die Thematik stand eine Podiumsdiskussion zum Thema „Ohne Mathe keine Chance?!“ im Zentrum des Abends. Im Vorwort des Mindestanforderungskatalogs wird festgestellt, dass auch die Politik in der Verantwortung für die Ausgestaltung der Schnittstelle Schule-Hochschule steht. Demzufolge wurde die öffentliche Podiumsdiskussion mit Vertretern aller im Landtag Baden-Württemberg vertretenen Fraktionen besetzt. Die zur Diskussion eingeladenen Politiker waren alle Mitglieder des Landtagsausschusses für Kultus, Jugend und Sport, teilweise auch des Ausschusses für Wissenschaft, Forschung und Kunst, sodass ein entsprechendes Wissen über die Hintergründe der Problematik vorausgesetzt werden konnte. Um weitere externe Aspekte in die Diskussion zu bringen, wurde das Diskussionsforum um den Vorsitzenden der Landesrektorenkonferenz der Hochschulen für angewandte Wissenschaften und einer Vertreterin der IHK erweitert, die Leitung übernahm der Leiter des Wissenschaftsressorts der Stuttgarter Zeitung Dr. Alexander Mäder.

Der Minister für Kultus, Jugend und Sport Andreas Stoch und die Ministerin für Wissenschaft, Forschung und Kunst Theresia Bauer würdigen die Fachtagung in Form von Grußworten, welche diesem Tagungsband beigefügt sind.

Den Empfehlungen, die aus der Tagung entstanden sind, ist ein eigener Teil in diesem Tagungsband gewidmet.

Literatur

[1] Ständige Konferenz der Kultusminister der Länder in der Bundesrepublik Deutschland. Bildungsstandards im Fach Mathematik für die Allgemeine Hochschulreife. KMK, Bonn und Berlin, 2012

[2] Landtag von Baden-Württemberg. Mathematikkenntnisse junger Menschen in Baden-Württemberg. Antrag der Abg. Katrin Schütz u. a. CDU und Stellungnahme des Ministeriums für Kultus, Jugend und Sport. Drucksache 15/3521, 2013.

1.7 Erste Ergebnisse und Empfehlungen aus der LUMa-Studie

„Längsschnittevaluation der Unterstützungsmaßnahmen in Mathematik" (LUMa) – eine Studie baden-württembergischer Hochschulen für Angewandte Wissenschaften

Gottfried Metzger, Klaus Dürrschnabel
und Jochen Schröder, Hochschule Karlsruhe

Zusammenfassung

Da Studienprobleme im WiMINT-Bereich oftmals auf Passungsprobleme zwischen Eingangsqualifikationen und Studienanforderungen in Mathematik zurückgeführt werden, zielen auch viele Unterstützungsangebote auf diesen Bereich ab. Doch inwieweit bestehen tatsächlich solche Passungsprobleme und welchen Einfluss auf den Studienerfolg haben die auf Basis dieser Prämisse eingeführten Unterstützungsangebote in Mathematik? Im folgenden Beitrag werden erste Ergebnisse einer Studie mit mehr als 3000 Studierenden aus fünfzehn Hochschulen für Angewandte Wissenschaften in Baden-Württemberg vorgestellt, die versucht, einen Beitrag zur Beantwortung dieser Fragen zu leisten. Ausgehend von der Gegenüberstellung unterschiedlicher strategischer Handlungsansätze im Bereich der Studierendenunterstützung und der Kurzdarstellung des Forschungsstandes in diesem Bereich wird die LUMa-Studie vorgestellt und über erste Auswertungen berichtet. Tatsächlich fühlen sich viele Studierende im zweiten Semester durch ihre Schulbildung unzureichend auf die Studienanforderungen in Mathematik vorbereitet. Die untersuchten Unterstützungsangebote genießen eine hohe Akzeptanz unter den Studierenden, allgemein schätzen die Studierenden die Angebote als sehr nützlich ein. Jedoch lassen sich zwischen dem Erfolg in einer Mathematikprüfung nach dem ersten Semester und der Inanspruchnahme der Unterstützungsangebote per se keine statistisch signifikanten Zusammenhänge finden. Erst wenn die Art der Ausgestaltung mit in Rechnung gestellt wird, finden sich die erwarteten Zusammenhänge. Insbesondere profitieren Studierende mit weniger guten Eingangsqualifikationen von der Teilnahme an solchen Angeboten, bei guten Vorkenntnissen in Mathematik verbessert die Inanspruchnahme die hohen Erfolgsquoten kaum weiter. Die Qualität der Unterstützungsangebote wird auch in offenen Antworten der Studierenden häufig thematisiert. Insgesamt bleibt der

Einfluss der Unterstützungsmaßnahmen auf den Erfolg im Bereich Mathematik jedoch gering, die Eingangsqualifikationen spielen eine weitaus bedeutendere Rolle. Daraus leitet sich die Notwendigkeit ab, frühzeitige Unterstützungsangebote mit einer verbesserten Abstimmung zwischen abgebenden und aufnehmenden Bildungsinstitutionen zu kombinieren. Im Beitrag werden weitere Empfehlungen aus den Studienergebnissen abgeleitet.

1.7.1 Unterstützungsmaßnahmen in Mathematik als Antwort auf hohe Studienabbruchquoten in WiMINT-Fächern

Wo Studienanforderungen und Eingangsqualifikationen unzureichend aufeinander abgestimmt sind, werden Misserfolge wahrscheinlich. An den Hochschulen für Angewandte Wissenschaften (HAW, ehemals „Fachhochschulen") schließen deutschlandweit rund 30 % der Studierenden der Ingenieurwissenschaften und der Informatik sowie rund 16 % der Studierenden der Wirtschaftswissenschaften das Studium nicht erfolgreich ab (vgl. Heublein et al., 2014, S. 5 f [25]). Ein großer Anteil der Studierenden nennt Leistungsprobleme und Prüfungsversagen als Hauptursachen für einen Studienabbruch (vgl. Heublein & Wolter, 2011 [26]). In den Ingenieurwissenschaften sowie den Wirtschaftswissenschaften erweisen sich insbesondere die Anforderungen in Mathematik als erfolgskritisch für Studienanfängerinnen und Studienanfänger (z. B. Kürten et al. 2014 [31]; Kurz et al. 2014 [32]). Sowohl in Deutschland (z. B. Knospe, 2012 [28]; Abel & Weber, 2014 [1]) als auch international (z. B. Thomas et al., 2012 [48]) ist die Wahrnehmung verbreitet, dass viele Kenntnisse und Fertigkeiten in Mathematik, auf die Studienanfängerinnen und -anfänger ehemals auf Basis ihrer Schulbildung routiniert zugreifen konnten, heutzutage nicht mehr als bekannt vorausgesetzt werden können.

Mögliche Ursachen der Passungsprobleme zwischen Eingangsqualifikationen und Studienanforderungen

Verantwortlich hierfür seien insbesondere veränderte Lehrinhalte an den Schulen, die Verringerung der Stundenanzahl für Mathematik und die Verkürzung der Schulzeit sowie die veränderte Kursstruktur samt Abschaffung des Leistungskurssystems; darüber hinaus gehe die Expansion der Bildungsbeteiligung mit einem allgemeinen Absinken des Leistungsniveaus einher (vgl. Cramer & Walcher, 2010 [8]; Cramer et al., 2015 [9]). Für die Hochschulen für Angewandte Wissenschaften kommt ein weiterer Faktor hinzu: Neben dem allgemeinbildenden Abitur existiert eine große Vielfalt an Zugangswegen; mit der Heterogenität der Zugangswege steigt auch die der Eingangsqualifikationen. Darüber hinaus liegt zwischen dem Erwerb der Hochschulzugangsberechtigung und dem Studienbeginn oftmals eine nicht unerhebliche Zeitspanne, in der Inhalte der Schulausbildung mitunter in Vergessenheit geraten und Lernroutinen verloren gehen könnten, wie beispielsweise Heublein et al. (2010, S. 79) [24] annehmen.

Studienprobleme werden auch auf die Reformbemühungen an den Hochschulen im Zuge von Bologna und damit verbundene Veränderungen der Studienbedingungen zurückgeführt. Genannt werden die Verkürzung der Studiendauer samt verdichtetem Studien- und Prüfungsplan, die verkürzten Prüfungsvorbereitungszeiten sowie Terminprüfungen, die Einführung von ECTS-Punkten und die allgemein rigideren und komplizierteren Strukturen, die den Studierenden weniger Freiräume ließen, um auf Studienanforderungen zu reagieren (vgl. Kühl, 2011 [30]; Giering & Matheis, 2004 [18]; Heublein & Wolter, 2011 [26]).

Leistungsbedingte Studienabbrüche sind keineswegs eine neue Erscheinung, auch Probleme im Bereich Mathematik werden seit langem berichtet (z. B. Theis, 1976 [47]). Allgemein nimmt jedoch das Bewusstsein dafür zu, dass es sich keine Gesellschaft leisten kann, Bildungspotenziale brach liegen zu lassen (z. B. Koppel, 2011 [29]). Auch treten die Hochschulen zunehmend in Konkurrenz um Studierende, womit gute Studienbedingungen und hohe Erfolgsquoten zu Wettbewerbsvorteilen werden. Zudem ist anzunehmen, dass auf Seiten der Hochschulen die Antizipation, dass politische Entscheidungsträger lokale Studienerfolgsquoten zu einem Kriterium für die Mittelvergabe machen könnten, zu einer Steigerung des Problembewusstseins beiträgt.

Nur wenn die Wirkungszusammenhänge und die Ursachen für ausbleibenden Studienerfolg in hinreichendem Ausmaß bekannt sind, können erfolgsversprechende Maßnahmen konzipiert und umgesetzt werden, um Studienerfolg zu ermöglichen. Nützlich ist die Perspektive, individuelle Studienabbrüche als das Ergebnis eines Prozesses zu betrachten, bei dem im Zeitverlauf Merkmale der Person mit Umweltbedingungen in Wechselwirkung treten (vgl. Heublein & Wolter, 2011, S. 229 ff [26]). Demnach ist es zwar wenig sinnvoll, zu versuchen, Abbrüche auf singuläre Ursachen zurückführen zu wollen, dennoch ist davon auszugehen, dass es Faktoren und Problemcluster gibt, die eine zentrale Rolle spielen. Auch die Perspektive wie beispielsweise Derboven & Winkler (2010) [10], von typischen Problem- oder Motivkonstellationen auszugehen, kann zumindest von heuristischem Nutzen sein, um Maßnahmen zu konzipieren. Die einflussnehmenden Faktoren lassen sich auch dahingehend unterscheiden, inwieweit es einzelnen Stakeholdern überhaupt möglich ist, zielgerichtet auf diese einzuwirken, inwieweit sie sich beispielsweise für Hochschulen als Ansatzpunkt eignen, die Wahrscheinlichkeit von Studienerfolg zu erhöhen.

Strategische Handlungsansätze zur Reduktion der Passungsprobleme

Basierend auf den beiden Grundannahmen, dass es einerseits oftmals mathematische Kenntnisdefizite sind, die innerhalb eines komplexen Wirkungsgeflechts direkt oder indirekt dem Studienerfolg im Wege stehen und dass andererseits das Maß an Passung zwischen vorhandenen mathematischen Kenntnissen und Studienanforderungen keine unveränderliche Größe darstellt, zielen viele Angebote zur Studierendenunterstützung auf diesen Bereich ab (vgl. Gensch & Sandfuchs, 2007 [17]). An den Hochschulen werden, durch Bund, Länder sowie private Initiativen gefördert, unterschiedliche Strategien umgesetzt, um Studienerfolg in Anbetracht einer Kluft zwischen mathematischen Eingangsqualifikationen und Studienanforderungen zu ermöglichen. Unter der Ausgangsprämisse eines zu bewahrenden Leistungsniveaus der Studienabsolventinnen und -absolventen kommen mehrere Handlungsansätze in Frage. Nach Pawlik (1976) [35] sowie Kurz et al. (2014) [32] lassen sich solche Interventionsansätze danach unterscheiden, inwieweit sie als Strategie auf *Auswahl* oder *Veränderung* setzen und inwieweit sie an den *Studierenden* oder den *Bedingungen* ansetzen (Tab. 1.1). Die Grenzen zwischen den vier dargestellten strategischen Handlungsansätzen sind fließend; zeitlich ist ein Ansetzen zu unterschiedlichen Etappen im Studienprozess möglich, im Fokus steht zumeist die Studieneingangsphase.

Tabelle 1.1 Strategien und Ansatzpunkte, um die Passung zwischen Eingangsvoraussetzungen und Studienanforderungen zu verbessern

		Strategie	
		Auswahl	**Veränderung**
Ansatzpunkt	**Studierende**	(A) z. B. Auswahl von Studierenden anhand von Noten und/oder Testverfahren	(C) z. B. Brückenkurse vor Studienbeginn, um Kenntnisse zu verbessern
	Studienbedingungen	(B) z. B. Auswahl des Studienplatzes durch Interessierte auf Basis von Beratung/Self-Assessment-Tests	(D) z. B. Veränderung der Hochschullehre (u. a. durch hochschuldidaktische Weiterbildung); Flexibilisierung des Studienverlaufs

(A) Maßgeblich für eine Studierendenauswahl seitens der Hochschulen ist in der Regel die Durchschnittsnote der Hochschulzugangsberechtigung, nicht zuletzt aufgrund ihrer leichten Verfügbarkeit und hohen prognostischen Validität, wie beispielsweise bei Hell et al. (2008) [23] dargestellt wird. In Ergänzung werden oftmals Einzelnoten herangezogen, in wirtschafts- und ingenieurwissenschaftlichen Studienbereichen typischerweise die Hochschulzugangsberechtigungsnote in Mathematik, und Boni vergeben für Vorerfahrungen, beispielsweise eine abgeschlossene thematisch passende Berufsausbildung. Auch wenn sie ein gewisses Maß an inkrementeller Validität besitzen (vgl. Hell et al., 2008 [23]), haben sich hingegen fachspezifische wie auch allgemeine Studierfähigkeitstests und andere Assessmentverfahren aufgrund von Kosten-Nutzen-Abwägungen bisher nicht flächendeckend durchgesetzt. Zudem sind echte Eignungstests in den meisten Studienbereichen nicht zulässig und Auswahlverfahren und Zugangsbegrenzungen immer nur dann möglich, wenn die Nachfrage das Studienplatzangebot übersteigt.

(B) Getragen von Förderprogrammen und rechtlichen Vorgaben (z. B. in Baden-Württemberg §60 Abs. 2 Nr. 6 Landeshochschulgesetz) haben vor einigen Jahren Beratungs- und Self-Assessment-Verfahren ein gewisses Maß an Konjunktur erfahren. Ziel ist hier die Selbstselektion der Studierenden dahingehend zu unterstützen, dass es ihnen in Gegenüberstellung des Interessen- und Fähigkeitsprofils mit den Angeboten und Anforderungen unterschiedlicher Studien- und Berufsumwelten gelingt, fundierte Studienwahlentscheidungen zu treffen. Das Spektrum reicht hier von Studienberaterinnen und -beratern an Schulen und Hochschulen bis hin zu landesweiten Online-Self-Assessment-Tests (z. B. http://www.was-studiere-ich.de).

(C) Nahezu an allen Hochschulen verbreitet sind Strategien, die darauf abzielen, die Mathematikkenntnisse der Studierenden auszubauen. Zumeist wird das Ziel verfolgt, einen mehr oder minder klar definierten Mindestkenntnisstand in Mathematik als geteiltes Eingangsniveau in einer Studienanfängerkohorte zu erreichen. In Gestalt von Vor- und Brückenkursen setzen solche Maßnahmen unmittelbar vor dem eigentlichen Studienbeginn, als in der Regel freiwilliges Zusatzangebot, an. Für diese Vorkurse gibt es unterschiedliche Konzepte. Einige werden durch Kenntnistests status- und veränderungsdiagnostisch begleitet sowie um Kurse zu Studien und Lernstrategien erweitert, sind als Präsenz-, reine E-Learning- oder Blended-Learning-Formate angelegt und konzentrieren sich zunehmend auf die Vermittlung von Inhalten der Sekundarstufen I und II (vgl. Greefrath et. al. 2015 [20]; Cramer et al. 2015 [9]; Haase, 2014 [21]). Semesterbegleitende Stütz-, Aufbau- und Förderkurse werden oft ergänzend eingesetzt für Studierende, die aufgrund ihres Kenntnisstandes diagnostisch einer Risikogruppe zugeordnet wurden (vgl. Kürten et al. 2014 [31]). Demgegenüber sind Tutorien geradezu der Klassiker unter den semesterbegleitenden Unterstützungsangeboten in Mathematik. In neuer Gestalt, als flexibel verfügbare Beratungsangebote, erscheinen sie in Kombination mit Service- und Lernzentren für Mathematik (z. B. Gensch & Kliegl, 2011 [16]; Dürrschnabel & Schröder, 2014 [11]; Kürten et al., 2014 [31]). Verhältnismäßig innovativ sind auch Zusatzangebote und Vorkurse, die noch vor der Studienplatzwahl an Schulen angesiedelt sind (z. B. Zusatz- und Vertiefungskurse am Berufskolleg und am Gymnasium, vgl. Abel & Weber, 2014 [1]).

(D) Als weitere Alternative kommen die Veränderung der Studienorganisation sowie des didaktisch-methodischen Vorgehens in der Hochschullehre als Handlungsstrategien in Frage. Dies umfasst einerseits hochschuldidaktische Ansätze zum konstruktiven Umgang mit Heterogenität (vgl. Giering & Matheis, 2004 [18]), bestenfalls eingebettet in die systematische Curriculumentwicklung und begleitet von hochschuldidaktischer Beratung und Weiterbildung. Andererseits lässt sich darunter die Einrichtung spezieller Programme fassen, die eine Flexibilisierung des Studienverlaufs, insbesondere eine zeitliche Entzerrung für Studierende zulassen, bei denen gravierende Kenntnislücken identifiziert wurden (z. B. Mergner et al., 2015 [34]).

Erfolgsversprechend ist insbesondere die Kombination unterschiedlicher strategischer Ansätze; mitunter ist eine solche sogar erforderlich: So gibt es beispielsweise Hinweise darauf, dass sich Zusatzkurse für Studierende (vgl. C), ohne gleichzeitige zeitliche Kompensation und Entzerrung des Studien- und Prüfungsplanes (vgl. D), mitunter negativ auf den Studienerfolg der Teilnehmenden auswirken können (Mergner et al., 2015, S. 169 [34]). Die Initiativen der Arbeitsgruppe cosh (Cooperation Schule-Hochschule) sind ein Musterbeispiel für die erfolgreiche Kombination von Einzelansätzen: Beratung, Selbsttests und Unterstützungsangebote in Mathematik an Schulen und Hochschulen sowie Weiterentwicklungen im mathematik-didaktischen Bereich werden verknüpft mit dem Dialog zwischen Schulen und Hochschulen, um sich gemeinsam über Anforderungen und Erwartungen abzustimmen.

1.7.2 Wirkungsforschung zu Unterstützungsmaßnahmen in Mathematik

Inwieweit tragen solche Unterstützungsangebote zum Studienerfolg bei? Es existieren zahlreiche Studien zu lernförderlichen Einflussfaktoren in Schule und Hochschule. Beispielsweise werden in der umfassenden Zusammenstellung von Hattie (2013) [22] auch Metaanalysen zu *Peer-Tutoring* und technologiegestütztem Lernen in Mathematik ausgewertet. Der Großteil der Primärstudien stammt jedoch aus dem schulischen Bereich und aus einer Vielzahl unterschiedlicher Bildungssysteme, was eine direkte Übertragung der Ergebnisse auf die Hochschulen hierzulande erschwert. Für den deutschsprachigen Raum insgesamt ist die Datenlage zur Wirkung solcher Unterstützungs-maßnahmen auf den Studienerfolg bislang dürftig. Insbesondere im Zuge drittmittelfinanzierter Förderprogramme zur Umsetzung solcher Unterstützungsangebote hat sich jedoch in den vergangenen Jahren auch die Zahl an Berichten über die Erfahrungen mit solchen Maßnahmen vergrößert. Der primäre Zweck dieser Veröffentlichungen liegt zumeist in der Berichts- und Rechenschaftslegung gegenüber Mittelgebern, es werden in der Regel Einzelinterventionen an einzelnen Standorten mit kleinen Stichprobenumfängen dargestellt. Umfassendere Studien sind selten, selbst begleitende Wirkungsforschung zu Förderprogrammen in der Lehre ist rar. Als Ausnahme können hier die vom baden-württembergischen Ministerium für Wissenschaft, Forschung und Kunst im Zuge des Programms „Studienmodelle individueller Geschwindigkeit“ in Auftrag gegebene Wirkungsforschung (vgl. Mergner et al. 2015 [34]) und die Projekte im Rahmen der „Begleitforschung zum Qualitätspakt Lehre“ (http://www.hochschulforschung-bmbf.de/de/1622.php) gelten.

Losgelöst von der Zuordnung von Unterstützungsmaßnahmen zu einzelnen Förderprogrammen, beschäftigt sich die Studie „Längsschnittevaluation der Unterstützungsmaßnahmen in Mathematik“ (LUMa) mit der Frage nach der Wirksamkeit. Sie möchte einen Beitrag zu einer fundierten Entscheidungsgrundlage für die Planung und Umsetzung von Unterstützungsangeboten im Bereich Mathematik leisten. Sie ist Bestandteil des Maßnahmenpakets der Arbeitsgruppe cosh und wird in Kooperation von 15 baden-württembergischen Hochschulen für Angewandte Wissenschaften sowie der baden-württembergischen Geschäftsstelle der Studienkommission für Hochschuldidaktik (GHD) durchgeführt und aus Mitteln des baden-württembergischen Ministeriums für Wissenschaft, Forschung und Kunst gefördert. Im Besonderen zielt die LUMa-Studie darauf ab, die Wirkung von Unterstützungsmaßnahmen in Mathematik zu evaluieren, die im vorangehenden Schema der Kategorie C zugeordnet werden können. Die LUMa-Studie leistet weniger einen grundlegenden Beitrag zu Lehr-Lernforschung, als dass sie vielmehr eine Bestandsaufnahme der Unterstützungsangebote im Bereich Mathematik an den Hochschulen für Angewandte Wissenschaften in Baden-Württemberg ist.

Methodische Herausforderungen in der Wirkungsforschung

Soll die Wirkung, beispielsweise eines Brückenkurses, beurteilt werden, so liegt eine zentrale Herausforderung darin, den Einfluss der jeweiligen Unterstützungsmaßnahme auf den Studienerfolg in Anbetracht eines komplexen Wirkungsgefüges von anderen einflussnehmenden und wechselwirkenden Faktoren zu isolieren. *Ein* möglicher untersuchungsmethodischer Ansatz besteht darin, in Lehr-Lernexperimenten durch kontrollierte Bedingungen möglichste viele Alternativerklärungen auszuschließen. Von dem Umsetzungsaufwand solcher Designs abgesehen, geht eine hohe interne Validität hier zu Lasten der Generalisierbarkeit der Ergebnisse; das tatsächliche Geschehen im Feld wird oftmals nur unzureichend abgebildet. Dies gilt für Selbstselektionseffekte bezüglich der Inanspruchnahme der Unterstützungsangebote ebenso wie beispielsweise für deren Umsetzung. Ein alternativer Ansatz besteht darin, zu versuchen, die Zusammenhänge durch ein Modell abzubilden, um die potenziell einflussnehmenden Faktoren (möglichst im zeitlichen Längsschnitt) zu erfassen und post-hoc ihren Einfluss statistisch zu kontrollieren. Aufgrund ihrer hohen Praktikabilität sind solche Ex-Post-Facto-Untersuchungen trotz ihrer Schwächen in Bezug auf die Möglichkeit von validen Kausalschlüssen weit verbreitet.

Vielzahl möglicher Einflussfaktoren auf den Studienerfolg

Für viele Variablen liegen empirische Ergebnisse zu deren Zusammenhang mit dem Studienerfolg vor. Die Zusammenstellung von Hattie (2013 [22]) integriert nicht nur zahlreiche Metaanalysen sondern liefert auch eine umfassende Auflistung möglicher Einflussfaktoren auf den Lernerfolg. Was jedoch dort wie auch in den meisten Einzelstudien fehlt, ist eine schlüssige theoretische Basis, die hilft, die Beziehungen und Einflüsse der Einzelvariablen theoretisch fundiert zu beschreiben und falsifizierbare Hypothesen abzuleiten. Die Kombination von Einzelergebnissen und der Erkenntnisfortschritt in der Hochschuldidaktik werden dadurch erschwert. Verbreitet sind bisher mehr oder minder komplexe Arbeitsmodelle, um das Wirkungsgefüge zu beschreiben und Studienerfolg vorherzusagen. Diese berücksichtigen insbesondere zwei Kategorien von Einflussfaktoren (vgl. Jäger et al, 2014 [27]; Rindermann, 2009 [41]; Heublein & Wolter, 2011 [26]; Freyer et al. 2014 [15]; Mergner et al. 2015 [34]): zum einen Merkmale der Studierenden, unter anderem soziodemografische Merkmale (z. B. Alter, Geschlecht), (meta-)kognitive Leistungsvoraussetzungen (z. B. Vorwissen, Fertigkeiten), motivationale Voraussetzungen sowie Persönlichkeitsmerkmale (z. B. Interesse, Selbstwirksamkeitserwartung, Gewissenhaftigkeit). Zum anderen berücksichtigen solche Modelle Merkmale der Situation, wie das gewählte Studienfach, das allgemeine Anforderungsniveau, die Lehrqualität und eben die verfügbaren Unterstützungsangebote. Variablen beider Kategorien beeinflussen die individuelle Studiensituation, das Studier- und Lernverhalten und auf diesem Wege den Studienerfolg (vgl. Abb. 1).

Abbildung 1 Einflussfaktoren auf den Studienerfolg

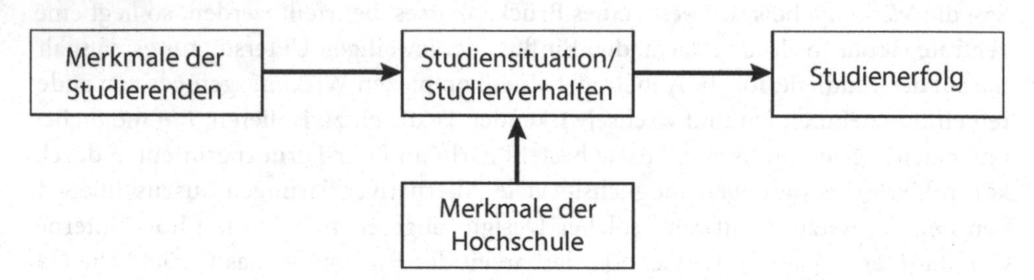

Auch wenn sich beispielsweise bei Heublein et al. (2014, S. 16 ff) [25] unterschiedliche Abbruchquoten für weibliche und männliche Studierende finden lassen, gibt es Hinweise darauf, dass der Einfluss dieser soziodemografischen Merkmale auf den Studienerfolg vollständig über andere Variablen wie Vorkenntnisse und Persönlichkeitsmerkmale vermittelt wird (z. B. Freyer et al., 2014 [15]). Als relevant für den Studienerfolg erwiesen hat sich das über Schulnoten und Leistungstests erfasste Vorwissen (z. B. Polaczek & Henn, 2008 [38]; Kürten et al., 2014 [31]). Auch die Art der Hochschulzugangsberechtigung leistet einen Aufklärungsbeitrag; in mehreren Studien schneiden Studierende ohne allgemeine Hochschulzugangsberechtigung im Mittel schlechter in mathematischen Leistungsprüfungen an den Hochschulen ab und brechen auch das Studium häufiger ab als ihre Kommilitoninnen und Kommilitonen mit allgemeiner Hochschulreife (z. B. Kurz et al. 2014 [32]; Greefrath et al. 2015 [20]; Heublein et. al., 2010, S. 65 ff [24]). Vergleichbar zu den obigen soziodemographischen Merkmalen sollte auch der Zusammenhang zwischen der Art der Hochschulzugangsberechtigung und dem Studienerfolg vollständig über andere Variablen vermittelt werden. Persönlichkeitsmerkmale als zeitlich und situativ stabile Verhaltensdispositionen kommen als weitere erklärende Variablen in Betracht. In einer Metaanalyse von Trapmann et al. (2007) [49] korreliert insbesondere die Big-Five-Persönlichkeitsdimension „Gewissenhaftigkeit" mit den Studiennoten. Weiterhin hat sich in Studien beispielsweise die Selbstwirksamkeitserwartung als Prädiktor des Studienerfolges erwiesen (z. B. Fellenberg & Hannover, 2006 [13]; Brandstätter et al., 2006 [5]). Wie beispielsweise Rach & Heinze (2013) [39] darstellen, ist auch bei diesen Variablen anzunehmen, dass sie nicht direkt auf den Studienerfolg wirken, sondern dass ihr Einfluss über Lernaktivitäten vermittelt wird.

Studien und Studienergebnisse zum Zusammenhang zwischen Unterstützungsangeboten und Studienerfolg

Bei den Unterstützungsmaßnahmen sind mehrere Aspekte zu unterscheiden: inwieweit ein Angebot besteht, es angemessen umgesetzt ist, das Angebot der intendierten Zielgruppe bekannt ist, in welchem Umfang es von der Zielgruppe genutzt wird und inwieweit es – unter Berücksichtigung anderer potenziell einflussnehmender Faktoren – bei den Teilnehmenden die gewünschte Wirkung hat. Heublein et al. (2010, S. 75 ff) [24] finden in ihrer deutschlandweiten Betrachtung hinsichtlich des Anteils an Teilnehmenden an Brückenkursen keine Unterschiede zwischen den beiden Gruppen der Absolventen und der Studienabbrecher; bei spezifischer Betrachtung der Ingenieurwissenschaften haben besonders viele der späteren Studienabbrecher zu Studienbeginn einen Brückenkurs besucht. Auf dieser Basis bezweifeln Heublein et al. (2010, S. 75) [24], dass es durch Brückenkurse und ähnliche Angebote gelinge, die angestrebte Zielgruppe zu erreichen und deren Kenntnisdefizite in hinreichendem Ausmaß zu verringern. Bei Resch (2014) [40] ergibt sich für Studierende einer Fachhochschule in Österreich ein kleiner bis mittlerer Zusammenhang zwischen der Punktzahl in einem Mathematiktest und dem regelmäßigen Besuch eines Brückenkurses bzw. der Intensität der Nutzung der begleitenden Onlineplattform, wobei dort der Einfluss von Drittvariablen nicht kontrolliert wird. Zwei multimediale Mathematiklernsysteme werden bei Biehler et al. (2014b) [4] vergleichend gegenübergestellt; mit einem Fragebogenverfahren werden neben den Lernmaterialien und der Gebrauchstauglichkeit der Systeme auch deren Nützlichkeit hinsichtlich des Kenntniszuwachses durch Nutzerinnen und Nutzer bewertet und konkrete Verbesserungsvorschläge für die Systemgestaltung abgeleitet, ohne jedoch personenbezogene Variablen umfassend zu berücksichtigen. Gensch und Kliegl (2011) [16] berichten von mehreren Projekten zur Verringerung der Abbruchquoten an bayrischen Hochschulen; eine wichtige Rolle spielen dort Unterstützungsmaßnahmen in Mathematik, beispielsweise Brückenkurse, Tutorien, betreute Lernräume, Eingangs- und Zwischentests. Die Bewertung der Angebote beruht hier zumeist auf den über Fragebogenverfahren erhobenen Einschätzungen der Studierenden zur Nützlichkeit und Zufriedenheit und fällt in der Regel positiv aus. Bei manchen der von Gensch und Kliegl (2011) [16] dargestellten Projekte bildet insbesondere die subjektive Einschätzung der Projektverantwortlichen die Bewertungsgrundlage. In einigen Fällen kann aber auch aufgezeigt werden, dass die Häufigkeit der Teilnahme an tutoriellen Angeboten positiv mit Bestehensquoten zusammenhängt, wobei allerdings auch hier auf der einen Seite der Einfluss weiterer Variablen nicht kontrolliert wird und auf der anderen Seite darauf hingewiesen wird, dass die Angebote besonders häufig von leistungsstarken Studierenden genutzt würden (z. B. Gensch & Kliegl, 2011, S. 67 [16]). Auch Abel und Weber (2014) [1] finden beim Vergleich von Vor- und Nachtestergebnissen Hinweise darauf, dass der Besuch eines Kompaktkurses in Mathematik positiv mit dem Lernzuwachs zusammenhängt – doch ebenfalls ohne den Einfluss anderer Variablen zu kontrollieren. Der Einfluss solcher Faktoren wird beispielsweise bei Voßkamp und Laging (2014) [51] statistisch berücksichtigt; neben dem Vorkursbesuch sind dort auch die Art des Schulabschlusses und die Mathematiknote signifikante Prädiktoren der Ergebnisse eines mathematischen Leistungstests bei Studierenden der Wirtschaftswissenschaften. Einen längsschnittlichen Untersuchungsansatz zur Bewertung der Wirkung von Tutorien verfolgen beispielsweise Beltz et al. (2011) [2]. Dort wird bei Studierenden die Häufigkeit des Besuchs von Tutorien zu einer Grundlagenveranstaltung in Betriebswirtschaftslehre der in einer Prüfung erreichten Punktzahl gegenübergestellt, unter Kontrolle einiger personenbezogener Variablen; immerhin 7 % der Varianz der Prüfungsleistung werden dort durch die Häufigkeit der Teilnahme an Tutorien aufgeklärt.

Zentrale Untersuchungsfragen des vorliegenden Beitrages

Im folgenden Beitrag wird untersucht, inwieweit erstens aus Sicht von Studierenden der Hochschulen für Angewandte Wissenschaften in Baden-Württemberg die oben beschriebenen Passungsprobleme zwischen Eingangsqualifikationen und Studienanforderungen in Mathematik bestehen. Geprüft wird, inwieweit sich die Studierenden in Abhängigkeit der schulischen Vorbildung systematisch hinsichtlich der wahrgenommenen Passungsprobleme unterscheiden. Zweitens wird betrachtet, wie diese Studierenden, in Abhängigkeit unterschiedlicher personenbezogener Variablen, Unterstützungsangebote bewerten, die auf eine Reduktion dieser Passungsproblematik abzielen. Drittens werden die bivariaten und multivariaten Zusammenhänge zwischen der Inanspruchnahme solcher Angebote, deren Ausgestaltung sowie weiteren Variablen und dem Studienerfolg untersucht.

1.7.3 Die LUMa-Studie

An der LUMa-Studie beteiligten sich fünfzehn baden-württembergische Hochschulen für Angewandte Wissenschaften mit ingenieurwissenschaftlichen, informationstechnischen oder wirtschaftlichen Studienbereichen. Den entsprechenden Fächergruppen lassen sich rund 90 % aller Studierenden der baden-württembergischen HAW zuordnen (Statistisches Landesamt Baden-Württemberg, Stand: WS 2013/2014).

1.7.3.1 Das Untersuchungsdesign der LUMa-Studie

In einem längsschnittlichen Ansatz wurden in der LUMa-Studie Studierende ab ihrem zweiten Fachsemester wiederholt befragt. Über den Untersuchungszeitraum Wintersemester 2012/2013 bis Sommersemester 2015 wurden vier Kohorten jeweils beginnend ab dem zweiten Fachsemester in den vier darauffolgenden Semestern in die Untersuchung einbezogen (Tab. 1.2). Für jede Kohorte (mit Ausnahme der vierten Kohorte) wurden Daten zu vier Befragungszeitpunkten erhoben. Zum Zeitpunkt der in diesem Beitrag dargestellten Auswertungen, sind Daten der ersten vier Erhebungswellen verfügbar. In den Bericht einbezogen werden im Folgenden erste Ergebnisse der LUMa-Studie von 3324 Studierenden, die ihr Studium zwischen Sommersemester 2012 und Wintersemester 2013/2014 begonnen haben und zwischen dem Wintersemester 2012/2013 und dem Sommersemester 2014 jeweils im zweiten Fachsemester befragt wurden.

Tabelle 1.2 Untersuchungsdesign der LUMa-Studie, Erhebungswellen, Befragungssemester und Kohorten

Kohorte/ Studienbeginn	Erhebungswelle & Befragungssemester					
	1	2	3	4	5	6
	WiSe 2012/ 2013	SoSe 2013	WiSe 2013/ 2014	SoSe 2014	WiSe 2014/ 2015	SoSe 2015
1/SoSe 2012	1.1	1.2	1.3	1.4		
2/WiSe 2012/2013		2.1	2.2	2.3	2.4	
3/SoSe 2013			3.1	3.2	3.3	3.4
4/WiSe 2013/2014				4.1	4.2	4.3

1.1 = Erste Kohorte zum ersten Befragungszeitpunkt; gestrichelte Umrahmung = in den vorliegenden Bericht eingeschlossen

Jedes Semester wurden die Ansprechpartnerinnen und Ansprechpartner der beteiligten Hochschulen durch die studienkoordinierende Stelle angeschrieben, Informationen zum Ablauf und zur Zielsetzung und der aktualisierte Fragebogen zur Verfügung gestellt. Entsprechend den Studierendenzahlen der einzelnen Hochschulen wurden anzustrebende Mindeststichprobengrößen vorgegeben. Die Fragebögen wurden in Lehrveranstaltungen oder zuhause ausgefüllt. Die Teilnahme an der Befragung erfolgte auf freiwilliger Basis. Unter Berücksichtigung der Auswahlvorgaben wählten die Ansprechpersonen die wiederholt zu befragenden Studierendengruppen aufs Geratewohl aus.

1.7.3.2 Der LUMa-Fragebogen

Für die Studie wurde ein standardisierter Fragebogen entwickelt, ausgelegt auf eine Bearbeitungszeit von etwa fünfzehn Minuten. Den Hochschulen wurden unterschiedliche Bearbeitungsmodi zur Auswahl gestellt. Die Befragung konnte sowohl online als auch in Papierform vorgegeben werden. Einerseits wurde der Fragebogen in einer *Optical-Mark-Recognition-Software* umgesetzt und Hochschulen entweder als Druckvorlage zur manuellen Vervielfältigung oder als digitale Vorlage zur Online- oder Offline-Umsetzung in kompatiblen hochschuleigenen Befragungssystemen zur Verfügung gestellt. Alternativ wurde eine rein browserbasierte Onlineversion des Fragebogens verfügbar gemacht. Mit Hilfe des Fragebogens wurde ein breites Spektrum an Faktoren erhoben, die potenziell einen direkten, einen moderierenden oder einen mediierenden Einfluss auf dem Studienerfolg haben. Die einzelnen Fragen wurden teils für den Fragebogen neu entwickelt teils aus vorhandenen Skalen adaptiert. Mehrheitlich wurden sechsfach abgestufte Zustimmungsitems verwendet. Um die Studierenden unterschiedlicher Erhebungswellen einander zuordnen zu können, wurde ein individueller anonymisierter Code (vgl. Pöge, 2005 [37], 2008 [36]) eingesetzt.

Personenbezogene Merkmale im LUMa-Fragebogen

Erhoben wurden soziodemographische Merkmale, beispielsweise Alter, Geschlecht und Staatsangehörigkeit. Das Vorwissen wurde im Fragebogen über die Durchschnittsnote und die Mathematiknote der Hochschulzugangsberechtigung erfasst. Zusätzlich wurde die Art der Hochschulzugangsberechtigung abgefragt. Erhoben wurde außerdem die Studienrichtung, der Zeitraum zwischen Schulabschluss und Studienbeginn und inwieweit es sich jeweils um das „Wunschfach" handelte. Neben dem Persönlichkeitsmerkmal Gewissenhaftigkeit (8 Items, Cronbachs $\alpha = 0.75$, nach Goldberg et al, 2006 [19], z. B. „Ich achte bei meiner Arbeit auf Details.") wurden mit zwei weiteren Kurzskalen persönlichkeitsbezogene Konstrukte in den Fragebogen aufgenommen: Erhoben wurde die Allgemeine Selbstwirksamkeitserwartung, nach Schwarzer und Jerusalem (1999, S. 13) [46] verstanden als internal-stabile Erwartungshaltung, Herausforderungen durch eigene Fähigkeiten bewältigen zu können (4 Items, Cronbachs $\alpha = 0.76$, nach Schwarzer & Jerusalem 1999 [46]), z. B. „Die Lösung schwieriger Probleme gelingt mir, wenn ich mich darum bemühe."). In den Fragebogen aufgenommen wurden außerdem Items zur Erfassung der persönlichen beruflichen Zielklarheit (3 Items, Cronbachs $\alpha = 0.73$, nach Braun & Lang, 2004 [6], z. B. „Ich habe eine ziemlich genaue Vorstellung darüber, was ich nach meinem Studium machen möchte.").

Interventionsvariablen im LUMa-Fragebogen

Bezüglich sechs unterschiedlicher Unterstützungsmaßnahmen in Mathematik wurden jeweils drei Aspekte erfasst: die Inanspruchnahme, die Bewertung der Qualität sowie die Bewertung der Nützlichkeit. Untersucht wurden die folgenden Unterstützungsangebote: Aufbaukurse in Mathematik am Berufskolleg, Mathematikkurse vor Studienbeginn (z. B. Brücken- oder Kompaktkurse), Freiwillige Tutorien in Mathematik, Verpflichtende Tutorien in Mathematik, Stützkurse in Mathematik sowie individuelle Beratung in Mathematik an der Hochschule (z. B. Lernzentrum für Mathematik). Zum einen wurde erhoben, inwieweit die Unterstützungsangebote jeweils im bzw. vor dem ersten Semester in Anspruch genommen wurden. Anstelle einer dichotomen Abfrage, sollten die Studierenden angeben, ob und mit welcher Regelmäßigkeit die Angebote genutzt wurden. Zum anderen wurden die Studierenden gebeten, die Unterstützungsangebote bezüglich unterschiedlicher Kriterien zu bewerten. Dies umfasste einerseits eine allgemeine Bewertung bezüglich der Nützlichkeit, andererseits die Bewertung einzelner Aspekte der Ausgestaltung der einzelnen Unterstützungsangebote, um auf diese Weise die Lehrveranstaltungsqualität der Angebote einzuschätzen. Für jede Teilnehmerin und jeden Teilnehmer ergab sich somit für jedes genutzte Unterstützungsangebot ein Skalenwert bezüglich der subjektiven Qualitätsbewertung. In diesen Skalen zur Qualitätsbewertung wurde nicht direkt um eine Einschätzung der Nützlichkeit oder eine zusammenfassende Bewertung gebeten, sondern die Qualitätsbewertung über die Beurteilung von Einzelaspekten erschlossen (7 Items, Cronbachs $\alpha = 0.85-0.93$, z. B. *„Es bestand ausreichend Gelegenheit, das Gelernte zu üben.“*). Darüber hinaus wurden auch weitere Aspekte der Studiensituation und des Lernverhaltens erfasst, beispielsweise in Selbstauskunft, inwieweit semesterbegleitend gelernt wurde (3 Items, Cronbachs $\alpha = 0.69$, z. B. *„Ich habe während des Semesters regelmäßig gelernt.“*).

Kriterien zur Bewertung des Studienerfolgs im LUMa-Fragebogen

Wesentliches Ziel der untersuchten Unterstützungsmaßnahmen ist es, Studienerfolg zu ermöglichen und die Chancen auf einen erfolgreichen Studienabschluss zu erhöhen. Ein breites Spektrum an Kriterien kommt zur Erfassung von Studienerfolg in Frage (vgl. Rindermann & Oubaid, 1999 [42]; Hell et al. 2008 [23]). Neben *distalen* Indikatoren, etwa dem Studienabbruch, der Abschlussnote oder dem Berufserfolg, sind zur Bewertung des Erfolges einzelner Unterstützungsangebote insbesondere solche Indikatoren angemessen, die zum einen den Interventionen zur Mathematikunterstützung zeitlich nahe sind und sich zum anderen symmetrisch zur jeweiligen spezifischen Zielsetzung der Angebote verhalten. Für die Bewertung des Erfolges der Unterstützungsmaßnahmen im Bereich Mathematik vor und im ersten Semester kommen insbesondere der Kompetenzzuwachs in Mathematik und das Abschneiden in Mathematikprüfungen als Bewertungsmaßstäbe in Frage. Der Schwerpunkt in den folgenden Auswertungen wird auf das Abschneiden in der Mathematikprüfung nach dem ersten Semester gelegt; das Bestehen einer angetretenen Mathematikprüfung im ersten Semester und die erzielte Note werden als Kriterien herangezogen. Darüber hinaus sind aber auch die Studienzufriedenheit sowie die erlebte Passung zum gewählten Studium zentrale vermittelnde Faktoren für späteren Studienerfolg und somit relevante Kriterien zur Bewertung der Unterstützungsmaßnahmen. Einzelitems wurden hierfür faktorenanalytisch zu Skalen zur Studienzufriedenheit (3 Items, Cronbachs $\alpha = 0.83$, z. B. „*Mit meinem Studium bin ich zufrieden*") und zur erlebten Passung (4 Items, Cronbachs $\alpha = 0.80$, z. B. „*An der Entscheidung für mein Studienfach habe ich noch nicht gezweifelt.*") zusammengefasst.

1.7.4 Erste Ergebnisse der LUMa-Studie

1.7.4.1 Untersuchungsstichprobe

Die 3324 in die Auswertung einbezogenen Studierenden stammen aus fünfzehn Hochschulen für angewandte Wissenschaften in Baden-Württemberg. Angaben zur Rücklaufquote lassen sich aufgrund der unbekannten Umfänge der zur Teilnahme eingeladenen Gruppen nicht berechnen. Stellt man die entsprechenden Studienanfängerinnen- und Studienanfängerzahlen an den HAW in Baden-Württemberg gegenüber, lässt sich schätzen, dass etwa 6 % dieser Studierenden im zweiten Semester in die LUMa-Studie einbezogen werden konnten (Schätzung auf Basis von Daten des statistisches Landesamtes Baden-Württemberg). Zum jeweils ersten Befragungszeitpunkt sind etwa 15 % der Antwortenden unter 20 Jahre alt, 73 % zwischen 20–24 Jahre alt und 12 % älter als 24 Jahre. Von den befragten Studierenden sind 32 % weiblich; 93 % haben die deutsche Staatsangehörigkeit. Das Abitur an einem allgemeinbildenden oder beruflichen Gymnasium haben 61 % der Studierenden erworben, 36 % haben die Fachhochschulreife; in 87 % der Fälle handelt es sich um eine Hochschulzugangsberechtigung aus Baden-Württemberg. Eine berufliche Ausbildung vor dem Studium haben 37 % der Befragten absolviert. Seit Erwerb der Hochschulzugangsberechtigung bis zur Aufnahme des Studiums ist bei 51 % der Studierenden bis zu einem halben Jahr vergangen, bei 18 % liegt der Abschluss mehr als 2 Jahre zurück. Von den Befragten studieren 65 % eine Ingenieurwissenschaft, 21 % eine Wirtschaftswissenschaft und 12 % eine Informationswissenschaft/Informatik.

1.7.4.2 Passungsprobleme aus Studierendensicht

Inwieweit besteht aus Studierendensicht das eingangs beschriebene Passungsproblem zwischen Eingangsqualifikationen und Studienanforderungen?

Danach befragt, wie gut sie sich durch Ihre Schulbildung auf die Mathematik-Anforderungen im Studium vorbereitet fühlen, geben unter den befragten Zweitsemesterstudierenden rund 38 % an, sich durch ihre Schulbildung „eher schlecht" bis „sehr schlecht" auf die Mathematik-Anforderungen im Studium vorbereitet zu fühlen. Ausdifferenziert nach Art der Hochschulzugangsberechtigung liegt dieser Anteil bei Studierenden mit Fachhochschulreife (FHR) bei 63 %; der entsprechende Anteil bei Studierenden mit allgemeiner Hochschulreife (AHR) ist mit 24 % nicht einmal halb so hoch (Abb. 2).

Abbildung 2 „Wie gut fühlen Sie sich durch Ihre Schulbildung auf die Mathematik-Anforderungen im Studium vorbereitet?" (ausdifferenziert nach Art der Hochschulzugangsberechtigung)

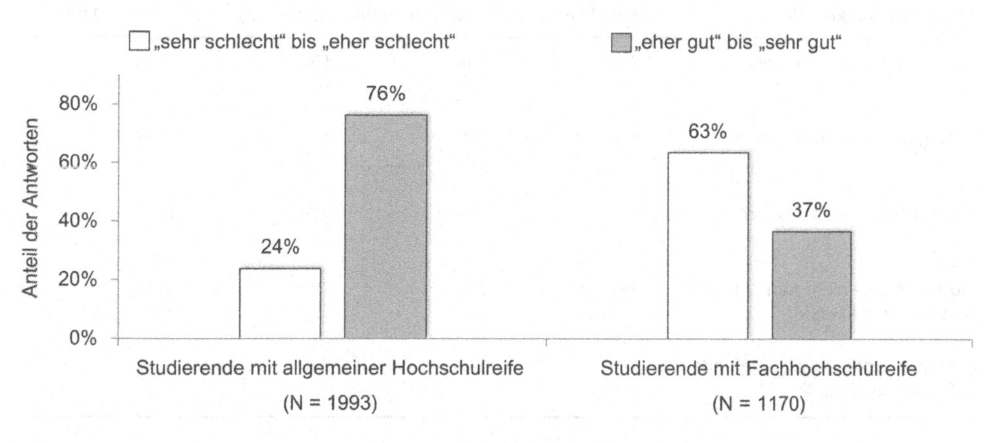

Selbst unter den Studierenden mit guten Mathematiknoten in der Hochschulzugangsberechtigung (Notenwert ≤ 2.4) liegt dieser Anteil bei den Studierenden mit FHR bei rund 55 %, gegenüber 16 % bei den entsprechenden Studierenden mit allgemeiner Hochschulreife. Ein Mann-Whitney-U-Test ergibt einen signifikanten Unterschied zwischen der Selbsteinschätzung der Studierenden mit allgemeiner Hochschulreife und denen mit Fachhochschulreife auf der sechsstufigen Antwortskala ($U(1993, 1170) = -23.76$; $p < .001$). Die Mathematiknote in der Hochschulzugangsberechtigung und die Selbsteinschätzung, inwieweit sich die Studierenden durch ihre Schulbildung auf die Mathematikanforderungen im Studium vorbereitet fühlen, korreliert bei Studierenden mit allgemeiner Hochschulreife zu $r_s(1960) = -.37$, $p < .001$, bei den Studierenden mit Fachhochschulreife zu $r_s(1158) = -.24$, $p < .001$.

Inwieweit beschäftigen sich die befragten Zweitsemesterstudierenden mit Studienabbruchgedanken und welche Rolle spielen hierbei die Passungsprobleme zwischen Eingangsqualifikationen und Studienanforderungen?

Knapp 14 % der befragten Studierenden im zweiten Fachsemester beurteilen die Aussage, im vergangenen Semester über Studienabbruch nachgedacht zu haben, mit „trifft eher zu“ bis „trifft vollständig zu“. Befragt nach den Gründen dafür, ergeben sich in der Gesamtstichprobe sowie ausdifferenziert nach der Art der Hochschulzugangsberechtigung die folgenden Antwortverteilungen (die Anteile werden jeweils auf Basis von χ^2-Tests verglichen, Tab. 1.3):

Tabelle 1.3 Gründe für Abbruchgedanken, ausdifferenziert nach Art der Hochschulzugangsberechtigung

	Gesamt (N = 3198)	**Mit AHR (N = 2013)**	**Mit FHR (N = 1185)**	**Unterschiede zw. AHR & FHR**
Abbruchgedanken, da …	Anteil Befragter, die Antwortoption wählen, in %			χ^2 (1, N = 3198)
Studienfach anders vorgestellt.	7 %	7 %	8 %	0.34
nicht genug Zeit zum Lernen.	6 %	5 %	8 %	12.59***
Vorkenntnisse nicht ausreichen.	6 %	4 %	9 %	47.40***
Studieninhalte nicht zum Berufsbild zu passen scheinen.	2 %	2 %	3 %	0.52
andere reizvolle Aufgabe gefunden (z. B. Jobangebot).	1 %	1 %	1 %	0.25

(Mehrfachnennungen möglich); *p < .05; **p < .01; ***p < .001

Die Studierenden mit allgemeiner Hochschulreife geben im Vergleich zu Studierenden mit Fachhochschulreife signifikant seltener an, aufgrund „fehlender Vorkenntnisse“ und aufgrund „zu wenig Zeit zum Lernen“ über Studienabbruch nachgedacht zu haben. Für die eingangs erwähnten Passungsprobleme als Antezedens von Studienabbruch lassen sich auch in dieser Stichprobe Hinweise finden. Zudem tritt dieses Problematik bei Studierenden mit Fachhochschulreife stärker zu Tage.

1.7.4.3 Inanspruchnahme der Unterstützungsangebote

Inwieweit werden die einzelnen Unterstützungsangebote innerhalb der Untersuchungsstichprobe in Anspruch genommen?

Notwendige Voraussetzung dafür, dass Unterstützungsangebote im Bereich Mathematik dazu beitragen können, die Passungsproblematik aufzufangen, ist, dass Angebote nicht nur bestehen, sondern dass sie auch genutzt werden. Im Folgenden werden diejenigen Studierenden, die ein Unterstützungsangebot „eher regelmäßig" bis „sehr regelmäßig" genutzt haben, denjenigen gegenübergestellt, die entsprechende Angebote nicht (auch wenn keine angeboten wurden) oder nur unregelmäßig genutzt haben. In der Stichprobe der Studierenden im zweiten Fachsemester geben gut 80 % rückblickend an, in bzw. vor dem ersten Semester mindestens eines der hier abgefragten Unterstützungsangebote regelmäßig in Anspruch genommen zu haben. Die einzelnen Unterstützungsangebote wurden dabei von 4 % bis 54 % aller befragten Studierenden regelmäßig genutzt (Tab. 1.4). Die weiteste Verbreitung kommt freiwilligen Tutorien und Brückenkursen vor Studienbeginn zu.

Tabelle 1.4 Anteil derjenigen Studierenden, die angeben ein solches Angebot (eher) regelmäßig in Anspruch genommen zu haben (N = 3324)

Unterstützungsangebot	Anteil mit regelm. Teilnahme in %
Aufbaukurs in Mathematik am Berufskolleg	7 %
Mathematikkurs vor Studienbeginn (z. B. Brücken- oder Kompaktkurs)	53 %
Freiwilliges Tutorium in Mathematik	54 %
Verpflichtendes Tutorium in Mathematik	20 %
Stützkurs in Mathematik	9 %
Individuelle Beratung in Mathematik an der Hochschule (z. B. Lernzentrum für Mathematik)	4 %

(Mehrfachnennungen möglich)

1.7.4.4 Bewertung der Qualität der Unterstützungsangebote

Die Qualität der in Anspruch genommenen Unterstützungsangebote wird auf Basis der individuellen Bewertungen von Einzelaspekten, die zu einem Skalenwert zusammengefasst werden, geschätzt. Hier wird nur die Einschätzung bezüglich spezifischer Aspekte des Lehr-Lerngeschehens erfragt, jedoch keine globale Nutzenbewertung einbezogen. Ein nach diesem Skalenwert und im Folgenden als „gut" bezeichnetes Unterstützungsangebot impliziert nicht zwangsläufig eine positive Bewertung der Wirkung. Beschrieben wird nur, inwieweit wichtige Gestaltungsprinzipien aus Sicht der Studierenden ihre Umsetzung finden.

Inwieweit unterscheidet sich die Bewertung der Ausgestaltung der Unterstützungsangebote in Abhängigkeit der Eingangsvoraussetzungen?

Indem als Teilungsmerkmale die Mathematiknote der Hochschulzugangsberechtigung (zu Gunsten der Anschaulichkeit dichotomisiert in Notenwerte ≤ 2.4 und > 2.4) und die Art der Hochschulzugangsberechtigung herangezogen werden, wird untersucht, inwieweit sich die Studierenden in Abhängigkeit der Vorkenntnisse in der Einschätzung der Qualität unterscheiden. In zweifaktoriellen Varianzanalysen resultieren kleine statistisch signifikante Haupteffekte der Art der Hochschulzugangsberechtigung und der Mathematiknote der Hochschulzugangsberechtigung bezüglich der Bewertung der Qualität der Brückenkurse ($F\ (1, 1793) = 14.58$, $p < .001$, $\eta_p^2 = 0.008$ bzw. $F\ (1,1793) = 7.23$, $p < .01$, $\eta_p^2 = 0.004$) und der Bewertung der Qualität der freiwilligen Tutorien ($F\ (1, 2086) = 5.23$, $p < .05$, $\eta_p^2 = 0.003$ bzw. $F\ (1, 2086) = 7.80$, $p < .01$, $\eta_p^2 = 0.004$). Studierende mit Fachhochschulreife und Studierende mit weniger guten Mathematiknoten in der Hochschulzugangsberechtigung bewerten diese beiden Unterstützungsangebote geringfügig schlechter als Studierende mit allgemeiner Hochschulreife und Studierende mit guten Mathematiknoten in der Hochschulzugangsberechtigung. Der Blick auf die Einzelitems zur Qualitätsbewertung offenbart, dass es insbesondere zwei Aspekte sind, die von den Studierenden mit Fachhochschulreife und weniger guten Mathematiknoten etwas schlechter beurteilt werden: Aus Perspektive der Studierenden mit Fachhochschulreife wird im Rahmen der Unterstützungsangebote eher zu wenig Gelegenheit zum Üben und den einzelnen Themen zu wenig Zeit eingeräumt – über freiwillige Tutorien ($U\ (1323, 823) = -3.81$, $p < .001$ bzw. $U\ (1314, 820) = -3.93$, $p < .001$), Brückenkurse ($U\ (1092, 725) = -5.62$, $p < .001$ bzw. $U\ (1088, 724) = -4.38$, $p < .001$) und Stützkurse ($U\ (166, 177) = -2.73$, $p < .05$ bzw. $U\ (164, 179) = -2.06$, $p <.05$) hinweg. Die heterogenen Eingangsqualifikationen werden aus dieser Perspektive nicht unter allen Umständen in ausreichendem Maße berücksichtigt. Eine Ausnahme stellen hier die individuellen Beratungsangebote dar, hier lassen sich keine signifikanten Unterschiede bezüglich der beiden obigen Bewertungsaspekte zwischen den Gruppen ($U\ (129, 114) = -0.139$, $p > .05$ und $U\ (124, 116) = -0.685$, $p > .05$) nachweisen. Dies könnte auch dadurch erklärt werden, dass der besondere Charakter dieser Art von Unterstützungsangeboten es erlaubt auf die individuellen Vorkenntnisse, Unterstützungs- und Übungsbedarfe gezielter einzugehen. Bei Differenzierung nach Mathematiknote der HZB ergeben sich vergleichbare Ergebnisse, auch hier werden die beiden benannten Aspekte aus Sicht der Studierenden mit weniger guten Vorkenntnissen zumeist etwas schlechter beurteilt. Trotz statistischer Signifikanz der Unterschiede, ist das Ausmaß der Gruppenunterscheide relativ gering, insgesamt hängt die Qualitätsbewertung nur in geringem Maße mit den Eingangsvoraussetzungen zusammen.

1.7.4.5 Bewertung der Nützlichkeit der Unterstützungsangebote

Wie bewerten die Teilnehmenden den Kenntniszuwachs durch die Unterstützungsangebote?

Im Sinne einer direkten Veränderungsmessung wurden die Studierenden gebeten, retrospektiv einzuschätzen, inwieweit die jeweiligen Unterstützungsangebote zu einem Zuwachs der Fertigkeiten in Mathematik geführt haben („*Wie hoch schätzen Sie Ihren Zuwachs an mathematischen Fertigkeiten durch die besuchte/n Maßnahme/n ein?*"; sechsstufige Antwortskala, „sehr gering" bis „sehr hoch"). Der Inanspruchnahme der Unterstützungsangebote wird jeweils von 19 % bis 49 % der Teilnehmenden ein hoher bis sehr hoher Kenntnisgewinn in Mathematik zugeschrieben. In der folgenden Tab. 1.5 sind die Bewertungen aller Teilnehmenden dargestellt (d. h. eingeschlossen ist hier das gesamte Spektrum an Nutzungshäufigkeiten).

Tabelle 1.5 Anteil aller Teilnehmenden, der Kenntniszuwachs als „hoch" bis „sehr hoch" einschätzt und Gesamtanzahl der Bewertenden

Unterstützungsangebot	Kenntniszuwachs „hoch" bis „sehr hoch" eingeschätzt Anteil in %	Gesamtanzahl der Bewertenden
Aufbaukurs in Mathematik am Berufskolleg	24 %	311
Mathematikkurs vor Studienbeginn (z. B. Brücken- oder Kompaktkurs)	19 %	1888
Freiwilliges Tutorium in Mathematik	49 %	2246
Verpflichtendes Tutorium in Mathematik	46 %	706
Stützkurs in Mathematik	41 %	399
Individuelle Beratung in Mathematik an der Hochschule (z. B. Lernzentrum für Mathematik)	45 %	290

Zum direkten Vergleich der Beurteilung der Unterstützungsangebote wurden die Bewertungen von Teilstichproben von Studierendengruppen, die jeweils mehrere Unterstützungsangebote bewertet haben, direkt gegenübergestellt (Wilcoxon-Tests für abhängige Stichproben): Im direkten Vergleich werden die Brückenkurse bezüglich des Zuwachses an mathematischen Fertigkeiten signifikant schlechter bewertet als freiwillige sowie verpflichtende Tutorien ($Z\ (1386) = -21.98$, $p < .001$ bzw. $Z\ (409) = -9.39$, $p < .001$), Stützkurse ($Z\ (265) = -4.95$, $p < .001$) und individuelle Beratung ($Z\ (201) = -4{,}73$, $p < .001$). Hinsichtlich der Bewertung lässt sich kein signifikanter Unterschied zu den Aufbaukursen am Berufskolleg nachweisen ($Z\ (242) = -0.15$, $p > .05$). Die freiwilligen und die verpflichtenden Tutorien werden überdies bezüglich des Fertigkeitszuwachses signifikant besser eingeschätzt als Aufbaukurse am Berufskolleg ($Z\ (238) = -6.95$, $p < .001$ bzw. $Z\ (111) = -4.53$, $p < .001$) und die freiwilligen Tutorien in der direkten Gegenüberstellung signifikant besser als die Stützkurse ($Z\ (329) = -5.30$, $p < .001$) und individuelle Beratung ($Z\ (257) = -3.15$, $p < .01$). Der Zuwachs an mathematischen Fertigkeiten wird für die Stützkurse höher eingeschätzt als für die Aufbaukurse ($Z\ (93) = -2.97$, $p < .01$). Zwischen den freiwilligen und verpflichtenden Tutorien finden sich keine signifikanten Unterschiede hinsichtlich dieses Bewertungsaspektes ($Z\ (457) = -0.41$, $p > .05$); ebenso wenig zwischen Stützkursen und individueller Beratung ($Z\ (143) = -0.20$, $p > .05$).

Auch hier werden die Mathematiknote der Hochschulzugangsberechtigung (≤ 2.4 und > 2.4) und die Art der Hochschulzugangsberechtigung als Teilungsmerkmale für Gruppenvergleiche mit Mann-Whitney-U-Tests herangezogen. Einzig bezüglich der Brückenkurse unterscheiden sich die Gruppen statistisch signifikant, die Studierenden mit Fachhochschulreife und die Studierenden mit weniger guten Mathematiknoten in der Hochschulzugangsberechtigung schätzen hier den Zuwachs an mathematischen Fertigkeiten höher ein ($U\ (1080, 746) = -3.25$, $p < .01$; $U\ (989, 866) = -4.47$, $p < .001$). Ein ähnliches Ergebnismuster resultiert für die Frage, inwieweit das jeweilige Unterstützungsangebot „hilfreich“ war („*Wie hilfreich bezüglich des Studiums schätzen Sie die von Ihnen besuchte/n Maßnahme/n ein?*“).

1.7.4.6 Unterstützungsangebote und Ergebnis einer Mathematikprüfung

Die Einschätzungen der Teilnehmenden bezüglich der Qualität, des Kenntniszuwachses und der Nützlichkeit von Unterstützungsangeboten sind *eine* wichtige Betrachtungsperspektive, um die Wirkung von Unterstützungsangeboten zu bewerten. Insbesondere ist anzunehmen, dass die subjektive Bewertung eine zentrale Rolle für die Akzeptanz der Angebote sowie die Teilnahmebereitschaft spielt. Die Perspektive der *direkten* Nützlichkeitseinschätzung lässt sich ergänzen durch die Analyse des Zusammenhangs zwischen der selbstberichteten Inanspruchnahme von Unterstützungsangeboten und Kriterien des Studienerfolges. Ein zentrales Erfolgskriterium für die hier untersuchten Unterstützungsmaßnahmen ist das in Mathematikprüfungen des ersten Fachsemesters erzielte Ergebnis. Die Zweitsemesterstudierenden wurden befragt, inwieweit sie im ersten Semester eine Mathematikprüfung geschrieben und wie sie dort abgeschnitten hatten. Von den 3324 Studierenden im zweiten Semester geben 85 % an, im ersten Semester an einer Mathematikprüfung teilgenommen zu haben. Unter diesen Prüfungsteilnehmenden haben 84 % die Mathematikprüfung im ersten Semester bestanden. Unter den Studierenden, die an der Prüfung teilgenommen haben, haben zwischen 7 % und 55 % (Tab. 1.6) die einzelnen Unterstützungsangebote in Mathematik regelmäßig in Anspruch genommen:

Tabelle 1.6 Prüfungsteilnehmende und Teilnehmende an Unterstützungsangeboten

	Teilnehmende unter den Prüfungsteilnehmenden	
Unterstützungsangebot	Anteil in %	Anzahl
Aufbaukurs in Mathematik am Berufskolleg	7 %	189
Mathematikkurs vor Studienbeginn (z. B. Brücken- oder Kompaktkurs)	53 %	1508
Freiwilliges Tutorium in Mathematik	55 %	1563
Verpflichtendes Tutorium in Mathematik	19 %	531
Stützkurs in Mathematik	9 %	246
Individuelle Beratung in Mathematik an der Hochschule (z. B. Lernzentrum für Mathematik)	4 %	111

Inwieweit gibt es einen Zusammenhang zwischen der Note in der Mathematikprüfung nach dem ersten Semester und der Inanspruchnahme der Unterstützungsangebote?

Weitere Hinweise auf die Wirkung der Unterstützungsangebote lassen sich nun aus der Betrachtung der erzielten Prüfungsergebnisse in Abhängigkeit der Inanspruchnahme von Unterstützungsangeboten erschließen. Auch hier ist das nicht-experimentelle Untersuchungsdesign in Rechnung zu stellen. Es fand keine zufällige Zuweisung der Studierenden zu den Teilnehmenden oder Nicht-Teilnehmenden statt. Stattdessen ist davon auszugehen, dass selbst die Teilnahmeentscheidung mit Merkmalen der Studierenden zusammenhängt und dass bereits vor Inanspruchnahme der jeweiligen Unterstützungsangebote systematische Gruppenunterschiede zwischen Teilnehmenden und Nicht-Teilnehmenden bestanden haben. Darüber hinaus ist damit zu rechnen, dass Studierende in Abhängigkeit ihrer individuellen Eigenschaften in unterschiedlichem Maße von den Unterstützungsmaßnahmen profitieren.

In der folgenden Varianzanalyse werden als zentrale personenbezogene Merkmale die Vorkenntnisse in Mathematik, operationalisiert über die Mathematiknote in der Hochschulzugangsberechtigung, und die Art der Hochschulzugangsberechtigung in Rechnung gestellt. Zu Gunsten der Anschaulichkeit werden erneut nur zwei Faktorstufen verglichen; Studierende mit einer Mathematiknote besser oder gleich der Schulnote 2.4 werden mit Studierenden mit einer Note schlechter als 2.4 verglichen. Auf dem zweiten Faktor, der Art der Hochschulzugangsberechtigung, werden Studierende mit allgemeiner Hochschulreife denjenigen mit Fachhochschulreife gegenübergestellt. Exemplarisch wird im Folgenden der Zusammenhang zwischen dem Studienerfolg und der Inanspruchnahme zweier Arten von Unterstützungsangeboten untersucht, Brückenkurse und Tutorien (freiwillige Tutorien und Pflichttutorien werden hierbei zusammengefasst). Abhängige Variable ist die Prüfungsnote in Mathematik im ersten Semester. Studierende werden als Nutzerinnen und Nutzer eines Unterstützungsangebots gezählt, wenn sie angeben, das entsprechende Angebot „eher regelmäßig" bis „sehr regelmäßig" besucht zu haben. In den für die Unterstützungsangebote getrennt berechneten dreifaktoriellen Varianzanalysen wird weder der Haupteffekt für die Nutzung eines Brückenkurses signifikant, $F(1, 2690) = 0.344$, $p > .05$, $\eta_p^2 = 0.000$, noch der Haupteffekt für den regelmäßigen Besuch von Tutorien, $F(1, 2690) = 0.222$, $p > .05$, $\eta_p^2 = 0.000$). Für die Inanspruchnahme eines dieser beiden Unterstützungsangebote in Mathematik per se ließ sich demnach kein statistisch signifikanter Zusammenhang mit dem Prüfungsergebnis in Mathematik nachweisen.

Dies ist insoweit plausibel, als angenommen werden muss, dass der Art der Ausgestaltung einer Unterstützungsmaßnahme ebenfalls Bedeutung zukommt. Inwieweit sich in den einzelnen durchgeführten Unterstützungsmaßnahmen Gestaltungsmerkmale wiederfinden lassen, von denen aus theoretischer Perspektive ein positiver Effekt auf den Lernerfolg ausgehen sollte, wurde jeweils mit der Skala „Qualität" geschätzt. Unter Inkaufnahme von Informationsverlust wird auch hier zu Gunsten der Anschaulichkeit für die im Folgenden dargestellten Analyseschritte bezüglich der Qualitätseinschätzung jeweils eine Dichotomisierung vorgenommen (Mediansplit). Die Qualitätseinschätzung wird zudem nicht als weiterer Faktor in die Analyse einbezogen, sondern im Folgenden diejenigen Teilnehmenden, die ein Unterstützungsangebot in Anspruch genommen haben, das aus ihrer Sicht formulierten Gestaltungsgrundsätzen eher entspricht, denjenigen Studierenden gegenübergestellt, die das entsprechende Angebot entweder nicht oder keines genutzt haben, das (aus ihrer individuellen Perspektive) diesen Ausgestaltungsgrundsätzen folgt. Im Grunde wird dadurch post-hoc die Implementation, inwieweit ein Angebot „angemessen" umgesetzt wurde, in Rechnung gestellt.

In einer erneuten dreifaktoriellen Varianzanalyse ergeben sich nun signifikante Haupteffekte für die Faktoren „Mathematiknote der HZB", $F(1, 2690) = 202.71$, $p < .001$, $\eta_p^2 = 0.070$, „HZB-Art", $F(1, 2690) = 183.95$, $p < .001$, $\eta_p^2 = 0.064$, und „Brückenkurs Besuch", $F(1, 2690) = 19.33$, $p < .001$, $\eta_p^2 = .007$. Studierende mit guten Mathematiknoten in der Hochschulzugangsberechtigung, Studierende mit allgemeiner Hochschulreife und Studierende, die vor dem ersten Semester einen (guten) Brückenkurs besucht haben, erzielen am Ende des ersten Semesters die besseren Ergebnisse in Mathematikprüfungen. Zusätzlich wird die Interaktion zwischen „Mathenote der HZB“ und „Brückenkurs Besuch“ signifikant, $F(1, 2690) = 4.36$, $p < .05$, $\eta_p^2 = 0.002$. Inwiefern die Teilnahme an einem Brückenkurs einen Einfluss hat, ist von der Ausprägung der Mathematiknote in der Hochschulzugangsberechtigung abhängig; bei guten Vorkenntnissen haben Brückenkurse nur einen geringen Einfluss auf den Prüfungserfolg, bei schlechten Vorkenntnissen ist der Einfluss größer.

In der dreifaktoriellen Varianzanalyse mit dem Besuch eines („guten“) Tutoriums als Faktor ergeben sich ebenfalls signifikante Haupteffekte für die Faktoren „Mathematiknote der HZB“, $F(1, 2690) = 246.28$, $p < .001$, $\eta_p^2 = .084$, „HZB-Art“, $F(1, 2690) = 236.75$, $p < .001$, $\eta_p^2 = 0.081$ und „Tutorium Besuch“, $F(1, 2690) = 14.23$, $p < .001$, $\eta_p^2 = 0.005$. Studierende mit guten Mathematiknoten in der Hochschulzugangsberechtigung, Studierende mit allgemeiner Hochschulreife und Studierende, die im ersten Semester ein Tutorium besucht haben, erzielen am Ende des ersten Semesters die besseren Ergebnisse in Mathematikprüfungen. Zusätzlich werden die Interaktion zwischen „Mathematiknote der HZB“ und „Tutorium Besuch“, $F(1, 2690) = 5.97$, $p < .05$, $\eta_p^2 = 0.002$, sowie die Interaktion zwischen „Mathematiknote der HZB“ und „Art der HZB“, $F(1, 2690) = 4.10$, $p < .05$, $\eta_p^2 = 0.002$ signifikant. Ein gutes Tutorium zu besuchen hängt insbesondere bei Studierenden mit schlechten Mathematikvorkenntnissen – der primären Zielgruppe der Unterstützungsangebote – mit dem Prüfungserfolg positiv zusammen, bei guten Vorkenntnissen unterscheiden sich die insgesamt guten Prüfungsnoten zwischen Teilnehmenden und Nicht-Teilnehmenden kaum. Studierende mit allgemeiner Hochschulreife haben einerseits im Mittel bessere Prüfungsnoten in Mathematik, andererseits haben Studierenden mit guten, im Rahmen der AHR erworbenen, Mathematiknoten, gegenüber denjenigen mit weniger guten Mathematiknoten in der AHR überproportional bessere Prüfungsnoten als dies beim Vergleich der Gruppen mit guten und weniger guten Mathematiknoten im Rahmen der Fachhochschulreife der Fall ist.

Inwieweit gibt es einen Zusammenhang zwischen der Inanspruchnahme von Unterstützungsangeboten und dem Bestehen einer Mathematikprüfung nach dem ersten Semester?

Eine weitere anschaulichere Betrachtungsmöglichkeit besteht darin, die Bestehensquoten in der Mathematikprüfung nach dem ersten Semester gegenüberzustellen: Gut 92 % der Studierenden mit einer Mathematiknote in der Hochschulzugangsberechtigung ≤ 2.4, die nach dem ersten Semester an einer Mathematikprüfung teilgenommen haben, haben diese nach eigener Angabe bestanden. Wird innerhalb dieser Gruppe jeweils differenziert, inwieweit angemessen umgesetzte Unterstützungsangebote wahrgenommen wurden, unterscheiden sich die Bestehensquoten kaum, 93 % der Tutorien- und knapp 94 % der Brückenkursnutzenden bestehen die Mathematikprüfung. Es findet sich innerhalb dieser Gruppen kein signifikanter Zusammenhang zwischen dem Prüfungserfolg und der der Nutzung eines Brückenkurses ($r_\varphi(1575) = .04$, $p > .05$) oder eines Tutoriums ($r_\varphi(1575) = .03$, $p > .05$). Die hohen Erfolgsquoten bleiben stabil, unabhängig von der Inanspruchnahme der Unterstützungsmaßnahmen. Für die Studierenden mit guten Mathematikkenntnissen spielt die Inanspruchnahme der beiden untersuchten Unterstützungsangebote praktisch keine Rolle – weder ob überhaupt ein Angebot regelmäßig genutzt wurde, noch spielt die Qualität der Angebote hier eine Rolle.

Ein anderes Ergebnis resultiert für die Studierenden mit weniger guten Mathematiknoten in der Hochschulzugangsberechtigung, für die eigentliche Zielgruppe der Unterstützungsangebote ist die Teilnahme erfolgskritisch. Insgesamt bestehen hier etwa 74 % die Mathematikprüfung. Die Bestehensquoten derjenigen, die ein („gutes") Tutorium bzw. einen („guten") Brückenkurs in Anspruch genommen haben, liegen mit jeweils 80 % deutlich über denen derjenigen, die kein („gutes") Tutorium (70 %) oder keinen („guten") Brückenkurs (71 %) genutzt haben. In dieser Gruppe gibt es einen kleinen statistisch signifikanten Zusammenhang zwischen dem Prüfungserfolg und der Nutzung eines („guten") Tutoriums ($r_{\varphi}(1219) = .11, p < .001$) bzw. eines („guten") Brückenkurses ($r_{\varphi}(1219) = .09, p < .01$).

Wird innerhalb der Gruppe derjenigen Studierenden, die kein Unterstützungsangebot mit hoher Qualität in Anspruch genommen haben weiter ausdifferenziert, inwieweit kein Unterstützungsangebot oder keines mit positiver Qualitätsbewertung genutzt wurde, dann ergibt sich das folgende Bild: Innerhalb der Gruppe derjenigen mit weniger guten Mathematiknoten in der HZB ergeben sich signifikante Unterschiede bezüglich der Bestehensquoten in Abhängigkeit der drei Kategorien, sowohl für die Tutorien (χ^2 (2, 1219) = 13.69, p < .01) als auch für die Brückenkurse (χ^2 (2, 1219) = 10,31, p < .01). Ein Unterstützungsangebot genutzt zu haben, das die abgefragten Gestaltungsmerkmale kaum aufweist, geht mit einem ähnlich schlechten Prüfungserfolg einher, wie entsprechende Unterstützungsangebote nicht in Anspruch genommen zu haben (⊙Abb. 3).

Abbildung 3 Bestehensquoten in Mathematikprüfung im ersten Semester in Abhängigkeit der Nutzung und Qualität von Brückenkursen bzw. Tutorien, Studierende mit HZB-Mathematiknote > 2.4

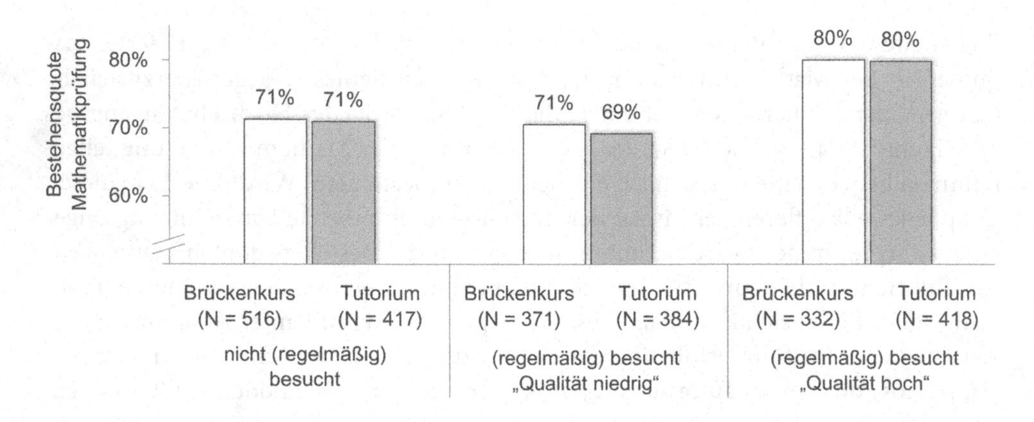

1.7.4.7 Unterstützungsangebote und weitere Einflussfaktoren auf den Studienerfolg

Welchen Aufklärungsbeitrag bezüglich des Studienerfolges leistet die Teilnahme an Unterstützungsangeboten in Anbetracht weiterer Einflussfaktoren?

Durch multivariate Analysemethoden können gleichzeitig mehrere unabhängige Variablen für die Vorhersage einer abhängigen Variablen berücksichtigt und die Vorhersageleistung einzelner Variablen unter statistischer Kontrolle anderer Einflüsse abgeschätzt werden. In die nachfolgenden Analysen werden gleichzeitig soziodemographische Variablen, die schulische Vorbildung, persönlichkeitsbezogene und weitere Variablen sowie die Inanspruchnahme der Unterstützungsangebote aufgenommen, um die Note der Mathematikprüfung im ersten Semester und weitere Studienerfolgskriterien vorherzusagen. Wie bereits in den vorangehenden Analysen ergibt sich auch hier nur dann für die Inanspruchnahme von Unterstützungsangeboten ein signifikanter Effekt, wenn gleichzeitig die Ausgestaltung der Angebote in Rechnung gestellt wird. Erneut wird hier die Teilnahme an angemessen umgesetzten Tutorien (freiwillige Tutorien und Pflichttutorien zusammengefasst) bzw. Brückenkursen der Nichtteilnahme und der Teilnahme an weniger geeigneten Umsetzungsformen in einer dichotomen und für eine multiple Regression dummycodierten Variablen gegenübergestellt („Brückenkurs Besuch"; „Tutorien Besuch"). Dummycodiert gehen ebenfalls ein in die Analyse: das Alter, das Geschlecht, die Staatsangehörigkeit, die Art der Hochschulzugangsberechtigung („Art der HZB"), das Studienfach und inwieweit es sich beim belegten Studienfach um die erste Wahl handelt („Erste Wahl"). Darüber hinaus werden die Durchschnittsnote der Hochschulzugangsberechtigung, die Mathematiknote der Hochschulzugangsberechtigung und die Skalenwerte von „Gewissenhaftigkeit", „Selbstwirksamkeitserwartung", „Zielklarheit" sowie zum „semsterbegleitenden Lernen" in die Analyse einbezogen. Mit Blick auf die Analyse des Einflusses von (hier nicht berichteten) Interaktionstermen wurden die nicht-dichotomisierten Prädiktorvariablen vor der Analyse zentriert (vgl. Frazier et al. 2004). Das Ergebnis der hierarchischen Regressionsanalyse zur Vorhersage der Prüfungsnote in Mathematik im ersten Semester ist in Tab. 1.7 abgetragen.

Tabelle 1.7 Hierarchische Regression zur Vorhersage der Prüfungsnote in Mathematik in erstem Semester

	Modell 1			Modell 2			Modell 3		
	B	**SE B**	**β**	**B**	**SE B**	**β**	**B**	**SE B**	**β**
Konstante	2,80*	0,03		2,63*	0,03		2,69*	0,03	
Alter (< 25 J.=0/ab 25 J.=1)	0,20*	0,06	0,06	−0,05	0,06	−0,02	−0,03	0,06	−0,01
Geschlecht (weibl. =1/männl.=0)	−0,15*	0,04	−0,07	−0,03	0,04	−0,01	−0,01	0,04	0,00
Staatsang. (Ausl.=1/ Deu.=0)	0,26*	0,10	0,05	0,12	0,08	0,02	0,12	0,08	0,02
Note der HZB				0,23*	0,04	0,13	0,22*	0,04	0,12
Mathematiknote der HZB				0,39*	0,03	0,33	0,39*	0,03	0,33
Art der HZB (FHR=1/ AHR=0)				0,62*	0,04	0,30	0,61*	0,04	0,29
Studienfach (Wirt. =1; Ing./Inf.=0)				−0,14*	0,04	−0,06	−0,13*	0,04	−0,06
Erste Wahl (eher nein=1/eher ja=0)				−0,06	0,05	−0,02	−0,08	0,05	−0,02
Gewissenhaftigkeit				−0,13*	0,03	−0,08	−0,08*	0,03	−0,05
Selbstwirksamkeits-erwartung				−0,08*	0,03	−0,05	−0,09*	0,03	−0,06
Zielklarheit				−0,02	0,02	−0,02	0,00	0,02	0,00
Semesterbegleiten-des Lernen							−0,06*	0,02	−0,07
Brückenkurs Besuch							−0,13*	0,04	−0,06
Tutorium Besuch							−0,10*	0,04	−0,05
R^2	.012			.293			.303		
Adj. R^2	.010			.289			.299		
ΔR^2	.012			.281			.011		
F für ΔR^2				120.53*			12.72*		
F	9.48*			91.26*			75.47*		

N = 2440; *p < .05

Durch die eingeschlossenen Variablen lassen sich gut 30 % der Varianz der Note in der Mathematikprüfung nach dem ersten Semester aufklären. Die Variablen Alter, Geschlecht und Staatsangehörigkeit klären alleine nur einen kleinen Anteil der Leistungsvarianz auf, nach Berücksichtigung weiterer Variablen ist deren Aufklärungsbeitrag nicht mehr statistisch signifikant. Zentraler Prädiktor der Prüfungsnote ist die Mathematiknote der Hochschulzugangsberechtigung. Unter Konstanthaltung des Einflusses der anderen Variablen übertrifft ihr Einfluss auf die Prüfungsnote sogar denjenigen der Durchschnittsnote der Hochschulzugangsberechtigung. Bessere Noten in der Hochschulzugangsberechtigung gehen mit einem besseren Abschneiden in der Mathematikprüfung einher. Die Überlegenheit der Fach- gegenüber der Durchschnittsnote ist hier insbesondere auf die Wahl des Kriteriums zurückzuführen (Symmetrieprinzip, vgl. Wittmann, 1990 [52]).

Einen ähnlich großen Einfluss auf die Prüfungsnote in Mathematik hat die Art der Hochschulzugangsberechtigung, die Fachhochschulreife geht mit signifikant schlechteren Prüfungsergebnissen einher als die allgemeine Hochschulreife. Dies ist insoweit erklärungsbedürftig, als der Einfluss trotz der zahlreichen in das Modell eingeschlossenen vermittelnden Variablen bestehen bleibt. Die drei Variablen der schulischen Voraussetzungen leisten gemeinsam den größten Aufklärungsbeitrag in diesem Untersuchungsmodell. Das Studienfach wird als Prädiktor signifikant, Studierende der Wirtschaftswissenschaften erreichen insgesamt bessere Noten in den Mathematikprüfungen; als erklärender Faktor kommen dafür insbesondere allgemeine Unterschiede im Anspruchsniveau in Mathematik in Frage.

Die Aussage, inwieweit es sich um das Wunschstudienfach handelt, hängt unter Berücksichtigung der weiteren Variablen in dieser Studie und bei der gewählten Form der Operationalisierung kaum mit dem Prüfungserfolg zusammen. Unter den einbezogenen persönlichkeitsbezogenen Merkmalen spielen insbesondere die Gewissenhaftigkeit und die Selbstwirksamkeitserwartung als Prädiktoren eine Rolle für die Vorhersage der Prüfungsnote in Mathematik, wobei der Aufklärungsbeitrag der drei einbezogenen Konstrukte insgesamt gering ist. Die Selbstauskunft zum semesterbegleitenden Lernen ist ein weiterer statistisch signifikanter Prädiktor der Prüfungsleistung. Die Inanspruchnahme von Unterstützungsangeboten wird als Prädiktor nur dann relevant, wenn gleichzeitig die Qualität der Angebote berücksichtigt wird. In dieser Form operationalisiert, sind sowohl der Brückenkurs- als auch der Tutorienbesuch relevante Prädiktoren der Note der Mathematikprüfung. Wenn auch statistisch signifikant, bleibt der gemeinsame Aufklärungsbeitrag des semesterbegleitenden Lernens und der Inanspruchnahme von Unterstützungsangeboten jedoch mit nur einem Prozent inkrementellem Aufklärungsbeitrag sehr gering.

Für die (hier nicht im Detail wiedergegebene) Vorhersage der Studienzufriedenheit und der erlebten Passung lässt sich das Ergebnis wie folgt zusammenfassen: Die persönlichkeitsbezogenen Variablen Gewissenhaftigkeit, Selbstwirksamkeit und insbesondere die Zielklarheit sind hier wichtige Prädiktoren dieser nicht direkt leistungsbezogenen Kriterien. Darüber hinaus spielt es hier eine Rolle, inwieweit es sich bei dem belegten Studienfach um das Wunschfach handelt. Zusätzlich leisten auch hier die vorkenntnisbezogenen Variablen zwar einen geringeren jedoch immer noch statistisch bedeutsamen Aufklärungsbeitrag.

Zur Bedeutung der Art der Hochschulzugangsberechtigung

Dass die Art der Hochschulzugangsberechtigung selbst unter Berücksichtigung zahlreicher Drittvariablen im Rahmen der multiplen Regression ein bedeutungsvoller Prädiktor der Leistungsvarianz bleibt, wirft weitere Fragen auf. Die Studierenden mit Fachhochschulreife erzielen signifikant schlechtere Ergebnisse in der Mathematikprüfung nach dem ersten Semester als ihre Kommilitoninnen und Kommilitonen mit allgemeiner Hochschulreife ($U(1775, 958) = -15.49$, $p < .001$), doch spiegeln sich diese Gruppenunterschiede kaum in der Ausprägung zentraler personenbezogener Merkmale wider, die mit dem Studienerfolg einhergehen.

Beispielsweise ergibt sich für die Skala Gewissenhaftigkeit (Zusammenhang mit Prüfungsnote Mathematik $r_s(2823) = -.13$, $p < .001$) ein kleiner, statistisch signifikanter Unterschied zu Gunsten der Studierenden mit Fachhochschulreife ($t(3184) = 3.61$, $p < .001$, $d = 0.13$). Kein statistisch signifikanter Unterschied lässt sich für die Selbstwirksamkeitserwartung (Zusammenhang mit Prüfungsnote Mathematik $r_s(2817) = -.12$, $p < .001$) nachweisen ($t(3177) = .56$, $p > .05$, $d = 0.02$). Ein kleiner bis mittlerer, statistisch signifikanter Unterschied zwischen den beiden Gruppen zu Gunsten der Studierenden mit Fachhochschulreife konnte auch für die Ausprägung auf der Skala Zielklarheit nachgewiesen werden ($t(2608) = 9.03$, $p < .001$, $d = .33$). Zwar konnte für Zielklarheit kein direkter Zusammenhang mit der Prüfungsnote gefunden werden ($r_s(2827) = -.01$, $p > .05$), der Zielklarheit kommt jedoch eine zentrale Rolle bezüglich der Studienmotivation zu. Sie korreliert deutlich mit der Selbstangabe zum semesterbegleitenden Lernen ($r_s(3301) = .19$, $p < .001$) und der Studienzufriedenheit ($r_s(3305) = .27$, $p < .001$) und sowohl das semesterbegleitende Lernen ($r_s(2826) = -.12$, $p < .001$) als auch die Studienzufriedenheit hängen ihrerseits mit dem Prüfungserfolg zusammen ($r_s(2826) = -.17$, $p < .001$).

Die beiden Gruppen unterscheiden sich signifikant bezüglich der Antworten, inwieweit sie sich durch ihre Schulbildung auf die Mathematik-Anforderungen im Studium vorbereitet fühlen ($U(1993, 1170) = -23.76$, $p < .001$). Die Studierenden mit Fachhochschulreife fühlen sich durch ihre Schulbildung deutlich schlechter auf die Mathematikanforderungen im Studium vorbereitet als ihre Kommilitoninnen und Kommilitonen mit allgemeiner Hochschulreife. Es ist davon auszugehen, dass die Art der Hochschulzugangsberechtigung in hohem Maße die Vorkenntnisse in Mathematik und somit widerspiegelt, inwieweit sich Studierende durch ihre Schulbildung auf die Mathematikanforderungen im Studium vorbereitet fühlen.

Die empirischen Belege für alternative Erklärungen zum Einfluss der Art der Hochschulzugangsberechtigung sind eher schwach: Dafür dass spezifische Vergessensprozesse eine zentrale Rolle spielen, in dem Sinne, dass bei Studierenden mit

Fachhochschulreife der Schulabschluss bei Studienbeginn systematisch länger zurückliege, gibt es kaum Hinweise in dieser Stichprobe. Der Zeitraum zwischen Schulabschluss und Studienbeginn hängt kaum mit der Art der Hochschulzugangsberechtigung zusammen (χ^2 (1, 3170) = .556, p > .05); der Anteil derjenigen, die innerhalb eines Jahres nach Schulabschluss das Studium aufnehmen, liegt unter den Studierenden mit allgemeiner Hochschulreife bei 69 %, gegenüber 70 % bei Studierenden mit Fachhochschulreife. Darüber hinaus lässt sich, wie bereits in anderen Studien (z. B. Polaczek & Henn, 2008), kein Zusammenhang zwischen der Länge des Zeitraumes von Schulabschluss bis Studienbeginn und der Prüfungsnote in Mathematik nachweisen (r_s (2808) = .01, p > .05). Auch das selbstberichtete Lernverhalten unterscheidet sich kaum in Abhängigkeit der Art der Hochschulzugangsberechtigung, weder inwieweit frühzeitig mit dem Lernen begonnen wurde (U (2003, 1178) = −0.04, p > .05), inwieweit semesterbegleitend gelernt (U (2000, 1167) = −0.72, p > .05) und auch nicht inwieweit dabei der eigene Leistungsstand selbst überprüft wurde (U (1988, 1170) = −0.27, p > .05).

1.7.4.8 Offene Kommentare zu Unterstützungsangeboten in Mathematik

Am Ende des LUMa-Fragebogens wurden zwei Fragen ohne Antwortvorgaben gestellt. Die Antworten der Studierenden wurden im Rahmen einer quantitativen Inhaltsanalyse ausgewertet, das Kategorienschema wurde auf Basis der Antworten entwickelt. Die erste Frage bezog sich auf hilfreiche Mathematikunterstützung: „Besonders nützlich, um für mein Studium relevante Mathematik-Kenntnisse zu erhalten/zu vertiefen, fand ich …“. Insgesamt beantworteten 1794 Studierende im zweiten Fachsemester diese Frage, die sechs am häufigsten genannten Kategorien sind in Tab. 1.8 aufgelistet. Für die Interpretation der Ergebnisse muss beachtet werden, dass sich durch die Art der Fragestellung in den Antworten zugleich zwei Aspekte widerspiegeln: die Verbreitung von Angeboten und ihre Bewertung. Wenn Unterstützungsangebote selten genannt werden, muss dies nicht zwangsläufig mit einer schlechten Bewertung einhergehen. Erfasst wird lediglich, was den Studierenden der untersuchten Stichprobe aus eigener Sicht im Bereich Mathematik besonders geholfen hat.

Tabelle 1.8 Zu Kategorien zusammengefasste offene Antworten auf die Frage: *„Besonders nützlich, um für mein Studium relevante Mathematik-Kenntnisse zu erhalten/zu vertiefen, fand ich…"*

Nützliche Unterstützungsangebote in Mathematik	Anteil an allen Antwortenden in % (N = 1794)
Tutorien	41 %
Übungsaufgaben	30 %
Vorlesung	11 %
Vor- und Brückenkurse	9 %
Lerngruppen	9 %
Lehrbücher	8 %

(Mehrfachnennungen möglich)

Tutorien als besonders nützliche Mathematikunterstützung

Am häufigsten werden Tutorien als hilfreiche Unterstützung im Bereich Mathematik genannt. Viele der offenen Antworten enthalten eine Begründung der Wahl, beispielsweise für die Tutorien: *„weil wichtige Themen nochmal erklärt werden und man üben kann"*, *„in denen das Gelernte angewandt und somit erst richtig verstanden wird"*, *„da Vermittlung des Stoffs anders als von Dozenten/Professoren stattfindet"* oder *„ohne Tutorien würde ich den Lehrstoff nicht verstehen"*. Die am zweithäufigsten besetzte Kategorie, die in Tab. 1.8 mit „Übungsaufgaben" überschrieben ist, subsummiert alle Nennungen, die sich darauf beziehen, dass Studierende Zusammenstellungen von Aufgaben erhalten und selbstständig bearbeiten. An dritter Stelle (11 % aller Antwortenden) folgen Nennungen, die sich auf die Vorlesungen beziehen, in diesem Zusammenhang werden häufig direkt die Lehrkompetenzen der Dozierenden positiv hervorgehoben.

Darüber hinaus werden Vor- und Brückenkurse von 9 % der Antwortenden angeführt. Mit ähnlicher Häufigkeit werden auch soziale Lernformen genannt, rund 9 % aller Antwortenden führen Lerngruppen als besonders nützlich an. Ähnlich oft werden Lehrbücher genannt, mit einer Nennung durch 8 % der Antwortenden werden diese sogar häufiger als die vorlesungsbegleitenden Skripte (4 % der Antwortenden) als besonders hilfreich angeführt. In den Nennungen werden mitunter konkrete Buchtitel und Autoren durch die Studierenden genannt (z. B. Lehrbücher von Lothar Papula). Neben gedruckten Mathematikhilfen werden auch elektronische angeführt, etwa 5 % der Antwortenden nennen beispielsweise die *„eigene Recherche im Internet"*, *„google"*, *„Online-Videos"*, *„YouTube"*, *„Wolfram Alpha"* oder Ähnliches.

Verbesserungsvorschläge zur Mathematikunterstützung im ersten Semester

Gelegenheit, Wünsche und Verbesserungsvorschläge in Bezug auf die Mathematikunterstützung zum Ausdruck zu bringen, bekamen die Studierenden im Rahmen der zweiten offenen Frage: „Folgendes hätte mir besser geholfen, für mein Studium relevante Mathematik-Kenntnisse zu erhalten/zu vertiefen". Auf diese Frage antworten 1108 Zweitsemesterstudierende, 16 % der Antwortenden geben an, dass sie sich mehr und/oder häufigere Tutorien gewünscht hätten, aus den Antworten war auch zu erschießen, dass Tutorien im Bereich Mathematik nicht überall angeboten wurden. Ähnlich häufig (16 % der Antwortenden) wird geäußert, dass mehr Beispiele und Übungen in den Veranstaltungen geholfen hätten, die relevanten Mathematikkenntnisse zu erhalten und zu vertiefen. Etwa 12 % der Antwortenden nennen, dass sie sich allgemein mehr Zeit gewünscht hätten, das Gelernte einzuüben, insbesondere hätten die Lehrveranstaltungen langsamer voranschreiten sollen. Rund 9 % der Antwortenden geben an, dass mehr und/oder bessere Übungsaufgaben zur eigenständigen Bearbeitung ihnen geholfen hätten, insbesondere hätten sich viele eine ausführlichere Beschreibung der Lösungswege gewünscht. Immerhin 5 % der Antwortenden geben an, dass es ihnen geholfen hätte, wenn eine Verpflichtung bestanden hätte, Übungsaufgaben und Hausaufgaben regelmäßig zu absolvieren und/oder die Tutorien verpflichtend gewesen wären.

Zusätzlich zur Kategorie bezüglich des Wunsches nach *mehr* Tutorien wurde in einer weiteren zusammengefasst, inwieweit die Studierenden eine andere Ausgestaltung, kurzum eine Verbesserung der Qualität der Tutorien wünschen. Auch in den Antworten auf die vorherige offene Frage nach besonders hilfreichen Unterstützungsangeboten wird bereits deutlich, dass die Qualität der Tutorien eine relevante Kategorie ist. Beispielsweise sind dort Aussagen zu finden wie: *„Tutorium ist nicht gleich Tutorium"*, *„Tutorien sind gut, sofern die Lehrenden nicht nur vorrechnen, sondern Fragen auch kompetent beantworten können"* oder *„Tutorien halte ich eigentlich für sinnvoll, sie sind aber oft sehr schlecht bis gar nicht strukturiert"*. Im Rahmen der zweiten offenen Frage wird von 8 % der Antwortenden direkt die Qualität von Tutorien thematisiert. Verbesserungsbedarf wird beispielsweise bezüglich der didaktischen Ausgestaltung gesehen (z. B. *„Das der Tutor die Aufgaben besser erklärt und nicht einfach an der Tafel runter schreibt"*, *„Musterlösung an die Tafel geklatscht"*, *„Ein Tutorium, in welchem man Zeit hat Aufgaben zu rechnen"*), der fachlichen Kompetenzen und der Lehrkompetenzen (z. B. *„Die Tutoren sollten geschult werden, um besser den Stoff für die Studenten erklären zu können"*, *„bessere Tutoren einstellen, die Ahnung haben und nicht nur von der Lösung ablesen"*), der Vorbereitung der Tutorinnen und Tutoren (z. B. *„Der Tutor war unvorbereitet und kam manchmal einfach nicht oder ging einfach."*) oder der Abstimmung mit den Professorinnen und Professoren (z. B. *„bessere Zusammenarbeit zwischen Mathe-Dozent und Tutor"*, *„Tutoriumsangebot passte nicht zum aktuellen Stoff"*).

Mit einer vergleichbaren Häufigkeit wurden diese Aspekte auch in Bezug auf andere Lehrveranstaltungen (u. a. Vorlesungen und Brückenkurse) und die Lehrenden dort thematisiert (8 % der Antwortenden). Exemplarisch seien hier die folgenden Zitate angeführt: *„Die Mathe Vorlesung, das war einfach nur ein Abschreiben von der Tafel in die Lücken, die im Skript enthalten waren und keine konkreten Übungen."*, *„Bessere und verständlichere Vorlesungen (nicht nur von den Folien ablesen)"* oder *„Dozent, welcher pädagogische Fähigkeiten besitzt"*. Als spezifischer Aspekt wurde in einer Kategorie die Kritik bezüglich der Passung des Anforderungsniveaus in Lehrveranstaltungen, Übungsaufgaben und Prüfungen zusammengefasst; etwa 6 % der Antwortenden kritisieren, dass das Anforderungsniveau der Klausuren nur unzureichend in Lehrveranstaltungen oder Übungsaufgaben abgebildet worden sei.

Rund 7 % der Antwortenden beziehen sich auf eine unzureichende schulische Vorbereitung bezüglich der vermittelten Grundkenntnisse (z. B. *„mehr Mathematik am Berufskolleg"*, *„mehr relevante Mathe am Berufskolleg"*, *„besserer Mathematikunterricht am Gymnasium"*, *„vorbereitende Mathekurse während der Ausbildung"*), bezüglich der Anforderungen an das eigenständige Lernen (z. B. *„in der Schule das selbstständige lernen in den Vordergrund bringen damit man es im Studium schon kennt und der Anfang nicht so schwer ist"*), des Einsatzes elektronischer Rechenhilfen (z. B. *„Taschenrechnerverbot in der Schule, vor allem kein Einsatz von Grafiktaschenrechnern"*, *„Im Gymnasium mehr ohne Taschenrechner arbeiten. Es ist nutzlos ihn in der Oberstufe immer nutzen zu können, wenn man ihn im Studium nicht mehr benutzen darf."*, *„das handschriftliche Erlernen der einzelnen Rechenwege während der Schule, insbesondere der Oberstufe, anstatt das Erlernen mit dem programmierbaren Taschenrechner"*) oder der Abstimmung zwischen Schulen und Hochschulen (z. B. *„Besseren Übergang von Berufskolleg zur Hochschule."*, *„Eine bessere Absprache des Lernstoffes zwischen Schulen und Hochschulen über den Lernstoff, der den Studierenden vermittelt werden muss. Professoren haben oft keine Vorstellung darüber, was sie von Studenten erwarten können."*). Die übrigen Antworten lassen sich größtenteils in den schwächer besetzten Kategorien „Mehr semesterbegleitendes Lernen", „Mehr und bessere Brückenkurse", „Literaturempfehlungen", „Individuelle Betreuung" und „Mehr Praxisbezug" zusammenfassen.

1.7.5 Interpretation der bisherigen Ergebnisse der LUMa-Studie

Umfangreiche Passungsprobleme

In der untersuchten Stichprobe geben knapp 40 % der Zweitsemesterstudierenden an, sich durch ihre Schulbildung nicht hinreichend auf die Mathematikanforderungen im Studium vorbereitet zu fühlen. Zu vergleichbaren Ergebnissen kommen auch Heublein et al. (2010, S. 67 ff [24]). Unter den Studierenden mit Fachhochschulreife liegt dieser Anteil bei 63 %, selbst bei guten Mathematiknoten in der Hochschulzugangsberechtigung fühlt sich in dieser Gruppe mehr als die Hälfte der Studierenden unzureichend vorbereitet. Insgesamt 14 % der Studierenden geben an, im ersten Semester über einen Studienabbruch nachgedacht zu haben. Als Ursache geben die Studierenden zumeist „zu wenig Zeit zum Lernen“, „fehlende Vorkenntnisse“ und „falsche Vorstellungen bezüglich des Studienfachs“ an. Leistungsprobleme werden signifikant häufiger von Studierenden mit Fachhochschulreife als von Studierenden mit allgemeiner Hochschulreife genannt. Auch in den offenen Antworten spiegelt sich wider, dass viele Studierende ein differenziertes Problembewusstsein bezüglich der mangelnden Passung der schulischen Vorbereitung und der Anforderungen im Studium besitzen.

Obwohl allen hier befragten Studierenden formal die Hochschulreife bestätigt wurde, sie zu denjenigen gehören, die einen Studienplatz erhalten und angetreten haben und es sich zusätzlich um eine ausgelesene Stichprobe derjenigen handelt, die zumindest bis zum zweiten Semester im Studium verblieben sind, gibt ein hoher Anteil an, sich unzureichend auf die Studienanforderungen in Mathematik vorbereitet zu fühlen. Die Schulnoten in Mathematik korrelieren verhältnismäßig gering mit der Selbsteinschätzung, die sich im Laufe des bisherigen Studiums ausgebildet hat. Selbst gute Noten, insbesondere im Rahmen der Fachhochschulreife erworben, gehen häufig mit einer negativen Selbsteinschätzung nach dem ersten Semester einher. Auf dieser Basis ist davon auszugehen, dass die in den abgebenden Bildungsinstitutionen erreichten Notenwerte in Mathematik für die Studierenden *vor und zum Studienbeginn* eine nur äußerst unzureichende Informationsquelle sind, um einzuschätzen, inwieweit die eigenen Kenntnisse und Fertigkeiten den Anforderungen genügen werden. Dies ist insbesondere auch dahingehend ein großes Problem, als Studierende im Allgemeinen eher dazu neigen, die eigene Leistungsfähigkeit zu überschätzen (vgl. Laging, 2014 [33]). Zu diagnostizieren ist hier nicht nur ein hohes Maß an individuell wahrgenommener Diskrepanz zwischen Eingangsvoraussetzungen und Anforderungen. Aus Perspektive der Studieninteressierten, Studienanfängerinnen und -anfänger besteht darüber hinaus auch ein hoher Bedarf, überhaupt *rechtzeitig* von einer solchen Diskrepanz zu erfahren und bestenfalls insoweit ausdifferenziert, dass frühzeitig entsprechende Brückenangebote in Anspruch genommen werden können.

Positive Bewertung der Angebote aus Studierendensicht

Brückenkurse und Tutorien sind in der untersuchten Stichprobe die mit der weitesten Verbreitung genutzten Unterstützungsangebote für den Bereich Mathematik. Mehr als die Hälfte der befragten Zweitsemesterstudierenden gibt an, im ersten Semester entsprechende Angebote regelmäßig in Anspruch genommen zu haben. Stützkurse und individuelle Beratungsangebote hingegen werden verhältnismäßig selten als regelmäßig genutzte Unterstützungsangebote genannt, bei ihnen ist insgesamt von einer geringeren Verbreitung auszugehen.

Den Unterstützungsangeboten schreiben viele der Nutzerinnen und Nutzer einen hohen Kenntniszuwachs und eine hohe Nützlichkeit zu. Tutorien, Stützkurse und individuelle Beratung schneiden besonders gut ab. Der Inanspruchnahme dieser Angebote schreiben mehr als 40 % der Zweitsemesterstudierenden einen „hohen" bis „sehr hohen" Zuwachs an mathematischen Fertigkeiten zu. Eine hohe Akzeptanz der Tutorien spiegelt sich auch in den offenen Antworten wider, rund 40 % aller antwortenden Studierenden nennen in einem Freitextfeld Tutorien als besonders nützlich, um relevante Mathematikkenntnisse zu erhalten oder zu vertiefen. Mehr und bessere Tutorien sind auch häufige Antworten auf die Frage, was sich Studierende rückblickend für das erste Semester gewünscht hätten.

Über die globale Nutzenbewertung hinaus wurden die Studierenden gebeten, für die genutzten Unterstützungsangebote Einschätzungen zu deren Ausgestaltung abzugeben und somit die Qualität der Ausgestaltung der Angebote zu beurteilen. Die subjektive Qualitätseinschätzung durch die Studierenden ist nicht vollkommen unabhängig von Vorkenntnissen der Studierenden; weniger gute Mathematiknoten in der Hochschulzugangsberechtigung gehen mit etwas schlechteren Bewertungen einher. Bei der Interpretation der Ergebnisse muss zudem beachtet werden, dass diese Einschätzungen retrospektiv erhoben wurden; die meisten Studierenden haben nach der Nutzung der Angebote bereits eine Prüfung abgelegt. Es ist anzunehmen, dass es in Abhängigkeit individueller Ursachenzuschreibungen zu Verzerrungen beim Antworten oder bereits beim Abruf von Gedächtnisinhalten gekommen sein kann. Dennoch wird davon ausgegangen, dass die in den weiteren Auswertungen als dichotomes Unterscheidungsmerkmal einbezogenen Qualitätsbewertungen als hinreichend valider Schätzer dafür gelten können, inwieweit Unterstützungsangebote angemessen umgesetzt wurden.

Unterstützungsangebote nur kleine Effektstärken

Für die Inanspruchnahme der Unterstützungsangebote in Mathematik alleine lassen sich in dieser Studie keine positiven Effekte auf den Prüfungserfolg in Mathematik nachweisen. Dieses Ergebnis ist zunächst überraschend, passt es doch kaum zu den positiven Einschätzungen der Teilnehmenden. Bis zu einem gewissen Grad mag das Ergebnis auf methodische Probleme zurückgehen (s. u.), darüber hinaus kann es dennoch als Warnsignal gegen eine allzu große Beliebigkeit im Bereich der Lernunterstützung gelten: Es ist eben nicht egal wie die Unterstützung aussieht, es kommt eben nicht nur darauf an, *dass* irgendein Angebot geschaffen wird. Erst wenn in der Auswertung die Ausgestaltung der Unterstützungsangebote mit in Rechnung gestellt wird und nur Teilnahmen an angemessen umgesetzten Angeboten gewertet werden, lassen sich positive Effekte auf die Prüfungsnoten in Mathematik und die Bestehensquoten gegen den Zufall absichern. Die Teilnahme an guten Brückenkursen bzw. Tutorien geht mit besseren Prüfungsnoten und höheren Erfolgsquoten einher – selbst wenn zahlreiche weitere potenziell auf den Studienerfolg Einfluss nehmende Variablen mit einbezogen werden. Insbesondere bei Studierenden mit weniger guten Vorkenntnissen in Mathematik, der primären Zielgruppe solcher Unterstützungsangebote, ist die Teilnahme an angemessen umgesetzten Brückenkursen und Tutorien erfolgskritisch. Die Erfolgsquoten der Studierenden, die Unterstützungsangebote nutzen, in denen die abgefragten Ausgestaltungsmerkmale unzureichend umgesetzt sind, unterscheiden sich nicht von den Erfolgsquoten der Nicht-Teilnehmer – obwohl in der Qualitätseinschätzung selbst keine Nützlichkeitseinschätzung impliziert war. Insgesamt leisten die Unterstützungsangebote einen in seiner Höhe geringen, jedoch statistisch signifikanten Aufklärungsbeitrag. Dass der Aufklärungsbeitrag trotz geringer Höhe statistisch signifikant wird, ist nicht zuletzt auf den großen Stichprobenumfang zurückzuführen.

Auf mehrere, auch untersuchungsmethodische, Ursachen kann es zurückgehen, dass der Einfluss relativ gering ausfällt. Die mit Informationsverlust und niedrigerer Teststärke verbundene Dichotomisierung zentraler Variablen kann mit eine Rolle spielen und sollte in weiteren Analysen umgangen werden. Auch die Validität der Auskunft zur Nutzungshäufigkeit allgemein könnte in Frage gestellt werden; Beltz et al. (2011) [2] erzielen in einem ähnlichen Szenario unter Auswertung von Anwesenheitslisten größere Effektstärken. Darüber hinaus wurde in den bisherigen Analysen auch nicht differenziert, inwieweit überhaupt entsprechende Unterstützungsangebote bestanden haben, und auch nicht, inwieweit Studierende beispielweise bei fehlendem Tutorienangebot kompensatorische Maßnahmen in Anspruch genommen haben. Die geringe Effektstärke kann auch dadurch mitbedingt sein, dass ein gewisses Maß an Varianzeinschränkung zum Tragen kommt, da hier nur diejenigen Studierenden untersucht wurden, die nicht nur bis zum zweiten Semester durchgehalten haben, sondern auch davon nur diejenigen, die an der Mathematikprüfung des ersten Semesters auch teilgenommen haben. Im mathematischen Bereich leistungsschwächere Studierende, die beispielsweise das Studium bereits abgebrochen oder Mathematikprüfungen geschoben haben, sind nicht enthalten. Nicht das gesamte Leistungsspektrum spiegelt sich wider, somit sind die erreichbaren Effektstärken geringer.

Bedeutung der Umsetzung von Unterstützungsangeboten

Die Art der Ausgestaltung der Unterstützungsangebote spielt die entscheidende Rolle. Wichtig ist weniger das formale Format als das konkrete Lehrgeschehen und inwieweit dort Grundprinzipien „guter Lehre" ihre Umsetzung finden. Ein zentraler Aspekt der Ausgestaltung der Unterstützungsangebote in Mathematik wie auch für das Lernen in Mathematik insgesamt ist, dass Gelegenheit gegeben wird, selbst aktiv zu werden – jedoch nicht in dem Sinne, dass die Studierenden mit Übungsaufgaben sich selbst überlassen werden. Notwendig ist, dass die Studierenden aktiv durch Lehrende angeleitet werden, dass unter Beachtung der Vorkenntnisse und metakognitiven Ressourcen herausfordernde jedoch bewältigbare Aufgaben gestellt werden, dass die dabei angestrebten Lernergebnisse transparent sind und als relevant eingeschätzt werden, dass den Studierenden genügend Zeit zur selbstständigen Bearbeitung gegeben wird, dass die Bearbeitung der Aufgaben aber auch aktiv eingefordert und dass ein differenziertes Feedback zu den Lösungsversuchen gegeben wird (vgl. Hattie, 2011 [22]; Rufer & Tribelhorn, 2012 [43]). Unterstützungsangebote zeigen insbesondere dann einen positiven Effekt, wenn diese Voraussetzungen erfüllt sind. Dies gilt für Tutorien wie auch andere Angebote, auch in den offenen Antworten des verwendeten Fragebogens fordern zahlreiche Studierende derart gestaltete Unterstützungsmaßnahmen und Übungsgelegenheiten ein.

Es ist die Frage zu stellen, ob Unterstützungsangebote, die bestimmte Qualitätsmaßstäbe nicht erfüllen, mitunter sogar einen negativen Effekt auf den Prüfungs- und Studienerfolg haben können, beispielsweise wenn zu Gunsten der Inanspruchnahme solcher Angebote andere gegebenenfalls nützlichere Lernaktivitäten zurückgestellt werden – aufgrund eingeschränkter zeitlicher Ressourcen oder im Rahmen der „mentalen (Zeit-)Kontoführung" bezüglich der insgesamt investierten Lernzeit. Es ist zumindest plausibel, davon auszugehen, dass erstens unterschiedliche Lernaktivitäten miteinander in Konkurrenz um zeitliche Ressourcen treten können, zweitens die Lernaktivitäten individuell unterschiedlich effektiv bzw. effizient sein können und drittens, dass nicht uneingeschränkt unterstellt werden kann, dass sich alle Studierenden stets für die beste Investition ihrer Zeit entscheiden.

Indikatoren für die Qualität der Unterstützungsangebote waren in den vorliegenden Auswertungen die individuellen Bewertungen auf kurzen Skalen, die zudem nicht für alle Angebote in gleichem Maße zugeschnitten sind. Zweifellos sind diese Skalenwerte allenfalls hinreichend geeignete Schätzer der Lehrqualität. Für differenzierte summative wie auch formative Veranstaltungsbewertungen sind besser geeignete Messinstrumente ebenso erforderlich, wie auch veranstaltungsspezifisch das Urteil von mehreren Teilnehmenden zu integrieren ist.

Weitere Prädiktoren des Studienerfolges

Mit rund 30 % aufgeklärter Leistungsvarianz insgesamt liegt das Ergebnis dieser Studie zwar in einem ähnlichen Bereich wie in anderen Studien zu dieser Themenstellung (z. B. Freyer et al. 2014 [15]; Jäger et al., 2014 [27]; Beltz et al., 2011 [2]), dennoch verbleibt ein großer Varianzanteil unaufgeklärt. Weitere Faktoren und Wechselwirkungen, die nicht in die Studie einbezogen oder nicht angemessen berücksichtigt wurden, spielen zusätzlich eine Rolle. In der untersuchten Stichprobe der Zweitsemesterstudierenden tragen Alter, Geschlecht und Staatsangehörigkeit nicht signifikant zur Vorhersage des Studienerfolges bei, wenn weitere personenbezogene Variablen berücksichtigt werden. Gewissenhaftigkeit und Selbstwirksamkeitserwartung hängen positiv mit dem Studienerfolg zusammen, sie haben in dieser Studie einen ähnlich großen Einfluss wie die Unterstützungsmaßnahmen und das selbstberichtete semesterbegleitende Lernen. Der stärkste Einfluss auf den Prüfungserfolg kommt jedoch den schulischen Vorkenntnissen in Mathematik zu; die Mathematiknote der

Hochschulzugangsberechtigung und die Art der Hochschulzugangsberechtigung sind die zentralen Prädiktoren für den Prüfungserfolg. Die Ursachen für das schlechtere Abschneiden der Studierenden mit Fachhochschulreife in der Mathematikprüfung liegen insbesondere darin begründet, dass für diese Gruppe die Eingangsqualifikationen in Mathematik und die Studienanforderungen in diesem Bereich besonders schlecht aufeinander abgestimmt sind. Die Studierenden mit Fachhochschulreife fühlen sich durch Ihre Schulbildung deutlich schlechter auf die Mathematikanforderungen im Studium vorbereitet als ihre Kommilitoninnen und Kommilitonen mit allgemeiner Hochschulreife. Der Art der Hochschulzugangsberechtigung kommt hier zwar ein praktischer prognostischer Wert zu, sie eignet sich als Prädiktor der Studienleistungen in Mathematik, in gewissem Sinne als Differenzierungsmerkmal um erfolgreiche und weniger erfolgreiche Studierende zu unterscheiden, aber einen theoretisch fundierten Erklärungswert per se besitzt sie keineswegs. Sie ist nicht viel mehr als eine mehr oder minder brauchbare Proxyvariable für die Eingangsqualifikationen in Mathematik, die wiederum über die HZB-Note in Mathematik offensichtlich nicht adäquat abgebildet werden.

1.7.6 Erste Empfehlungen auf Basis der LUMa-Studie

Auf Basis einer Studie, die sich über fünfzehn Hochschulen für Angewandte Wissenschaften in einem Bundesland, über mehrere Jahre und tausende Studierende erstreckt und eine Vielzahl von Untersuchungsvariablen einbezieht, lassen sich kaum spezifische Gestaltungsempfehlungen für einzelne Unterstützungsangebote ableiten. Die Stärke einer solchen Studie liegt darin, dass in ihr ein weites Spektrum an Umsetzungsvarianten, Personenmerkmalen und Randbedingungen Einzug findet. Es wird die Variationsbreite an den Hochschulen für Angewandte Wissenschaften in Baden-Württemberg als Ganzes weitaus besser abgebildet, als dies in kleinen Einzelstudien möglich wäre. Ergebnisse dieser Bestandsaufnahme können eine Grundlage für die Planung und Vorbereitung hochschulübergreifender Strategien und Entscheidungen sein, darüber hinaus werden weitere Forschungsbedarfe aufgezeigt.

▶ **Kombination unterschiedlicher Vorbereitungs- und Unterstützungsangebote in der Studieneingangsphase**

Die Ergebnisse sind zunächst ein Argument dafür, das Angebot an Unterstützungsmaßnahmen wie Tutorien, Stützkursen und individueller Beratung in Mathematik weiter auszubauen. Diese Unterstützungsformate genießen eine hohe Akzeptanz unter den Studierenden und die Inanspruchnahme solcher Angebote hängt positiv mit dem Studienerfolg zusammen. Präsenzveranstaltungen, Tutorien wie Vorlesungen, sind ebenso wie semesterbegleitende Übungsaufgaben (online und offline) sehr gefragt. Auch in den offenen Antworten der Studierenden spiegelt sich dies wider. Verhältnismäßig selten wurden Vorlesungsaufzeichnungen, Onlinetutorien oder andere multimediale Lernangebote genannt, weder wurden sie als besonders nützliche Lernhilfen berichtet noch häufig ein Ausbau derselben als Wunsch formuliert. Dies mag damit zusammenhängen, dass im Fragebogen klassische Unterstützungsangeboten im Fokus standen und Antwortende deswegen kaum Anlass sahen, multimediale Hilfen anzuführen. Auch besteht die Möglichkeit, dass solche Angebote generell nicht umfassend bekannt sind, die Studierenden nicht über genügend zeitliche Ressourcen verfügen, solche Alternativen zu nutzen, oder allgemein, dass solche Hilfen im Lernalltag vielleicht doch einen viel geringeren Stellenwert einnehmen als mitunter angenommen wird.

Ein direkter Vergleich unterschiedlicher Formate an Unterstützungsangeboten ist wenig sinnvoll. Zum einen setzen die meisten der hier untersuchten Unterstützungsangebote zu unterschiedlichen Zeitpunkten im Studienprozess an, so dass sie nicht in direkte Konkurrenz miteinander treten, sondern einander ergänzend eingesetzt werden können. Sowohl Tutorien als auch Brückenkurse leisten jeweils einen statistisch signifikanten Beitrag zur Aufklärung der Leistungsvarianz. Zum anderen kann der Mehrwert von Unterstützungsangeboten über die hier untersuchten Leistungszuwächse in Mathematik auch dahingehend hinausgehen, dass andere positive Effekte resultieren, die in der vorliegenden Untersuchung nicht erfasst wurden. Beispielsweise können Brückenkurse helfen, frühzeitig soziale Kontakte zu Kommilitoninnen und Kommilitonen zu knüpfen.

- **Didaktisch fundierte Konzeption und strukturell-curriculare Verankerung der Unterstützungsangebote**

Darüber hinaus ist auf Basis der Studienergebnisse darauf hinzuweisen, dass es weniger die formale Zuordnung eines Unterstützungsangebots zu einer Kategorie ist, als dass vielmehr die konkrete Ausgestaltung und die Qualität von Angeboten, die entscheidende Rolle dafür spielen, ob sie einen positiven Effekt auf das Lernen haben. Auch wenn sich typischerweise Zeitpunkt, zeitliche Erstreckung, Lehrperson und Betreuungsrelation zwischen den Formaten unterscheiden, gibt es dennoch Ausgestaltungsgrundsätze die übergreifend eine Rolle spielen. Des Weiteren werden durch die formale Bezeichnung eines Unterstützungsangebots bei weitem nicht alle Merkmale tatsächlich determiniert (beispielsweise bezüglich der Teilnehmerzahlen in Tutorien). Die konkrete Ausgestaltung und das eigentlichen Lehrgeschehen müssen in den Fokus rücken, wenn Lernerfolge verbessert werden sollen, ein reines *Mehr* an formal unter einer Überschrift gefassten Angeboten hilft kaum. Insbesondere dazu, wie die Angebote konkret ausgestaltet werden müssen, ist weitere Forschung erforderlich.

Dass die Lehrqualität eine entscheidende Rolle spielt, ist als Ergebnis keineswegs trivial. Dies zeigt sich nicht zuletzt darin, dass viele Studierende von Entwicklungsbedarfen in diesem Bereich berichten. Oftmals mag die Gefahr bestehen, dass bereits die Schaffung eines Unterstützungsangebots unter einer bestimmten Überschrift als hinreichend betrachtet und der tatsächlichen Ausgestaltung zu wenig Beachtung geschenkt wird. Dies erfordert nämlich eine didaktisch durchdachte Konzeption sowie die inhaltliche wie zeitliche Verzahnung von Unterstützungsangeboten mit regulären Studienangeboten. Ziel muss es immer sein, nicht nur eine wie auch immer geartete positive Wirkung durch ein Unterstützungsangebot zu erreichen, sondern unter den gegebenen Randbedingungen den größtmöglichen Effekt für die intendierte Zielgruppe.

- **Hochschuldidaktische Weiterbildung der Lehrenden und geeignete Maßnahmen zur Qualitätssicherung in der Lehre**

Es genügt jedoch nicht, dass Angebote, gegebenenfalls von spezialisierten hochschuldidaktischen Abteilungen, auf dem Papier didaktisch sinnvoll konzipiert wurden, sie müssen auch ebenso umgesetzt werden. Letztendlich ist das konkrete Lehr- und Lerngeschehen die zentrale Größe, die Weiterentwicklung der individuellen Lehrkompetenzen ist von zentraler Bedeutung. Dies trifft für Tutorinnen und Tutoren ebenso zu wie für Lehrbeauftragte, Professorinnen und Professoren; erforderlich sind Qualifizierungsangebote für Tutorinnen und Tutoren, Weiterbildungsangebote für Dozierende von Brücken- und Stützkursen, hochschuldidaktische Workshops und Beratung für die Lehrendenschaft.

Die Bereitschaft zur hochschuldidaktischen Weiterbildung ist unter Lehrenden der HAW besonders hoch, die Lehre hat hier einen besonderen Stellenwert (Schomburg et al. 2012 S. 49 ff [45]). Doch auch das Anreizsystem der Hochschule muss hierzu kompatibel sein, Lehrpreise und andere Formen der Anerkennung von Lehrkompetenzen sind wichtige Instrumente und die berufliche Autonomie ist eine wichtige Triebfeder für die Berufszufriedenheit von Lehrenden (vgl. Schomburg et al. 2012, S. 105 ff [45]). Es müssen Rahmenbedingungen geschaffen werden, die geeignet sind, die intrinsische Motivation der Lehrenden und die Identifikation mit der eigenen Rolle zu fördern, zusätzliche extrinsische Anreize sind hilfreich (vgl. Echtler et al., 2013 [12]). Hingegen erscheinen Qualitätssicherungsinstrumente, die in erster Linie auf externe Kontrolle und auf eine negative Sanktionierung bei Nichterreichung von Zielkriterien bauen, mit einer solchen Motivationslage unvereinbar.

- **Abstimmung zwischen Schulen und Hochschulen bezüglich der angestrebten Lernergebnisse und erwarteten Eingangsqualifikationen**

Die verhältnismäßig kleinen Effekte der Unterstützungsangebote wie auch des selbstberichteten semesterbegleitenden Lernens mahnen dazu, den Einfluss der Eingangsvoraussetzungen nicht zu unterschätzen. Zwar sind gewisse Gestaltungsspielräume und Kompensationsmöglichkeiten vor und im ersten Semester gegeben, jedoch sind diese relativ klein im Vergleich zum starken Einfluss der Vorkenntnisse. Hier sind auch realistische Erwartungen notwendig: was kann beispielsweise von einem einwöchigen Brückenkurses erwartet werden – in Gegenüberstellung zur mehrjährigen Schulzeit und angesichts mitunter über Jahre akkumulierten Kenntnisrückstände?

Mit Blick auf die von den Studierenden berichtete Diskrepanz zwischen Eingangsvoraussetzungen und Anforderungen und dem diagnostizierten starken Einfluss der Vorkenntnisse, führt kein Weg daran vorbei, dass sich abgebende und aufnehmende Bildungsinstitutionen, Schulen und Hochschulen, besser darüber abstimmen, was gelehrt, was erwartet und was vorausgesetzt wird. Dies impliziert zum einen Anforderungen und Erwartungen transparent zu machen für Lehrer, Hochschullehrer, Studieninteressierte wie Studierende, wie dies im Rahmen des Mindestanforderungskatalogs der cosh-Gruppe bereits initiiert wurde (COSH, 2014 [7]). Zum anderen kann eine solche Bestandsaufnahme nur der erste Schritt sein, von dem ausgehend weitere erfolgen müssen, um die diagnostizierte Kluft nachhaltig zu überwinden. Dies kann in einigen Fällen bedeuten, dass an Schulen mehr Zeit für Mathematik reserviert werden muss, um der formal zugesicherten Hochschulreife auch tatsächlich gerecht zu werden. Darüber hinaus muss jedoch bedacht werden, inwieweit der Anspruch, *alle* Studienberechtigten auf ein WiMINT-Studium vorbereiten zu wollen in Anbetracht einer zunehmend höheren Bildungsbeteiligung überhaupt umsetzbar ist (vgl. Cramer et al., 2015, S. 67 [9]). Gegebenenfalls sind hier bereits während der Sekundarstufe II Spezialisierungen und Zusatzangebote notwendig, wie sie ehemals durch Leistungskurse und Wahlbereiche abgedeckt waren und heutzutage beispielsweise als Zusatzkurse für Mathematik am Gymnasium und am Berufskolleg wieder Einzug erhalten.

Vielleicht ist es sogar erforderlich, dass je nach individuell diagnostizierten Eingangsvoraussetzungen unterschiedliche Studieneinstiege ermöglicht werden, beispielsweise mit Orientierungs- und Vorsemester sowie weiteren Unterstützungsangeboten. Damit käme Unterstützungsangeboten in und vor der Studieneingangsphase keine temporäre Brückenfunktion zu, bis Eingangsvoraussetzungen aus der Schule und Anforderungen im Studium in Einklang gebracht wurden, sondern sie würden zu einer permanenten Aufgabe der Hochschulen (vgl. Heublein & Wolter, 2011, S. 233 [26]; Rach & Heinze, 2013, S. 143 [39]). Mit Blick auf die kleinen Effekte der hochschulischen Unterstützungsmaßnahmen und den hohen Einfluss der schulischen Vorkenntnisse muss jedoch auch gefragt werden, inwieweit es den Hochschulen überhaupt möglich ist, entscheidenden Einfluss zu nehmen. Damit zusammen hängt auch die Frage, inwieweit die Hochschulen überhaupt allein in die Verantwortung für gute Erfolgsquoten genommen werden können.

▸ Möglichkeiten zur differenzierten Selbsteinschätzung und Eingangsdiagnostik mathematischer Qualifikationen

Notwendig ist auch eine verlässliche diagnostische Grundlage bezüglich der Eingangsvoraussetzungen und individuellen Bedarfe. Im Grunde sind weder die Mathematiknote der Hochschulzugangsberechtigung noch die Art der Hochschulzugangsberechtigung und auch nicht deren kombinierte Betrachtung angemessene Indikatoren für die individuellen Bedarfe. Dies sind sie weder in Bezug auf fachliche Kenntnisse noch in Bezug auf überfachliche und metakognitive Eingangsvoraussetzungen. Sollen die Eingangsqualifikationen, beispielsweise als Grundlage für Platzierungsentscheidungen, als Planungsgrundlage für die Ausgestaltung von Angeboten, zur Bewertung des Erfolgs von Angeboten oder für Empfehlungen zur Inanspruchnahme von Unterstützungsprogrammen, diagnostisch valide und reliabel erfasst werden, sind spezifische Assessmentverfahren anzuraten, bestenfalls eine Kombination aus standardisierten (Selbst-)Tests und Beratungsangeboten. Insbesondere unter Nutzung elektronischer Hilfsmittel sind hier Potenziale gegeben, in Kombination mit solchen Tests auch Lerngelegenheiten zu bieten, um erforderliche Kenntnisse und Fertigkeiten in Mathematik noch vor Studienbeginn zu erwerben. Als inhaltliche Basis sowohl für diagnostische Instrumente als auch für die Konzeption von Unterstützungsangeboten im Bereich der Mathematik bietet sich beispielsweise der Mindestanforderungskatalog der cosh-Gruppe an (z. B. bei Scherfner & Lehmich, 2014 [44]; Kürten et al., 2014 [31]). Weiterentwicklungsbedarf besteht jedoch auch bezüglich der theoretischen Fundierung; was wird unter „mathematischen (Eingangs-)Qualifikationen" verstanden und wie ist ein entsprechendes Konstrukt zu konzipieren, dass als Planungsgrundlage für Diagnostik und Intervention dienen kann (vgl. Biehler et al. 2014a, S. 271 f [3])?

▸ Konstruktiver Umgang mit Heterogenität

Im Besonderen liegt es nahe, die Vorhersageleistung der Art der Hochschulzugangsberechtigung als Ausdruck einer mangelnden Passung im Bereich der mathematischen Eingangsqualifikationen (als Lernergebnisse der schulischen Bildungsinstitutionen) und den mathematischen Anforderungen im Studium zu interpretieren. Diese darf nicht als individuelles Versäumnis von Studienanfängerinnen und -anfängern gedeutet, sondern muss als bildungspolitische Herausforderung erkannt werden. Der Handlungsbedarf leitet sich hier nicht nur aus der spezifischen Verantwortung der Hochschulen für Angewandte Wissenschaften ab, auch Studieninteressierten ohne Abitur nicht nur formal den Zugang, sondern auch realistische Chancen das Studium erfolgreich abzuschließen zu gewähren. Eine besondere Verantwortung erwächst daraus, dass sich für die hier untersuchten Studierenden mit Fachhochschulreife in vielen Fällen – abgesehen von den Mathematikkenntnissen – besonders gute Voraussetzungen bezüglich zentraler personenbezogener Merkmale zeigen, häufig mit Bildungsbiographien, die ein hohes Maß an intrinsischer Motivation und ein besonderes Ausmaß an beruflicher Zielklarheit mitbedingen. Inwieweit ist es verantwortbar, solchen Studierenden durch Anforderungen in einem Bereich, der sich im Grunde auf erlernbare Kenntnisse und Fertigkeiten bezieht, den Weg zu einem erfolgreichen Studienabschluss zu versperren?

Wichtig ist, sich zunehmend von einer defizitorientierten Betrachtung zu lösen, die von vermeintlichen Kenntnisdefiziten in Mathematik aus auf eine allgemein geringe „Studieneignung" extrapoliert. Davon ausgehend sind einerseits negative Effekte auf die Akzeptanz von studienvorbereitenden und studienbegleitenden Angeboten zu vermuten, wenn diese als „Förderangebot für Studierende mit unzureichenden Voraussetzungen" beworben werden und der Teilnahme damit leicht ein wahrgenommener Makel anhaften mag. Auf der anderen Seite bleiben damit Potenziale ungenutzt, für die bei defizitorientierter Betrachtung der Blick fehlen kann, beispielsweise bezüglich der oben beschriebenen besonders guten motivationalen Voraussetzungen vieler Studierender mit Fachhochschulreife. Im Grunde geht es um den konstruktiven Umgang mit Heterogenität. Im Umkehrschluss ist auch die Sichtweise, alle Studierenden auf ein gemeinsames Eingangsniveau bringen zu wollen, vor allem dann deplatziert, wenn Zusatzangebote Leistungsstärkeren vorenthalten werden, damit die Heterogenität nicht weiter steigt. Konstruktiver Umgang mit Heterogenität impliziert auch, solche Potenziale zu nutzen; allseitiger Mehrwert kann hier beispielsweise durch Peer-Tutoring-Konzepte erreicht werden. Ein Loslösen von einer Defizitorientierung ist aber auch auf forschungsmethodischer Seite notwendig, weg von der Betrachtung von Risikofaktoren und Misserfolgen hin zu einem im Prinzip salutogenetischen Ansatz, zu untersuchen, wie Studienerfolg zu Stande kommt und was diesem zuträglich ist (vgl. van Buer, 2011 [50]).

1.7.7 Grenzen der Untersuchung und Ausblick

Wie bei allen empirischen Studien waren auch bei der Planung, Durchführung und Auswertung der LUMa-Studie an vielen Stellen Kompromisse erforderlich, die bei der Interpretation der Ergebnisse berücksichtigt werden müssen. Berichtet wurde im vorliegenden Text ein Zwischenstand der LUMa-Studie, einbezogen wurde nur der jeweils erste Befragungszeitpunkt, die Befragung der Studierenden des zweiten Fachsemesters. Der LUMa-Fragebogen wurde Studierenden zumeist im Rahmen von Lehrveranstaltungen vorgelegt. Auch wenn an den HAW allgemein von einer eher hohen „Besuchsmoral" ausgegangen werden kann, ist anzunehmen, dass systematisch Studierende unterrepräsentiert waren, die Lehrveranstaltungen nicht regelmäßig besuchen. Ebenfalls wurden hier nur diejenigen Studierenden befragt, die das erste Semester zumindest insoweit erfolgreich absolviert hatten, dass sie als Zweitsemester überhaupt erstmalig befragt werden konnten. Es ist plausibel, anzunehmen, dass Studierende mit weniger guten Eingangsvoraussetzungen im Datensatz unterrepräsentiert sind, da sie mit höherer Wahrscheinlichkeit bereits vor der Befragung im zweiten Semester das Studium beendet haben. Die damit einhergehende Varianzeinschränkung wirkt sich negativ auf die potenziell zu erreichenden Effektstärken aus.

Kaum lässt es sich vermeiden, dass Untersuchungsmodelle die wirklichen Zusammenhänge stark vereinfachen und den Fokus nur auf bestimmte Bereiche konzentrieren. Dies gilt auch für das Untersuchungsmodell, das dem LUMa-Fragebogen zugrunde liegt. Das tatsächliche Lehr- und Lerngeschehen und die Ausgestaltung der Unterstützungsangebote wurden nur stark vereinfacht erfasst. Beispielsweise wurden weder individuelle Lernstrategien, Motivations- und Interessenlagen angemessen operationalisiert noch die jeweiligen Besucherzahlen oder inwieweit Unterstützungsangebote mit dem regulären Studienangebot verzahnt waren.

Auch die Art und Ausgestaltung der Datenerhebung ist immer ein Optimieren unter Restriktionen. Ein Fragebogenverfahren ermöglicht, ökonomisch und schnell große Datenmengen zu erfassen, die geschlossenen Fragen und Zustimmungsitems sind jedoch immer nur unter Einschränkung in der Lage, die realen Verhältnisse abzubilden. Hinzu kommt das Spannungsfeld zwischen möglichst genauer Erfassung möglichst vieler unterschiedlicher Aspekte und andererseits der zu begrenzenden Befragungslast und der zu wahrenden Anonymität auf Seite der Antwortenden. Im Rahmen der Auswertung und des Ergebnisberichts wurden zudem vielfach Vereinfachungen zu Gunsten einer größeren Übersichtlichkeit vorgenommen. Die Dichotomisierungen und Kategorienbildungen kontinuierlicher Variablen wirken sich günstig auf die Anschaulichkeit aus, gehen jedoch mit einem Informationsverlust, einer verringerten Teststärke und immer auch mit einem gewissen Grad an Subjektivität der Kategorienbildung einher. Auch das Skalenniveau einzelner Variablen wurde, wie in vergleichbaren Studien üblich, an einigen Stellen für die Auswertung großzügig ausgelegt. Bezüglich der statistischen Auswertungsmethoden bieten sich weitere Möglichkeiten; angesichts der hierarchisch geschachtelten Datenstruktur sind im Grunde mehrebenenanalytische Herangehensweisen angemessen, das Insgesamt an direkten und indirekten Effekten im Zeitverlauf lässt sich besser pfadanalytisch und mit Hilfe von Strukturgleichungsmodellen abbilden.

Im Fokus dieses ersten Ergebnisberichts stehen Daten die zu einem einzigen Zeitpunkt erhoben wurden, in der Regel retrospektiv, im Rückblick auf das erste Fachsemester. Dennoch wurden diese für einige Betrachtungen in eine zeitliche Reihenfolge gebracht. Während davon ausgegangen werden kann, dass die Angaben zur eigenen Person wie auch die zur schulischen Vorbildung relativ unabhängig vom Befragungszeitpunkt sind, ist ein gewisses Maß an Stabilität bei den Persönlichkeitsvariablen aus theoretischer Perspektive zwar plausibel, jedoch nicht überall zwingend. Diesbezügliche Ergebnisse müssen im Rahmen von weiteren Analysen mit den Längsschnittdaten repliziert werden. Echte Kausalschlüsse sind in Anbetracht des Ex-Post-Facto-Designs selbst dann kaum möglich. Die Betrachtung im Zeitverlauf mildert diese Problematik etwas ab und erlaubt individuelle Verläufe nachzuzeichnen sowie auch kohortenumfassende Trends zu analysieren.

Nicht vergessen werden darf zudem, dass auch das Angebot an Unterstützungsmaßnahmen in der Studie nicht experimentell variiert wurde, sondern nur erfasst, inwieweit Studierende vorhandene und bekannte Angebote in Anspruch genommen und bewertet haben. Es ist anzunehmen, dass Angebote nicht unabhängig von den jeweiligen Randbedingungen eingerichtet werden. Beispielsweise ist es einerseits möglich, dass Unterstützungsangebote insbesondere dort eingerichtet wurden, wo hohe Misserfolgsquoten vorhanden waren, die gegebenenfalls auf die Zusammensetzung der Studierendenschaft, das lokale Anspruchsniveau oder problematische Studienbedingungen zurückgehen. Im Gegensatz dazu wäre es auch möglich, dass das Vorhandensein von Unterstützungsangeboten ein Zeichen für eine allgemein hohe Lehrqualität und das stete Bemühen der Verantwortlichen ist, bestmögliche Studienbedingungen zu verwirklichen. Eine zentrale Perspektive bei weitergehenden Analysen, die auch zeitliche Verläufe berücksichtigen, muss sein, was auf individueller Ebene dazu beiträgt, dass Angehörige der hier identifizierten Risikogruppen dennoch erfolgreich sind.

1.7.8 Danksagungen

Die Arbeitsgruppe cosh erhielt für die Durchführung der LUMa-Studie Fördermittel vom Ministerium für Wissenschaft Forschung und Kunst Baden-Württemberg. An vielen Stellen unterstützt wurde die Studie auch durch die Geschäftsstelle der Studienkommission für Hochschuldidaktik an den Hochschulen für Angewandte Wissenschaften in Baden-Württemberg, u. a. im Rahmen des BMBF-Projekts SKATING. Besonderer Dank gilt Dr. Ines Weresch-Deperrois für die Planung des Studiendesigns und die Entwicklung des LUMa-Fragebogens, allen Lehrenden, Hochschulmitarbeiterinnen und -mitarbeitern und studentischen Hilfskräften, die lokal an den einzelnen Hochschulen die Durchführung koordiniert sowie die Datenerhebungen und -auswertungen durchgeführt haben. Auch den zahlreichen Studierenden der baden-württembergischen Hochschulen für Angewandte Wissenschaften, die sich an dieser Studie beteiligt haben, gilt unser Dank. Sie haben auch in der Erwartung teilgenommen, dass sie dadurch einen Beitrag leisten können, die Studienbedingungen weiter zu verbessern. Die richtigen Schlussfolgerungen aus dieser Studie zu ziehen und die Ergebnisse in praktisches Handeln zu überführen, liegt in unserer gemeinsamen Verantwortung.

Literatur

[1] Abel, H., & Weber, B. (2014). 28 Jahre Esslinger Modell – Studienanfänger und Mathematik. In I. Bausch, R. Biehler, R. Bruder, P. R. Fischer, R. Hochmuth, W. Kopf, S. Schreiber, & T. Wassong. (Hrsg.), Mathematische Vor- und Brückenkurse, Konzepte und Studien zur Hochschuldidaktik und Lehrerbildung in Mathematik (S. 9–19). Wiesbaden: Springer Fachmedien.

[2] Beltz, P., Link, S, & Ostermaier, A. (2011). Können Studienbeiträge die Lehre in der BWL verbessern? Eine empirische Analyse der Wirkungen studienbeitragsfinanzierter Tutorien. Zeitschrift für Betriebswirtschaft, 81, 1205–1223.

[3] Biehler, R., Bruder, R., Hochmuth, R., Koepf, W., Bausch, I., Fischer, P. R., & Wassong, T. (2014a). VEMINT – Interaktives Lernmaterial für mathematische Vor- und Brückenkurse. In I. Bausch, R. Biehler, R. Bruder, P. R. Fischer, R. Hochmuth, W. Kopf, S. Schreiber, & T. Wassong. (Hrsg.), Mathematische Vor- und Brückenkurse, Konzepte und Studien zur Hochschuldidaktik und Lehrerbildung in Mathematik (S. 261–276). Wiesbaden: Springer Fachmedien.

[4] Biehler, R., Fischer, P. R., Hochmuth, R., & Wassong, T. (2014b). Eine Vergleichsstudie zum Einsatz von Math-Bridge und VEMINT an den Universitäten Kassel und Paderborn. In I. Bausch, R. Biehler, R. Bruder, P. R. Fischer, R. Hochmuth, W. Kopf, S. Schreiber, & T. Wassong. (Hrsg.), Mathematische Vor- und Brückenkurse, Konzepte und Studien zur Hochschuldidaktik und Lehrerbildung in Mathematik (S. 103–121). Wiesbaden: Springer Fachmedien.

[5] Brandstätter, H., Grillich, L., & Farthofer, A. (2006). Prognose des Studienabbruchs. Zeitschrift für Entwicklungspsychologie und Pädagogische Psychologie, 38 (3), 121–131.

[6] Braun, O. L., & Lang, D. (2004). Das Modell Aktiver Anpassung in der Hochschulpraxis – Eine Methode zur Steigerung persönlicher beruflicher Zielklarheit. Zeitschrift für Hochschuldidaktik, 1, 80–94.

[7] COSH. (2014). Mindestanforderungskatalog Mathematik (Version 2.0) der Hochschulen Baden-Württembergs für ein Studium von WiMINT-Fächern. Zugriff am 16. 08. 2015. Verfügbar unter: http://www.hochschuldidaktik.net/documents_public/MindestanfordKatalog_Mathe_20140724_2_0.pdf

[8] Cramer, E & Walcher, S. (2010). Schulmathematik und Studierfähigkeit. Mitteilungen der DMV, 18 (2), 110–114.

[9] Cramer, E., Walcher, S., & Wittich, O. (2015). Mathematik und die „INT“-Fächer. In J. Roth, T. Bauer, H. Koch, & S. Prediger. (Hrsg.), Übergänge konstruktiv gestalten. Ansätze für eine zielgruppenspezifische Hochschuldidaktik Mathematik (S. 51–68). Wiesbaden: Springer Spektrum.

[10] Derboven, W., & Winkler, G. (2010). Tausend Formeln und dahinter keine Welt. Eine geschlechtersensitive Studie zum Studienabbruch in den Ingenieurwissenschaften. Beiträge zur Hochschulforschung, 32, 1|2010, 56–78.

[11] Dürrschnabel, K. & Schröder, J. (2014). Lernzentrum MAFFIN – Mathematikförderung für Informationsmanagement und Medien. Poster präsentiert auf der Tagung Neue Wege in der tutoriellen Lehre in der Studieneingangsphase, Darmstadt.

[12] Echtler, A., Gritzmann, P., Gruber, S., Meijering, C., Wolf, R., Hees, F., Kohlenberg-Müller, K., Löffler, U., Ehlers, J., & Borchard, C. (2013). Motivation- und Anreizsysteme. In B. Jorzik (Hrsg.), Charta guter Lehre. Grundsätze und Leitlinien für eine bessere Lehrkultur (S. 61–68). Essen: Edition Stifterverband.

[13] Fellenberg, F., & Hannover, B. (2006). Kaum begonnen, schon zerronnen? Psychologische Ursachenfaktoren für die Neigung von Studienanfängern, das Studium abzubrechen oder das Fach zu wechseln. Empirische Pädagogik, 20 (4), 381–399.

[14] Frazier, P. A., Tix, A. P., & Barron, K. E. (2004). Testing moderator and mediator effects in counseling psychology research. Journal of Counseling Psychology, 51, 115–134.

[15] Freyer, K., Epple, M., Brand, M., Schiebener, J., & Sumfleth, E. (2014). Studienerfolgsprognose bei Erstsemesterstudierenden in Chemie. Zeitschrift für Didaktik der Naturwissenschaften, 20, 129–142.

[16] Gensch, K., & Kliegl, C. (2011). Studienabbruch – was können Hochschulen dagegen tun? Bewertung der Maßnahmen aus der Initiative „Wege zu mehr MINT-Absolventen". Studien zur Hochschulforschung, 80. München: Bayrisches Staatsinstitut für Hochschulforschung und Hochschulplanung.

[17] Gensch, K., & Sandfuchs, G. (2007). Den Einstieg in das Studium erleichtern: Unterstützungsmaßnahmen für Studienanfänger an Fachhochschulen. Beiträge zu Hochschulforschung, 29 (2), 6–37.

[18] Giering, K., Matheis, A. (2004). Mathematik in Ingenieurwissenschaftlichen Studiengängen nach PISA. Global Journal of Engineering Education, 8 (3), 261–267.

[19] Goldberg, L. R., Johnson, J. A., Eber, H. W., Hogan, R., Ashton, M. C., Cloninger, C. R., & Gough, H. C. (2006). The International Personality Item Pool and the future of public-domain personality measures. Journal of Research in Personality, 40, 84–96.

[20] Greefrath, G., Hoever, G., Kürten, R. & Neugebauer, C. (2015). Vorkurse und Mathematiktests zu Studienbeginn – Möglichkeiten und Grenzen. In J. Roth, T. Bauer, H. Koch, & S. Prediger. (Hrsg.), Übergänge konstruktiv gestalten. Ansätze für eine zielgruppenspezifische Hochschuldidaktik Mathematik (S. 19–32). Wiesbaden: Springer Spektrum.

[21] Haase, D. (2014). Onlineassessment und Onlinelernmaterialien des MINT-Kollegs Baden-Württemberg. In N. Apostolopoulus, H. Hoffmann, U. Mußmann, W. Coy, A. Schwill (Hrsg.), Grundfragen des Multimedialen Lehrens und Lernens. Der Qualitätspakt E-Learning im Hochschulpakt 2020. (Tagungsband). Münster: Waxmann.

[22] Hattie, J. (2013). Lernen sichtbar machen. Überarbeitete deutschsprachige Ausgabe von „Visible Learning". Baltmannsweiler: Schneider Verlag Hohengehren.

[23] Hell, B., Trapmann, S. & Schuler, H. (2008). Synopse der Hohenheimer Metaanalysen zur Prognostizierbarkeit des Studienerfolgs und Implikationen für die Auswahl- und Beratungspraxis. In H. Schuler & B. Hell (Hrsg.), Studierendenauswahl und Studienentscheidung (S. 43–54). Göttingen: Hogrefe.

[24] Heublein, U., Hutzsch, C., Schreiber, J., Sommer, D., & Besuch, G. (2010). Ursachen des Studienabbruchs in Bachelor- und in herkömmlichen Studiengängen. Ergebnisse einer bundesweiten Befragung von Exmatrikulierten des Studienjahres 2007/2008. Forum Hochschule 2|2010. Hannover: Hochschul-Informations-System GmbH (HIS).

[25] Heublein, U., Richter, J., Schmelzer, R., & Sommer, D. (2014). Die Entwicklung der Studienabbruchquoten an den deutschen Hochschulen. Statistische Berechnungen

auf der Basis des Absolventenjahrgangs 2012. Forum Hochschule 4|2014. Hannover: Deutsches Zentrum für Hochschul- und Wissenschaftsforschung (DZHW).
[26] Heublein, U., & Wolter, A. (2011). Studienabbruch in Deutschland. Definition, Häufigkeit, Ursachen, Maßnahmen. Zeitschrift für Pädagogik, 57 (2), 214–236.
[27] Jäger, M., Woisch, A., Hauschildt, K., & Ortenburger, A. (2014). Studentenwerksleistungen und Studienerfolg. Untersuchung zur Relevanz von Dienstleistungen der Studentenwerke für den Studienverlauf und den Studienerfolg von Studierenden. Projektbericht. Hannover: Deutsches Zentrum für Hochschul- und Wissenschaftsforschung (DZHW).
[28] Knospe, H. (2012). Zehn Jahre Eingangstest Mathematik an Fachhochschulen in Nordrhein-Westfalen. Proceedings zum 10. Workshop Mathematik in ingenieurwissenschaftlichen Studiengängen (S. 19–24). Mülheim an der Ruhr: Hochschule Ruhr-West.
[29] Koppel, O. (2011). Ingenieurarbeitsmarkt 2010/11 – Fachkräfteengpässe trotz Bildungsaufstieg. Köln: Institut der deutschen Wirtschaft Köln (IW) und Verein Deutscher Ingenieure (VDI)
[30] Kühl, S. (2011). Der Sudoku-Effekt der Bologna-Reform (Working Paper 1/2011). Bielefeld: Universität Bielefeld.
[31] Kürten, R., Greefrath, G., Harth, T., & Pott-Langemeyer, M. (2014). Die Rechenbrücke – ein fachbereichsübergreifendes Forschungs- und Entwicklungsprojekt. Zeitschrift für Hochschulentwicklung, 9 (4), 17–37.
[32] Kurz, G., Metzger, G., & Linsner, M. (2014). Studienerfolg und seine Prognose. Eine Fallstudie in Ingenieurstudiengängen der Hochschule für Angewandte Wissenschaften Esslingen. In Rentschler & Metzger (Hrsg.), Perspektiven angewandter Hochschuldidaktik. Studien und Erfahrungsberichte. Report-Beiträge zur Hochschuldidaktik, Band 44 (S. 13–79). Shaker: Aachen.
[33] Laging, A. (2014). Selbstüberschätzung bei Studienanfänger/innen. In J. Roth & J. Ames (Hrsg.), Beiträge zum Mathematikunterricht 2014 (S. 703-706). Münster: WTM-Verlag.
[34] Mergner, J., Ortenburger, A., & Vöttiner, A. (2015). Studienmodelle individueller Geschwindigkeit. Ergebnisse der Wirkungsforschung 2011–2014. Projektbericht. Hannover: Deutsches Zentrum für Hochschul- und Wissenschaftsforschung (DZHW).
[35] Pawlik, K. (1976). Diagnose der Diagnostik. Stuttgart: Klett.
[36] Pöge, A. (2008). Persönliche Codes „reloaded". Methoden – Daten – Analysen, 2 (1), 59–70.
[37] Pöge, A. (2005). Persönliche Codes bei Längsschnittstudie: ein Erfahrungsbericht. ZA-Information/Zentralarchiv für Empirische Sozialforschung, 56, 50–69.
[38] Polaczek, C., & Henn, G. (2008). Gute Vorkenntnisse verkürzen die Studienzeit. Mathematikinformation, 49, 46–50.
[39] Rach, S., & Heinze, A. (2013). Welche Studierenden sind im ersten Semester erfolgreich? Zur Rolle von Selbsterklärungen beim Mathematiklernen in der Studieneingangsphase. Journal für Mathematik-Didaktik, 34, 121–147.

[40] Resch, F. (2014). Über die Effektivität von Blenden-Learning-gestützten Brückenkursen – eine qualitative und quantitative Erhebung an der Fachhochschule Technikum Wien. Unveröffenltichte Diplomarbeit, Universität Wien, Wien.

[41] Rindermann, H. (2009). Lehrevaluation. Einführung und Überblick zu Forschung und Praxis der Lehrveranstaltungsvevaluation an Hochschulen mit einem Beitrag zur Evaluation computerbasierten Unterrichts. Landau: Verlag Empirische Pädagogik.

[42] Rindermann, H., & Oubaid, V. (1999). Auswahl von Studienanfängern. Vorschläge für ein zuverlässiges Verfahren. Forschung und Lehre 41 (11), 589–592.

[43] Rufer, L. & Tribelhorn, T. (2012). Lernen wirksam unterstützen. So gelingt die Planung einer Lehrveranstaltung. Forschung & Lehre 06|2012, 492–493.

[44] Scherfner, M, & Lehmich, S. (2014). Über die „Vorkurs-Brücke" in die Mathematik-Werkstatt, Zeitschrift für Hochschulentwicklung, 9 (4), 73–84.

[45] Schomburg, H., Flöther, C., & Wolf, V. (2012). Wandel von Lehre und Studium an deutschen Hochschulen – Erfahrungen und Sichtweisen der Lehrenden. Projektbericht. Kassel: Internationales Zentrum für Hochschulforschung (INCHER-Kassel), Universität Kassel.

[46] Schwarzer, R., & Jerusalem, M. (1999). Skalen zur Erfassung von Lehrer- und Schülermerkmalen. Dokumentation der psychometrischen Verfahren im Rahmen der wissenschaftlichen Begleitung des Modellversuchs Selbstwirksame Schulen. Berlin: Freie Universität Berlin.

[47] Theis, D. (1976). Kenntnisse in Physik und Mathematik bei Studienanfängern. Physikalische Blätter, 32 (6), 264–273.

[48] Thomas, M., de Freitas Druck, I., Huillet, D., Ju, M.-K., Nardi, E., Rasmussen, C., & Xie, J. (2012). Survey team 4: Key mathematical concepts in the transition from secondary to university. Paper presented at ICME12, Seoul, Korea.

[49] Trapmann, S., Hell, B., Hirn, J.-O. W., & Schuler, H. (2007). Meta-Analysis of the Relationship Between the Big Five and Academic Success at University. Zeitschrift für Psychologie, 215 (2), 132–151.

[50] Van Buer, J. (2011). Zur Fokussierung der empirischen Hochschulforschung auf das vorzeitige Ausscheiden aus dem Studium – warum wir so auf den Misserfolg blicken. In O. Zlatkin-Troitschanskaia (Hrsg.), Stationen Empirischer Bildungsforschung (S. 463–475) Wiesbaden: Verlag für Sozialwissenschaften.

[51] Voßkamp, R., & Laging, A. (2014). Teilnahmeentscheidungen und Erfolg. Eine Fallstudie zu einem Vorkurs aus dem Bereich der Wirtschaftswissenschaften. In I. Bausch, R. Biehler, R. Bruder, P. R. Fischer, R. Hochmuth, W. Kopf, S. Schreiber, & T. Wassong. (Hrsg.), Mathematische Vor- und Brückenkurse, Konzepte und Studien zur Hochschuldidaktik und Lehrerbildung in Mathematik (S. 67–83). Wiesbaden: Springer Fachmedien.

[52] Wittmann, W. W. (1990). Brunswik-Symmetrie und die Konzeption der Fünf-Datenboxen. Ein Rahmenkonzept für umfassende Evaluationsforschung. Zeitschrift für Pädagogische Psychologie, 4, 241–251.

2 Einstiegsreferate

Schulische Vorbereitung und Studienabbruch in den Ingenieurwissenschaften

2.1

Ulrich Heublein, Deutsches Zentrum für Hochschul- und Wissenschaftsforschung

Kaum ein Thema ist derzeit so stark in der hochschulpolitischen Diskussion wie der Studienabbruch. Die Intensität, mit der sich die Politik dabei den Fragen des Studienabbruchs annimmt und als Legitimitätsanforderung an die Hochschulen weiterreicht, resultiert u. a. aus aktuellen Entwicklungen am Arbeitsmarkt. Vor allem bei den ingenieurwissenschaftlichen Berufen lässt sich – trotz gestiegener Studierendenzahlen – ein massiver Mangel an akademisch ausgebildeten Fachkräften ausmachen. Die Verminderung der Studienabbruchquote gilt dabei als eine probate Möglichkeit, das entsprechende Arbeitskräfteangebot zu vergrößern. Diese Bedarfsentwicklung geht einher mit einer zunehmenden Implementierung von leistungsorientierten, indikatorbasierten und formelgebundenen Verfahren der Verteilung finanzieller Mittel sowohl an die Hochschulen als auch in den Hochschulen selbst. In vielen Mittelverteilungsmodellen ist die Erfolgsquote – als Komplementärwert zur Abbruchquote – ein wichtiger Leistungsindikator. So ist es auch kein Zufall, dass die Erhöhung des Studienerfolgs im Rahmen des Qualitätspakts Lehre[1], eines gutausgestatteten Förderprogramms von Bund und Ländern, ein zentrales Ziel darstellt.

Diese Entwicklung vollzieht sich unbeachtet der Tatsache, dass zentrale Aspekte der Studienabbruchproblematik durchaus noch einer tiefergehenden Analyse bedürfen. Schon die Frage, in welchem Umfang die Abbruchquote durch hochschulspezifische Bedingungen hervorgerufen wird oder eher auf Faktoren zurückzuführen ist, die von der einzelnen Hochschule institutionell kaum zu beeinflussen ist, wie z. B. die schulische Vorbereitung, muss wenigstens zum Teil noch als offen angesehen werden. Allzu oft beschränkt sich die politische Debatte allein auf eine fragwürdige Determinierung des individuellen Studienerfolgs durch lokale Studienbedingungen.

1 siehe dazu: www.qualitatspakt-lehre.de

Desiderata in der Studienabbruchforschung

Allerdings ist diese Situation nicht nur dem Streben der Politik nach Komplexitätsreduktion zuzuschreiben, sondern auch bestehenden theoretischen wie empirischen Forschungsdesiderata. Nicht wenige der gängigen Theorien und Modelle zum Studienabbruch können der Komplexität des Studienabbruchs und seiner Verursachung nicht gerecht werden. Sie beschränken sich in der Erklärung der Problemlagen, die zu einer vorzeitigen Studienaufgabe führen, zu stark auf die individuelle Studiensituation, ohne die gesamte Bildungssozialisation hinreichend zu berücksichtigen. Prädeterminierende Bildungsprozesse vor Studienbeginn bleiben bei vielen theoretischen Ansätzen außerhalb des Begründungszusammenhangs. So werden im „student attrition model" von Bean (Bean 1983), das vor allem im angelsächsischen Raum weite Beachtung fand, vor allem institutionelle Faktoren berücksichtigt. Der zentrale Aspekt seines Modells ist die Zufriedenheit der Studierenden mit ihrer Studiensituation. Diese steht nach Bean mit einer Reihe von Faktoren im Zusammenhang – von der intellektuellen Entwicklung der Studierenden über die Noten, die Zufriedenheit mit den Studieninhalten bis hin zur aktiven Teilnahme an den Lehrveranstaltungen und Mitgliedschaften in studentischen Organisationen. Im „student integration model" von Vincent Tinto, das den Diskurs zu Studienerfolg und -misserfolg bis heute maßgeblich zu beeinflussen vermag (Tinto, 1975), wird zwar „Pre-College Schooling" als ein Einflussfaktor für eine gelingende soziale und akademische Integration der Studierenden an der Hochschule betrachtet, aber nicht näher ausgeführt. Tintos Ansatz behandelt Studienabbruch primär als misslingende Interaktion zwischen Studierenden sowie den akademischen und den sozialen Systemen im Studienprozess.

Auch neuere theoretischen Vorstellungen, die stärker auf psychologische Mechanismen setzen, vermögen es nicht, die gesamte Komplexität des Studienabbruchprozesses in den Fokus zu nehmen und der schulischen Vorbildung bzw. der vorhochschulischen Bildungssozialisation einen angemessenen Platz in den entsprechenden Modellvorstellungen einzuräumen. Bei ihnen stehen stärker individuelle psychische Prädispositionen, intrinsische Studienmotivation, Lernstrategien, Selbstvertrauen und Selbstkontrolle, soziale Kompetenz und Belastbarkeit im Mittelpunkt der Untersuchung (Schiefele et al. 2007). Eine Konzentration auf Einzelaspekte zeichnen auch die im Zusammenhang mit Studienabbruch diskutierten Erwartung-Wert-Modelle aus (Hadjar/Becker 2004). Sie erklären das Leistungsverhalten der Studierenden aus deren Erfolgserwartung und der individuellen Bewertung des Hochschulabschlusses. Während sich die Erfolgserwartung wiederum abhängig vom akademischen Selbstkonzept erweist, der Selbsteinschätzung der eigenen akademischen Fähigkeiten, ergibt sich die subjektive Bewertung akademischer Abschlüsse aus den wirtschaftlichen und sozialen Zielen der Studierenden.

Selbstverständlich haben alle diese Ansätze wichtige Beiträge zum Verständnis der vorzeitigen Studienaufgabe geleistet. In der Forschung bildet sich aber zunehmend ein Konsens in Bezug auf zwei zentrale Aspekte heraus: Zum einen hinsichtlich der Komplexität und Multikausalität des Studienabbruchs. Alle bisherigen empirischen Analysen zeigen, dass es nur selten einen einzigen Grund gibt, der den Abbruch bedingt. Vielmehr ist eine solche bildungsbiographisch weitreichende Entscheidung in der Regel auf mehrere Motive und Ursachen zurückzuführen, denen zwar im Einzelnen unterschiedliches Gewicht zukommen kann, die sich aber gegenseitig verstärken können (Krieger 2011; Heublein et al. 2010). Zum anderen besteht Konsens in Bezug auf die Prozesshaftigkeit des Abbruchs. Der Studienabbruch wird nicht verstanden als das Resultat einer spontanen, kurzfristigen Entscheidung, sondern als das Ergebnis eines schon länger andauernden Entscheidungs- und Abwägungsprozesses, in dem die verschiedenen Einflussfaktoren zu einer Problemkonstellation kumulieren, die das Verlassen der Hochschule unumgänglich erscheinen lässt. Viele Bedingungsaspekte des Studienabbruchs sind dabei in der vorhochschulischen Lebensphase zu verorten (Heublein 2014).

Studienabbruch als komplexer Prozess

Erste Ansätze für ein solches multikausales Herangehen finden sich in der Hochschulforschung schon in den 80er Jahren; stärker ausgebaut wurden sie in den letzten Jahren vor allem in den Untersuchungen des DZHW (Heublein et al. 2010; Heublein 2014). Das aktuelle Studienabbruch-Projekt dieses Forschungsinstitutes stellt sich das Ziel, die unterschiedlichen Typen des Studienabbruchs zu analysieren und zu beschreiben. Es geht dabei von einem komplexen Verständnis des Abbruchprozesses aus. Demnach ist die Entscheidung zum Studienabbruch, die entweder vom Studierenden oder von der Hochschule vollzogen wird, die Folge eines Prozesses, der sich in verschiedene Phasen untergliedert. In jeder Phase wirken dabei unterschiedliche Einflussfaktoren.

Ein Teil der Determinanten, die den Abbruchprozess bestimmen, bildet sich schon in der Studienvorphase aus. Eine wesentliche Bedeutung kommt in diesem Zusammenhang den Aspekten der sozialen und familiären Herkunft zu. Neben der Herkunft sind es aber auch bestimmte, relativ konstante Persönlichkeitseigenschaften, die u. a. das Studienverhalten, den Umgang mit Anforderungssituationen oder auch die Fähigkeiten zum Erschließen von Betreuungsangeboten mit bestimmen. Bei diesen Merkmalen der Persönlichkeit handelt es sich um individuelle psychische, kognitive und charakterliche Voraussetzungen, wie sie etwa in dem Konzept der „Big Five“ (Allport 1974) ihre Darstellung finden. Darüber hinaus ist aber vor allem dem gesamten Prozess der vorhochschulischen Bildungssozialisation hohe Bedeutung für ein erfolgreiches Studium einzuräumen. Dazu gehören die Ergebnisse der schulischen Bildung wie auch weiterer Bildungsaktivitäten, etwa die Ergebnisse einer Berufsausbildung. Sie beeinflussen in starkem Maße die Ausprägung z. B. der fachlichen und der motivationalen Studienvoraussetzungen. Die unterschiedlichen Bildungsbemühungen münden in die vor Studienaufnahme getroffenen Bildungsentscheidun-

Abbildung 1 Modell des Studienabbruchsprozesses

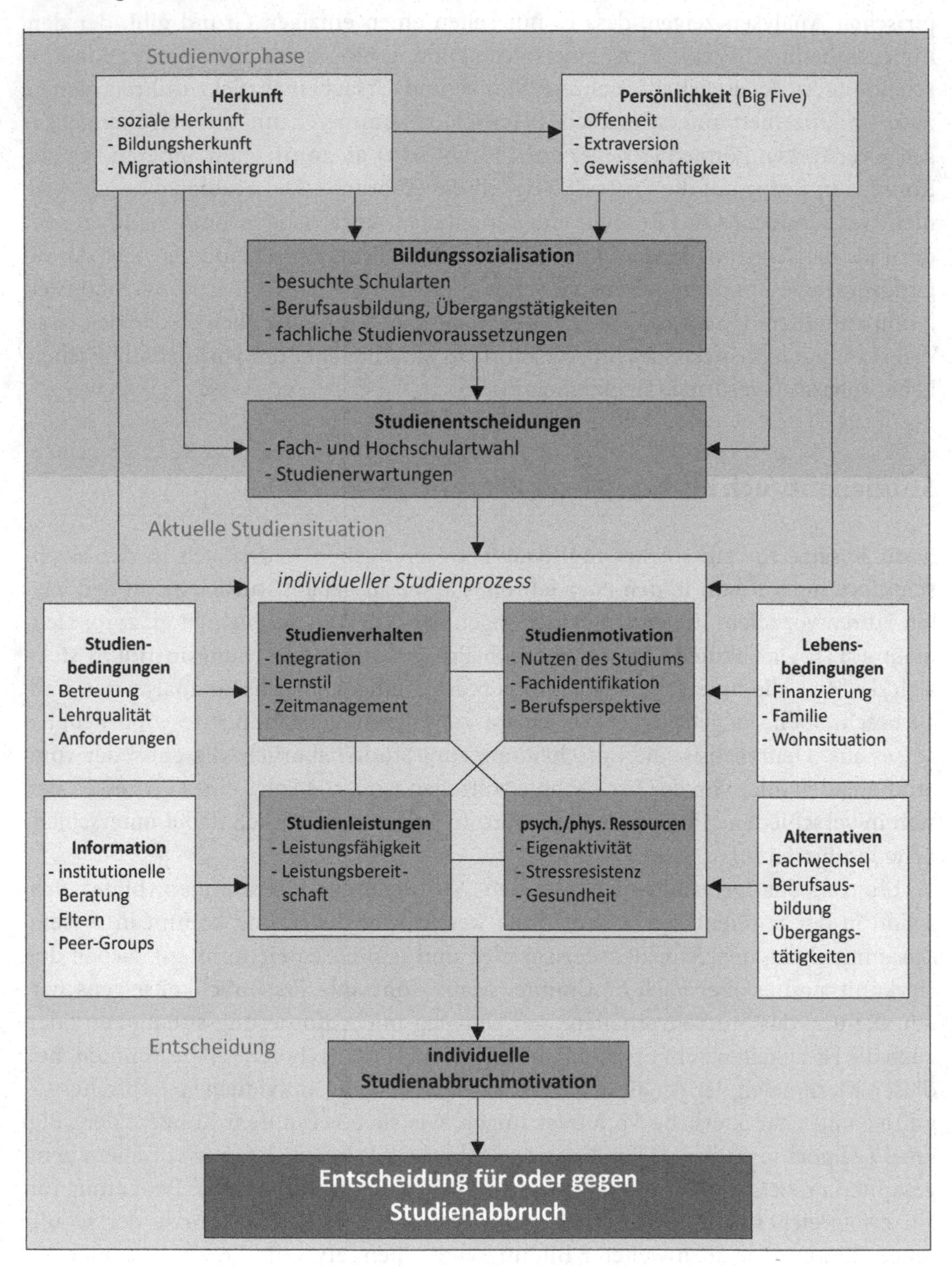

gen. Sie werden auf der Basis von Studienerwartungen getroffen und wirken sich im Studium auf alle relevanten Aspekte des individuellen Studienprozesses aus. Die Passung zwischen Studienvorstellung und Studienwirklichkeit bestimmt mit, wie kohärent die Studiensituation erfahren wird. In den Studienentscheidungen bündeln sich die drei wesentlichen Faktoren der Studienvorphase: Bildungssozialisation, Herkunft und Persönlichkeit.

Die zweite Phase des Studienabbruchprozesses stellt die Studiensituation selbst dar. Sie ist ebenfalls ein dynamischer Prozess, der sich aus dem permanenten Wechselspiel von internen und externen Faktoren entwickelt. Die internen Aspekte kennzeichnen das konkrete Handeln des einzelnen Studierenden in den Studienkontexten, während die externen Faktoren jene Bedingungen betreffen, die durch Institutionen, z. B. die jeweilige Hochschule, oder durch das soziale Umfeld gesetzt werden. Zu den wesentlichen internen Faktoren, die den Studienerfolg beeinflussen, gehören: das Studierverhalten (Hadjar/Becker 2004), die Studienmotivation (Schiefele et al. 2007), das Leistungsverhalten (Hadjar/Becker 2004; Troche et al. 2014) sowie die psychischen und physischen Ressourcen (Brandstätter et al. 2006; Fellenberg/Hannover 2006). Bei den externen Faktoren handelt es sich um die konkreten Studienbedingungen, hier vor allem um die Studienanforderungen (Blüthmann et al. 2011; Rech 2012), um die Lebensbedingungen, vor allem Studienfinanzierung und Wohnmöglichkeit (Heublein et al. 2010), um bestehende Alternativen zum gegenwärtigen Studium (Hadjar/Becker 2004) und das Informationsangebot (Heublein et al. 2010). Die einzelnen Faktoren setzen sich wiederum jeweils aus mehreren Dimensionen und Merkmalen zusammen. Sie bedingen sich gegenseitig, d. h. sie sind interdependent miteinander verbunden. Im Studienverlauf unterliegen diese Faktoren bestimmten Modifikationen, die häufig aus dem Verhältnis der Faktoren untereinander resultieren.

Für ein gelingendes Studium ist es entscheidend, dass interne und externe Faktoren trotz ständiger Veränderungen und Entwicklungen immer wieder einen Zustand der Passung erreichen. Das bedeutet: Einerseits müssen die Studierenden – durch entsprechende Studienvoraussetzungen – in der Lage sein, mit ihrem Studienverhalten und ihren Studienmotiven, mit ihren Leistungen und ihren psychischen Ressourcen auf äußere Bedingungen adäquat zu reagieren. Anderseits aber müssen sich die Studien- und Lebensbedingungen, ebenso die zur Verfügung stehenden Informationen und Studienalternativen in Korrespondenz mit den Faktoren des Studienprozesses entwickeln. Der Studienerfolg ist so nur möglich auf der Basis wechselseitiger Korrespondenzen.

Die letzte Phase im Studienabbruchprozess stellt die Entscheidungssituation für oder gegen die Fortführung des Studiums, für oder gegen einen Studienabbruch dar. Wenn sich die Widersprüche zwischen inneren und äußeren Faktoren dauerhaft nicht auflösen lassen, kommt es zur Entwicklung einer Studienabbruchmotivation, die in der Regel mehrere individuelle Motive umfasst.

Diesem Modell des Studienabbruchprozesses, das vom DZHW entwickelt wurde, kommt eine hohe Komplexität zu. Da es auch differierende Problemkonstellationen zu erfassen vermag, ermöglicht es als Grundlage empirischer Untersuchungen sowohl unterschiedliche Typen von Studienabbrechern zu analysieren als auch verschiedene Zugänge und theoretische Perspektiven zu prüfen.

Fachkulturelle Differenzen

Für die Analyse abbruchfördernder Problemlagen, d. h. Situationen mangelnder Passung zwischen individuellen Studienvoraussetzungen und Studierweisen auf der einen Seite und institutionellen Bedingungen auf der anderen Seite, ist die Beachtung der fachkulturellen Kontexte von hoher Bedeutung. Dies wird zum einen schon an den großen Differenzen in den Studienabbruchquoten der unterschiedlichen Fächergruppen offensichtlich. So beträgt der Studienabbruch[2] unter den deutschen Studienanfängern in Rechts-, Wirtschafts- und Sozialwissenschaften der Jahrgänge 2008 und 2009 in einem universitären Bachelorstudium 27 %, in Mathematik und Naturwissenschaften aber 39 % und in Ingenieurwissenschaften 36 %. Auch an Fachhochschulen lassen sich solche Differenzen feststellen: Der Studienabbruch in den betreffenden Jahrgängen des Bachelorstudiums in den Rechts-, Wirtschafts- und Sozialwissenschaften erreicht hier 15 %, in den mathematisch-naturwissenschaftlichen Fächern aber 34 % und in den ingenieurwissenschaftlichen Disziplinen 31 % (Heublein et al. 2014, S. 4 ff.).

Abbildung 2 Ausschlaggebende Motive des Studienabbruchs im Bachelorstudium nach ausgewählten Fächergruppen; Angaben in Prozent

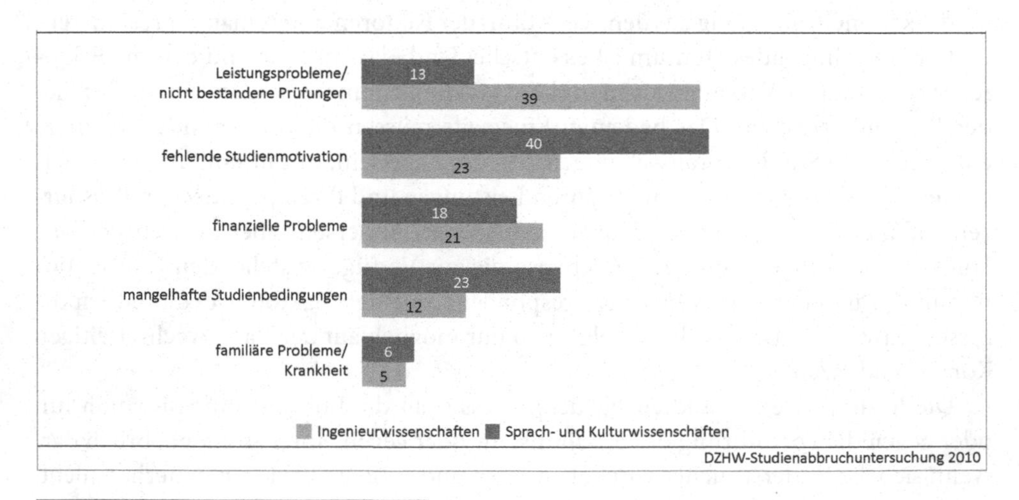

2 In den DZHW-Untersuchungen wird Studienabbruch als das endgültige Verlassen des Hochschulsystems ohne erfolgreichen Studienabschluss definiert. Die Studienabbruchquote ist der Anteil der Studierenden eines Studienanfängerjahrgangs, die das Hochschulsystem ohne erfolgreichen Studienabschluss verlassen.

Nicht minder starke Unterschiede zwischen den verschiedenen Fachkulturen zeigen sich in der Verursachung des Studienabbruchs; die Abbruchmotive und Abbruchursachen sind je nach Fach in unterschiedlicher Weise zu gewichten. Während für den Studienabbruch in den Fächern der Sprach- und Kulturwissenschaften insbesondere motivationale Probleme geltend gemacht werden – die betreffenden Studierenden haben ihr Studium mit falschen Erwartungen aufgenommen und können sich nicht mehr mit den fachlichen Inhalten identifizieren – sind es in den Ingenieurwissenschaften vor allem Leistungsprobleme die zur Studienaufgabe führen. Die Studienabbrecher bewältigen nicht die Studienanforderungen bzw. sie sind vom Umfang des Studien- und Prüfungsstoffs überfordert (Heublein et al. 2010, S. 141 ff.). Offensichtlich führen die jeweils unterschiedlichen Studierendengruppen, fachlichen Inhalte, Lehrkulturen, Wissenschaftstraditionen, aber auch fachbezogene Entwicklungen auf dem Arbeitsmarkt und eine Reihe weiterer Aspekte zu studienfachspezifischen Bedingungskomplexen, die Studienerfolg und Studienabbruch zu beeinflussen vermögen.

Aus diesem Grund kann auch die Frage der schulischen Vorbereitung und ihrer Rolle als Determinante für Studienerfolg bzw. Studienabbruch sinnvollerweise nur fachspezifisch betrachtet werden. Da im Folgenden nicht alle Fachkulturen diskutiert werden können und da der Studienabbruch in den Ingenieurwissenschaften in den letzten Jahren besonders in der Diskussion steht, beschränken sich die folgenden Ausführungen ausschließlich auf diese Fächergruppe.

Abiturnote und schulische Vorbereitung

Untersuchungen zur schulischen Vorbereitung von Studienberechtigten auf ein Hochschulstudium und deren Auswirkung auf den Studienerfolg beschränken sich in aller Regel auf fachliche Aspekte. Bislang wurden hauptsächlich Schulnoten sowie Kenntnisse und ausgewählte Kompetenzen in subjektiver Selbsteinschätzung erfragt (Heublein et al. 2010; Lörz 2012). Sie sind zum einen mit länder- und schulartspezifischen Differenzen bei der Notenvergabe behaftet sowie zum anderen mit den methodischen Problemen retrospektiver Einschätzungen. Tiefgreifendere Analysen sind allerdings im Rahmen des Nationalen Bildungspanels zu erwarten, da hier bestimmte Kompetenzen bei Studienbeginn getestet wurden (Blossfeld 2011). Dennoch lassen sich in den ingenieurwissenschaftlichen Studiengängen auch schon auf Basis bisheriger Befunde zur Rolle der fachlichen Vorbereitung auf das Studium durch die Schule klare Zusammenhänge aufzeigen.

Schon in den Anfangsjahren der empirischen Hochschulforschung wurde in den ersten Studien zum Studienerfolg eine signifikante Korrelation von erfolgreichem Studienabschluss und der Note der Hochschulzugangsberechtigung ermittelt (Griesbach 1977). Dieser Befund hat sich seitdem immer wieder als zutreffend erwiesen (Greiff 2006; Heublein 2003). Auch in der letzten bundesweit repräsentativen Befragung von Exmatrikulierten zeigen sich in den Ingenieurwissenschaften in dieser

Hinsicht starke Differenzen zwischen Absolventen und Studienabbrechern. Während im Exmatrikuliertenjahrgang 2007/08 die Absolventen eine Durchschnittsnote bei Erwerb der Hochschulreife von 2,2 aufwiesen, lag dieser Wert für die Studienabbrecher bei 2,7. Noch deutlicher werden die Unterschiede beim Blick auf die Verteilung der einzelnen Notengruppen unter den verschiedenen Exmatrikulierten. 38 % der Absolventen hatten eine Abiturnote zwischen 1,0 und 2,0; der Anteil über 3,0 lag bei 14 %. Dieses Verhältnis kehrt sich bei Studienabbrechern um: Nur 14 % erwarben ihre Hochschulzugangsberechtigung mit einer Note zwischen 1,0 und 2,0, aber 29 % hatten eine Note schlechter als 3,0.

Abbildung 3 Durchschnittsnote bei Erwerb der Hochschulreife; Angaben in Prozent

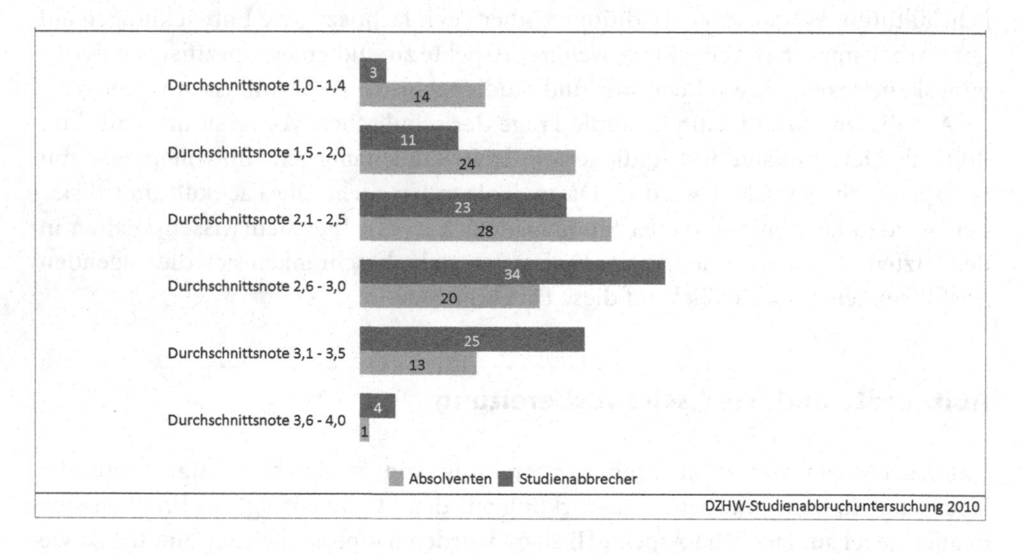

Bei allem Zweifel an der Aussagekraft der Abiturnoten (Köller, Watermann, Trautwein & Lüdtke 2004), der schon seit längerer Zeit geäußert wird, zeigt sich dennoch, dass mit sinkender Abiturnote auch die Wahrscheinlichkeit eines Studienabschlusses geringer wird. Die im schulischen Notenniveau sichtbar werdende Leistungsfähigkeit spiegelt sich tendenziell im Studienverhalten wider. Während von den Studienabbrechern mit sehr gutem Abitur (1,0–2,0) nur rund ein Fünftel aus Leistungsgründen im Studium gescheitert ist, liegt dieser Anteil unter den Abiturienten mit einer Note geringer als 3,0 bei rund der Hälfte. Dies korrespondiert mit dem Befund, dass von den Studienabbrechern mit einem guten Abitur sich rund ein Drittel in das obere Leistungsdrittel ihres Studiengangs einordnen, nur 12 % sehen sich im unteren Leistungsdrittel. Bei schlechtem Abitur kann sich so gut wie kein Studienabbrecher dem oberen Drittel, aber jeder zweite dem unteren Leistungsdrittel zuordnen. Schlechteres Abitur bedeutet in den Ingenieurwissenschaften offensichtlich mehr Probleme der entsprechenden Studierenden mit dem Niveau der Studienanforderungen und der Stofffülle.

Ähnliche Ergebnisse zeigen sich bei einer allgemeinen Einschätzung der Vorbereitung auf das Studium durch die Schule. Auch wenn hier ein möglicher Einfluss des erreichten bzw. nicht erreichten Abschlusses auf die Bewertung nicht auszuschließen ist, so stimmt doch der Befund mit den Auswirkungen der Note bei Erwerb der Hochschulreife überein: Während sich in den Ingenieurwissenschaften nur 29 % der Studienabbrecher halbwegs gut durch die Schule auf ihr Studium vorbereitet fühlten, ist es unter den Absolventen mit 58 % ein doppelt so hoher Anteil. Studienabbrecher, die sich gut vorbereitet fühlen, scheitern deutlich seltener an Leistungsproblemen als diejenigen, die sich als schlecht vorbereitet einschätzen.

Bedeutung mathematischer Kenntnisse bei Studienbeginn

Bei aller Offensichtlichkeit der Tendenzen stellt sich aber die Frage, ob die Note der Hochschulzugangsberechtigung und die allgemeine schulische Vorbereitung die richtigen Ausgangsbedingungen darstellen, die zu einem Studienerfolg in den Ingenieurwissenschaften ins Verhältnis gesetzt werden sollten. Hinter der Hochschulreife stehen zweifelsohne eine Vielzahl von Kenntnissen und Kompetenzen, die nicht alle gleichermaßen in einem ingenieurwissenschaftlichen Studium abgefordert werden. Ein Abschluss z. B. in Maschinenbau oder Bauingenieurwesen beruht zum Teil auf spezifischen schulischen Voraussetzungen, die unter Umständen in anderen Fachdisziplinen nicht in gleicher Weise benötigt werden. Zu diesen fachspezifischen Voraussetzungen gehören mit Sicherheit bestimmte mathematische Fähigkeiten. Es ist davon auszugehen, dass der Kenntnisstand in Mathematik vor Studienbeginn den Studienerfolg stärker bestimmt als das Niveau der allgemeinen Abiturnote. Bevor aber darüber befunden werden kann, soll vorerst geprüft werden, ob der Mathematik eine solche determinierende Rolle überhaupt zukommt.

In der Befragung der Exmatrikulierten 2007/08 wurde nicht die Note in Mathematik erfasst, aber die Teilnahme an entsprechenden Leistungskursen während der Oberstufe und eine subjektive Einschätzung, in welchem Maße die Vorkenntnisse in Mathematik zu Studienbeginn ausreichend waren. Auch hier sind die Tendenzen eindeutig: Stark korrelierend mit der Abiturnote und der Einschätzung der schulischen Vorbereitung allgemein geben 67 % der Absolventen an, dass ihre mathematischen Kenntnisse zu Studienbeginn ausreichend waren, nur 17 % bezeichnen sie als unzureichend. Unter den Studienabbrechern sind es nur 39 % mit ausreichendem, aber 42 % mit unzureichendem Vorwissen. Von der letztgenannten Gruppe hat jeder zweite aus Leistungsgründen sein Studium abgebrochen. Aber auch von den Studienabbrechern, deren Mathematikkenntnisse nach eigener Einschätzung ausreichend waren, ist es jeder vierte, der die Leistungsanforderungen in Ingenieurwissenschaften doch nicht bewältigte. Dennoch gilt: Ohne ein bestimmtes Niveau an mathematischen Fähigkeiten zu Studienbeginn fällt es den Studierenden offensichtlich schwerer, die im Studium geforderten Leistungen zu erbringen.

Dies lässt sich auch an der Teilnahme am Leistungskurs Mathematik demonstrieren. Von den Absolventen ingenieurwissenschaftlicher Fächer haben 70 % einen solchen Kurs in der schulischen Oberstufe belegt. Unter den Studienabbrechern beträgt dieser Wert nur 36 %. Der Besuch eines Leistungskurses Mathematik bedeutet zwar mit Sicherheit, dass die Betreffenden mehr Mathematikstunden als ihre Mitschüler absolviert haben und sich auch mit mathematischen Fragen auf höherem Niveau auseinandersetzen mussten. Ein solcher Besuch ist allerdings nicht gleichzusetzen mit ausreichender Vorbereitung auf das Studium. Von den Studienabbrechern, die einen Leistungskurs belegt haben, schätzt sich nur jeder zweite in Bezug auf seine mathematischen Kenntnisse als ausreichend vorbereitet ein, jeder vierte fühlt sich sogar völlig unzureichend vorbereitet.

Dies alles sind starke Indizien dafür, dass es nicht wenigen Studierenden in den Ingenieurwissenschaften schwer fällt, Wissens- und Fähigkeitsdefizite in Mathematik, die bei Studienbeginn bestehen, im Verlauf der ersten Semester aufzuholen. Zwei Charakteristika der ingenieurwissenschaftlichen Studiengänge scheinen dazu beizutragen: Zum einen ist in Fächern mit hohen Studienanfängerzahlen, wie Maschinenbau, Elektrotechnik und Bauingenieurwesen, der Anteil der Studiengänge mit Numerus clausus vergleichsweise gering (CHE). Zum anderen aber stehen im Curriculum der Ingenieurwissenschaften gleich zu Studienbeginn eine Reihe von Grundlagenfächern auf dem Studienprogramm, nicht wenige davon mathematikbasiert, die aus studentischer Sicht mit zu den schwersten Studienfächern überhaupt gehören (Heublein, Interview). Der Studienanfang ist dadurch für viele Studierende sofort mit höchsten Leistungsanforderungen und dem gleichzeitigen Aufholen von fachlichen Defiziten belastet, obwohl sie durchaus noch damit beschäftigt sind, überhaupt Studienorientierung zu gewinnen – also sich im neuen akademischen und sozialen Feld der Hochschule zu orientieren. Diese dreifache Herausforderung – anspruchsvoller Stoff bewältigen, Defizite aufholen, Studienorientierung gewinnen – wird nicht von allen Studierenden bewältigt und es kommt zu einer Art Potenzierung ungelöster Aufgaben im Verlauf der ersten Semester, die schließlich in einem Studienabbruch münden können.

Die ingenieurwissenschaftlichen Fakultäten und Fachbereiche wissen um diese Situation. Deshalb bieten sie schon seit längerem in ihrer überwiegenden Mehrzahl entsprechende Brückenkurse in Mathematik vor oder bei Studienbeginn an. Sie sollen dazu beitragen, dass Mathematikdefizite nicht zu solchen sich potenzierenden Problemlagen führen, sondern schon in den ersten Wochen behoben sind. Auch der Mehrheit der Exmatrikulierten 2007/08 hat sich bei ihren Studienanfang die Möglichkeit einer Verbesserung ihrer Mathematikvorbereitung durch den Besuch eines Brückenkurses geboten. Angesichts des anhaltend hohen Studienabbruchs in den Ingenieurwissenschaften stellt sich nun berechtigterweise die Frage, in welchem Maße diese Brückenkurse zur Erhöhung des Studienerfolgs beitragen. Dies kann momentan noch nicht mit Sicherheit beantwortet werden. Die vorliegende Stichprobe erlaubt keine Ermittlung von Erfolgsquoten für Teilnehmer und Nicht-Teilnehmer an den Brückenkursen. Allerdings ist auffällig, dass die Beteiligungsquote unter Absolventen und Studienabbrechern – bei fast flächendeckendem Angebot – nicht wesentlich differiert. 45 % der Absolventen und 50 % der Studienabbrecher haben einen Brückenkurs besucht. Da deutlich mehr Studienabbrecher das Studium mit defizitären Mathematikkenntnissen angetreten haben, weist dieses Verhältnis zumindest auf Probleme bei der Ansprache und Motivation von entsprechend ungenügend vorbereiteten Studienanfängern hin.

Mathematische Vorkenntnisse und weitere Faktoren des Studienabbruchs

Die bisherigen deskriptiven Befunde machen offensichtlich, dass die schulische Vorbereitung eine wesentliche Voraussetzung für einen Studienerfolg in den Ingenieurwissenschaften darstellt und dass solide Mathematikkenntnisse dabei eine besondere Rolle spielen. Dies ist auch das Ergebnis einer logistischen Regression, in der verschiedene Erfolgsfaktoren einbezogen wurden. Die Analyse beschränkt sich dabei auf eine Auswahl von Variablen, es konnten – auf Basis der Exmatrikuliertenbefragung 2007/08 – nicht alle denkbaren Bedingungen für ein gelingendes Studium berücksichtigt werden. Vielmehr sollte vor allem die Bedeutung eines bestimmten mathematischen Fähigkeitsniveaus zu Studienbeginn weiter erhellt werden.

In die Regression wurden vier Gruppen von Variablen einbezogen – Merkmale des allgemeinen schulischen Vorbereitungsstandes, Mathematikkenntnisse bei Studieneinstieg, Stärke der Studienmotivation sowie Interventionen der Hochschule. Ausgewiesen werden dabei die entsprechenden Logit-Koeffizienten ß und deren Signifikanz sowie zusätzlich die entsprechenden Gütemaße für die jeweiligen Modelle (Pseudo-R2 und Wald-Test). Das mit steigender Variablenzahl wachsende Pseudo-R2 zeigt die Relevanz der Modelle und der einbezogenen Merkmale.

Abbildung 4 Logistische Regressionsanalyse für den Studienerfolg

	Modell 1	Modell 2	Modell 3	Modell 4
allgemeine Vorbereitung durch Schule				
Note HZB	-0,15***	-0,14***	-0,14***	-0,14***
Vorbereitung durch Schule	-0,37***	-0,14***	-0,03	-0,04
Mathematikkentnisse vor Studienbeginn				
Defizite Mathematik		-0,55***	-0,50***	-0,46**
Lesitungskurs Mathematik		-0,47	-0,41	-0,56
Studienmotivation				
Kenntnisse Studienanforderungen			-0,32*	-0,28
Wunschfach			-1,20**	-0,97**
Prävention der Hochschule				
Brückenkurs				0,38
Betreuung				0,88***
soziale Integration				0,26
Wald-Test (chi^2)	71	97	114	132
Pseudo-R^2	0,2	0,27	0,32	0,37

DZHW-Studienabbruchuntersuchung 2010

n= 262
*p<0,05; **p<0,01; ***p<0,001

Die Analyse bestätigt zunächst die Abhängigkeit des Studienerfolgs von der Durchschnittsnote bei Erwerb der Hochschulzugangsberechtigung. Dieser Effekt ist hochsignifikant, seine Stärke allerdings beschränkt. Eine gute Abiturnote erhöht die Wahrscheinlichkeit eines erfolgreichen Studienabschlusses. Dies gilt auch für die subjektive Einschätzung des schulischen Vorbereitungsstandes. Studierende, die sich durch die Schule gut auf ihr Studium vorbereitet fühlen, brechen ihr Studium seltener ab. Auch dieser Zusammenhang ist hochsignifikant.

Allerdings reduziert sich dieser Effekt nicht nur, sondern verliert auch seine Signifikanz, wird die Qualität der Vorbereitung in Mathematik berücksichtigt. Während die Abiturnote ihre – schwache – Bedeutung beibehält, erweist es sich, dass in den Ingenieurwissenschaften hinter einer guten schulischen Vorbereitung vor allem entsprechende mathematische Fähigkeiten stehen. Defizite in den mathematischen Grundlagen zu Studienbeginn sind mit einem Abbruchrisiko verbunden. Die Effektstärke ist nicht nur deutlich (−0,55), sondern auch hochsignifikant. Interessanterweise gilt dies nicht für die Teilnahme an Leistungskursen in Mathematik während der schulischen Oberstufe. Zwar hat eine solche Teilnahme einen Effekt auf den Studienerfolg, aber er ist nicht signifikant. Offensichtlich gibt die Beteiligung an einem zeitlich intensiveren Mathematikunterricht noch keine hinreichende Gewähr für die zu Studienbeginn benötigten Kenntnisse.

Die zusätzliche Einbeziehung von motivationalen Faktoren führt dabei zu keinen Änderungen in den beschriebenen Tendenzen. Abiturnote wie auch der Vorbereitungsstand in Mathematik haben weiterhin einen wesentlichen Effekt für den

Studienerfolg. Der Einfluss der allgemeinen schulischen Vorbereitung, aber auch der Teilnahme an Mathematik-Leistungskursen verringert sich weiter und ist auch weiterhin nicht signifikant. Eine große Bedeutung für den Studienerfolg kommt aber der Motivation und Fachidentifikation zu. Eine starke, signifikante Wirkung hat das Studium im Wunschfach (–1,20; $p < 0{,}01$). Studierende, die sich in einen ingenieurwissenschaftlichen Studiengang eingeschrieben haben, obwohl es sich dabei nicht um ihr ursprünglich gewünschtes Fach handelt, sind im höheren Maße abbruchgefährdet als ihre Kommilitonen, bei denen Wunsch und Studienentscheidung übereinstimmen. Offensichtlich fällt es schwer, sich den hohen Anforderungen eines ingenieurwissenschaftlichen Studiums zu stellen, wenn nicht von Anfang an eine hohe Fachidentifikation besteht. Geringe Auswirkung hat im Vergleich dazu die zu Studienanfang bestehende Informiertheit über das Studium – in den Berechnungen hier fokussiert auf die Informiertheit in Bezug auf die Studienanforderungen.[3] Dies lässt den Schluss zu, dass für Studierende mit falschen Erwartungen in Bezug auf die verlangten Leistungen, diese sich dann nicht als Stolpersteine im Studium erweisen, wenn Fachidentifikation, aber auch mathematische Vorbereitung ausreichend sind.

Welche Möglichkeiten haben die Hochschulen mit präventiven oder intervenierenden Maßnahmen dem Studienabbruch entgegenzuwirken? Sicherlich sind dabei Brückenkurse ein im Grunde unverzichtbares Angebot. Aber noch – zumindest für die Exmatrikulierten 2007/08 – ist ihre Wirkung für die Sicherung des Studienerfolgs sehr eingeschränkt. Zwar zeigt die Regression einen Effekt, dieser ist aber nicht signifikant. Mit Brückenkursen ist es offensichtlich zu wenig gelungen, die Defizite in Mathematik am Studienanfang zu beheben und das daraus resultierende Abbruchrisiko zu bannen. Entweder werden mit diesen Kursen die Studienbewerber bzw. Studienanfänger, deren Mathematikkenntnisse defizitär sind, zu wenig angesprochen. Unter Umständen war sich ein Teil von ihnen seiner fachlichen Lücken vor Studienaufnahme überhaupt nicht bewusst. Oder die Brückenkurse sind verbesserungswürdig – sie sind zu kurz, nicht auf die bestehenden Defizite orientiert, ihre Lernerträge werden nicht kontrolliert. Von ganz anderer Wirksamkeit sind dagegen Betreuungsaktivitäten. Mit ihnen können die Hochschulen viel erreichen. Oder anders formuliert: Ohne angemessene Betreuung[4] steigt die Abbruchgefährdung deutlich (–0,88). Dieser Zusammenhang ist hochsignifikant. Gleichzeitig bleibt aber die Wirkung des Wunschfachs (–0,97, $p < 0{,}01$), eines guten Vorbereitungsstands in Mathematik (–0,46, $p < 0{,}01$) und der Abiturnote (–0,14, $p < 0{,}001$) erhalten. Allerdings verringern sich deren Effektstärken. Die Schlussfolgerung muss dementsprechend lauten: Der Studienabschluss ist gewährleistet, wenn die Studienanfänger neben einem guten schulischen Abschluss ausreichende mathematische Fähigkeiten aufweisen, sich in hohem

3 In Bezug auf die Kenntnis der Studienanforderungen vor Aufnahme des Studiums zeigen sich besonders große Differenzen zwischen Absolventen und Studienabbrechern (Heublein et al. 2010).

4 Die Variable „Betreuung“ wurde aus mehreren Variablen gebildet, die sich auf unterschiedliche Aspekte von Betreuung der Studierenden während des Studiums beziehen.

Maße mit ihrem Studienfach identifizieren können und die Betreuung erhalten, die sie brauchen. Gute mathematische Vorkenntnisse sind für den Studienerfolg nicht alles, aber ohne diese Grundlage ist ein erfolgreiches Studium auch nicht möglich.

Der starke Einfluss der Betreuung weist dabei auf zwei wesentliche Momente hin, die bei der Entwicklung der Abbruchprävention durchaus Beachtung verdienen: Zum einen können durch angemessene Betreuungsaktivitäten fachliche und motivationale Defizite ausgeglichen werden. Intensiver Kontakt mit Lehrenden, z. B. in entsprechenden Angeboten, verbessert nicht nur den Kenntnisstand der Studierenden, sondern trägt auch zur stärkeren Identifikation mit dem Studienfach bei. Zum anderen aber verweist die Rolle der Betreuung wieder zurück auf schulische Qualifikationen. Betreuungsleistungen stellen an den deutschen Hochschulen in aller Regel Angebote dar. Dem Studierenden wird Betreuung nur selten vorgegeben, zumeist muss er sich für bestimmte Angebote – Tutorien, Fachberatung, Lerngruppen z. B. – bewusst entscheiden. Dies setzt aber Kompetenzen voraus, die günstigstenfalls schon in der Schule erworben wurden: Streben nach Eigenaktivität, Selbstbeurteilungsvermögen und kommunikative Fähigkeiten, die Voraussetzung sind, sich das Angebot auch erschließen zu können.

Literatur

[1] Allport, G. W. (1974). Persönlichkeit. Struktur, Entwicklung und Erfassung der menschlichen Eigenart. München

[2] Bean, J. P. (1983). The application of a model of turnover in working organizations to the student attrition process. The Review of Higher Education, 6, 129–148

[3] Blossfeld, H.-P.; von Maurice, J.; & Schneider, T. (2011). Grundidee, Konzeption und Design des Nationalen Bildungspanels für Deutschland (NEPS Working Paper No. 1). Bamberg: Otto-Friedrich-Universität, Nationales Bildungspanel

[4] Blüthmann, I.; Thiel, F.; Wolfgramm, C. (2011). Abbruchtendenzen in den Bachelorstudiengängen. Individuelle Schwierigkeiten oder mangelhafte Studienbedingungen? Die Hochschule, 20, 110–126

[5] Brandstätter, H.; Grillich, L.; Farthofer, A. (2006). Prognose des Studienabbruchs. Zeitschrift für Entwicklungspsychologie und Pädagogische Psychologie, 38, 121–131

[6] Fellenberg, F.; Hannover, B. (2006). Kaum begonnen, schon zerronnen? Psychologische Ursachenfaktoren für die Neigung von Studienanfängern, das Studium abzubrechen oder das Fach zu wechseln, Empirische Pädagogik, 20, 381–399.

[7] Greiff, S. (2006). Prädiktoren des Studienerfolgs. Vorhersagekraft, geschlechtsspezifische Vailidität und Fairness. Duisburg

[8] Griesbach, H; Lewin, K. (1977). Studienverlauf und Beschäftigungssituation von Hochschulabsolventen und Studienabbrechern. München; HIS Hochschulplanung 27/1-2

[9] Hadjar, A.; Becker, R. (2004). Warum einige Studierende ihr Soziologie-Studium abbrechen wollen. Studienwahlmotive, Informationsdefizite und wahrgenommene Berufsaussichten als Determinanten der Abbruchneigung. Soziologie, 33, 47–65

[10] Heublein, U. (2014). Student Drop-out from German Higher Education Institutions. European Journal of Education, 49, 497–513

[11] Heublein, U.; Richter, J.; Schmelzer, R.; Sommer, D. (2014). Die Entwicklung der Studienabbruchquoten an den deutschen Hochschulen. Eine Analyse auf Basis des Absolventenjahrgangs 2012. Hannover, HIS, Forum Hochschule 2|2014

[12] Heublein, U.; Richter, J.; Schmelzer, R.; Sommer, D. (2012) Die Entwicklung der Schwund- und Studienabbruchquoten an den deutschen Hochschulen. Eine Analyse auf Basis des Absolventenjahrgangs 2010. Hannover, HIS, Forum Hochschule 3|2012

[13] Heublein, U.; Hutzsch, C.; Schreiber, J.; Sommer, D; Besuch, G. (2010). Ursachen des Studienabbruchs in Bachelor- und in herkömmlichen Studiengängen. Hannover, HIS, Forum Hochschule 2|2010

[14] Heublein, U.; Spangenberg, H.; Sommer, D. (2003). Ursachen des Studienabbruchs. Analyse 2002. HIS Hochschulplanung 163

[15] Krieger, A. (2011). Determinanten des Studienabbruchs in naturwissenschaftlich orientierten Studiengängen. Eine vergleichende Bedingungsanalyse. Mainz: Hausarbeit zur Erlangung des akademischen Grades einer Magistra Artium

[16] Köller, O.; Watermann, R.; Trautwein, U.; Lüdtke, O. (Hg.) (2004). Wege zur Hochschulreife in Baden-Württemberg. TOSCA – eine Untersuchung an allgemein bildenden und beruflichen Gymnasien. Opladen

[17] Lörz, M. (2012). Mechanismen sozialer Ungleichheit beim Übergang ins Studium: Prozesse der Status- und Kulturreproduktion. Kölner Zeitschrift für Soziologie und Sozialpsychologie, Sonderband 52 „Soziologische Bildungsforschung". Wiesbaden, 302–324

[18] Rech, J. (2012). Studienerfolg ausländischer Studierender. Eine empirische Analyse im Kontext der Internationalisierung der deutschen Hochschulen. Münster

[19] Schiefele, U.; Streblow, L.; Brinkmann, J. (2007). Aussteigen oder Durchhalten. Was unterscheidet Studienabbrecher von anderen Studierenden? Zeitschrift für Entwicklungspsychologie und Pädagogische Psychologie, 39, 127–140.

[20] Tinto, V. (1975). Dropout from higher education: A theoretical synthesis of recent research. Review of Educational Research, 45, 89–125

[21] Troche, S.; Mosimann, M.; Rammsayer, T. (2014). Die Vorhersage des Studienerfolgs im Masterstudiengang Psychologie durch Schul- und Bachelorstudienleistungen. Beiträge zur Hochschulforschung, 36, 30–45

2.2 Mathematik(-Didaktik) für WiMINT

Erhard Cramer, Sebastian Walcher und Olaf Wittich, RWTH Aachen

Zusammenfassung

Wir diskutieren einige Aspekte sog. Serviceveranstaltungen in Mathematik für Studierende naturwissenschaftlicher, technischer und wirtschaftswissenschaftlicher Fachrichtungen. Besonderes Augenmerk wird auf die Lernziele solcher Veranstaltungen gerichtet, die in besonderer Weise durch die Anforderungen der „Abnehmer" innerhalb und außerhalb des Hochschulbereichs bestimmt sind, sowie auf spezifische Schwierigkeiten der Mathematiklehre für Nichtmathematiker.

2.2.1 Einleitung

Der mathematischen „Servicelehre", also der Lehre v. a. für Studierende naturwissenschaftlicher, technischer und wirtschaftswissenschaftlicher Fächer an Universitäten und Hochschulen, sind spezielle Probleme und Fragestellungen zu eigen. In den letzten Jahren erfahren diese – insbesondere im Zusammenhang mit der Übergangsproblematik Schule-Hochschule – gesteigerte Aufmerksamkeit. Die Verfasser des vorliegenden Beitrags sind Mathematiker, die über einige Erfahrung in der Zusammenarbeit mit Anwendern innerhalb und außerhalb des Hochschulbereichs, sowie über einige Praxis in der Lehre für Anwender verfügen. (Die Autoren erheben also nicht den Anspruch, Didaktiker zu sein.) Die Mathematik-Lehre für Wi(M)INT erscheint uns als hochgradig nichttriviale Angelegenheit; der vorliegende Beitrag wirft letztlich mehr Fragen auf als dass er Antworten liefert.

Von vorneherein soll hier die Lehre für Studierende der Mathematik (einschließlich des Lehramts) von der Betrachtung ausgeschlossen werden, denn die Schwerpunkte und Zielsetzungen eines Mathematikstudiums sind grundsätzlich andere. Zudem werden sich die Autoren hauptsächlich auf die Lehre für Zielgruppen beschränken, die sie aus eigener Praxis kennen.

Der Fokus des Beitrags liegt auf grundsätzlichen Fragestellungen, wie (Aus-)Bildungsziele, Wissen, Kompetenzen. Dies ist eine bewusste Entscheidung, denn fehlgeleitete Ziele machen darauf aufbauende – auch für sich gesehen gute – Ansätze hinfällig. Damit soll jedoch nicht die Bedeutung methodischer Erwägungen abgewertet werden; zudem sind gerade in großen Veranstaltungen Persönlichkeit, Engagement und Begeisterung der oder des Lehrenden wesentliche Faktoren für den Lehrerfolg.

Als Ausgangspunkt soll uns ein Zitat von Heinrich Winter [12], S. 206, dienen, welches er für den schulischen Mathematikunterricht formuliert hat; unseres Erachtens formuliert er damit auch ein grundlegendes Qualitätskriterium für die Service-Lehre an Hochschulen.

„Wenn man echtes Anwenden im Mathematikunterricht anstrebt, also Mathematisierungs- und Modellbildungsprozesse entwickeln will, dann muß man sich ernsthaft auf außermathematisches Gebiet begeben.“

2.2.2 Das weggebrochene Fundament

Es ist unvermeidlich, mit einer Abschweifung zu beginnen: Das Thema „Mathematik-Lehre für WiMINT“ ist (bedingt durch sich ändernde Anforderungen an die Absolventen) ständig aktuell; ein Diskurs darüber wäre vor einigen Jahrzehnten jedoch auf einer anderen Grundlage geführt worden. Explizites Ziel der Lehrpläne (für den mathematisch-naturwissenschaftlichen Zweig bzw. für die Leistungskurse) war zu jener Zeit, künftigen Studierenden natur- und ingenieurwissenschaftlicher Fächer ein Fundament für den Studienbeginn mitzugeben. Im Gefolge von Vergleichsstudien wie TIMMS und PISA, und parallel bedingt durch die politische Vorgabe einer Steigerung der Abiturientenquote, erfolgte jedoch eine tiefgreifende Reform der Inhalte und Ziele des Schulunterrichts. Wir sehen die Reform als Ursache für fundamentale Probleme zum Studienbeginn gerade im Wi(M)INT-Bereich. Nachfolgend betrachten wir einige Aspekte, wobei in jedem Fall zwischen Ideal und Realität zu trennen ist.

2.2.2.1 Kompetenzorientierung, insbesondere „Modellierung"

Die Betonung von Kompetenzen sowie „Sachzusammenhängen“ und die damit einhergehende Gewichtsverlagerung im Unterricht haben möglicherweise die Lernmotivation und den Lernerfolg für einige Schülerinnen und Schüler positiv beeinflusst. Jedoch bezweifeln wir, dass damit die genuin mathematischen Fähigkeiten der Lernenden verbessert werden, und wir vermuten, dass sich diese neuen Unterrichtsschwerpunkte gerade für solche Schülerinnen und Schüler eher negativ auswirken, die von sich aus mathematisch interessiert sind. Diese Thesen (wie auch gegenteilige Behauptungen) sind bisher nur in geringem Maße empirisch untersucht und sollten daher einer Überprüfung unterzogen werden. (Eine neuere Untersuchung [7] von Kampa et al., welche sich an den KMK-Bildungsstandards orientiert, kommt zum Schluss, dass nach diesem Maßstab keine Verbesserung festzustellen ist.) Eine – dringend nötige – Diskussion sollte auch unterscheiden zwischen Idealbildern kompetenzorientierten (oder anders ausgerichteten) Unterrichts und beobachtbaren realen Auswirkungen. So ist es unter dem Motto „Kompetenzorientierung und Modellierung" in einigen Bundesländern vorgekommen, dass Prüflinge ohne substantielle Mathematikkenntnisse Abiturprüfungen bestehen können; siehe hierzu auch Kühnel [8]. Mit Anwendungsbezug im Sinne von Winters Zitat hat dies nichts gemein.

2.2.2.2 Die Rolle von GTR und CAS

Auch über graphikfähige Taschenrechner (GTR) und sog. Computeralgebrasysteme (CAS) im Schulunterricht existiert eine Kontroverse, die nach unserer Einschätzung teilweise auf einem Missverständnis beruht. Es lassen sich einerseits sehr gute Beispiele anführen, wie ein CAS im Unterricht eine wertvolle Hilfe beim Experimentieren und Explorieren darstellen kann. Diesem Idealbild steht jedoch oftmals eine Realität gegenüber, in welcher das CAS als Surrogat für elementare mathematische Kenntnisse und Fertigkeiten herhalten muss. Treffende Beispiele hierzu finden sich im Buch [5] von Gruber und Neumann, welches „sicheren Umgang mit dem CAS bis zum Abitur" verspricht. Wir zitieren aus [5], Seite 62:

„Gesucht ist die Fläche, die vom Graphen der Funktion $f(x) = x^2 - 5x + 2$ und der x-Achse eingeschlossen wird.
Zuerst gibst du die Funktion in einer Graph-Seite in die Eingabezeile ein. Als nächstes rufst du mit

[menu] → Graph analysieren → Integral

die Integralberechnung auf. Nun musst du die untere Schranke, d. h. die linke Grenze des Integrals festlegen. Wenn du den Mauszeiger über die linke Nullstelle bewegst, verändert dieser sein Aussehen und es wird ‚Schnittpunkt' angezeigt ..."

Bei dieser (durchaus typischen) Beispielaufgabe ist keinerlei mathematisches Verständnis nötig, wenn man nur die Bearbeitungshinweise verinnerlicht. Schülerinnen und Schülern, die so konditioniert werden, fehlen allerdings beim Studienbeginn fundamentale Fähigkeiten. Als traurige Pointe kommt hinzu, dass nicht einmal die erworbene Rechner-„Knopfdruck-Kompetenz" in einem Studium nützlich ist; die Geräte sind außerhalb des Schulbereichs obsolet. (Zur Klarstellung: Die Autoren von [5] geben nicht vor, Mathematik-Verständnis zu vermitteln. Mit dem Buch reagieren sie – wie ihre Leser – auf die vorgegebenen Anforderungen.)

2.2.2.3 Der Effekt

Bei Studienbeginn fehlt vielen Erstsemestern elementares mathematisches Wissen und Können (wie etwa Termumformungen oder Bruchgleichungen). Ein schnelles Aufholen zu Studienbeginn ist für viele gänzlich unmöglich und stellt auch motivierte und mathematisch begabte Studierende vor große Probleme, denn Lernen benötigt auch Zeit und wiederholtes Üben. Die Leidtragenden sind also in erster Linie die Studienanfänger, auch wenn sie in der Schule alle Anforderungen erfüllt haben. Inzwischen existiert – im Sinn einer Diagnose und als Ansatzpunkt für Verbesserungen – ein Dialog zwischen Schul- und Hochschulvertretern; zu nennen ist insbesondere die Arbeit der COSH-Gruppe in Baden-Württemberg und der dabei entstandene Mindestanforderungskatalog [2]. Es ist besonders anzumerken, dass diese positive Entwicklung auf einer letztlich privaten Initiative von engagierten und besorgten Lehrenden beruht.

2.2.3 Service – Lehre: Ein „historisches" Beispiel

Wenn man über Zielsetzungen und didaktische Aufbereitung von Mathematik für Anwender diskutiert, ist es nicht notwendig, bei Null anzufangen. Es gibt eine ganze Reihe gelungener zielgruppengerechter Lehrbücher, die in der Vergangenheit mit Erfolg eingesetzt wurden (und es z. T. noch werden). Als Beispiel möchten wir ein Lehrbuch zur Mathematik für Ingenieure herausgreifen: In den 1990er Jahren war Meyberg/Vachenauer: Höhere Mathematik I–II [9, 10] an Technischen Universitäten wohl das am weitesten verbreitete Werk[1]; sicher war es im deutschsprachigen Raum dasjenige mit dem höchsten Anspruchsniveau.

2.2.3.1 Charakteristika

Die beiden Bände richten sich primär an Studierende des Maschinenwesens, der Elektrotechnik und der (Angewandten) Physik; diesen Disziplinen entstammen auch die meisten Anwendungsbeispiele. In der Darstellung wird gelegentlich auf Beweise verzichtet. Dort, wo sie für die intendierte Leserschaft nachvollziehbar erscheinen, werden sie aber bewusst präsentiert. „Rezepte" werden für wichtige Rechenverfahren und Algorithmen durchaus geboten. Zur Motivation und Illustration werden (reale) Anwendungen im Text und mehr noch in zahlreichen Übungsaufgaben vorgestellt. Eine Besonderheit für die Zeit der Entstehung des Buches war die Einbezie-

1 Der Transparenz halber sei erwähnt, dass der zweitgenannte Autor des vorliegenden Beitrags Schüler von K. Meyberg ist und auch am Übungsbetrieb der Höheren Mathematik an der TU München beteiligt war.

hung numerischer Algorithmen mit zugehörigen BASIC-Programmen; auch die zielgruppengerechte Darstellung der Linearen Algebra ist bemerkenswert. Im zweiten Band finden sich auch weiterführende Themen, wie etwa Variationsrechnung bis hin zu Ritz-Galerkin-Methoden.

2.2.3.2 Einige Einblicke

Um einen Eindruck zu vermitteln, betrachten wir einige Ausschnitte aus [9].

In Abb. 1 ist eine Art „Steckbriefaufgabe" zu sehen, wobei allerdings mit dem van-der-Waals-Modell eines Gases ein konkreter Anwendungsbezug hergestellt wird. Dieses Beispiel wird zur Illustration elementarer Konzepte bei Ableitungen herangezogen, wobei der Anwendungskontext nicht ausführlich erläutert wird (dies wird als Aufgabe anderer Veranstaltungen gesehen).

Abbildung 1 Kurvendiskussion und van-der-Waals-Modell

Beispiel. Die kritische Temperatur T_0, oberhalb der man ein Gas nicht mehr verflüssigen kann, wird mit der Zustandsgleichung nach VAN DER WAALS

$$\left(p + \frac{a}{V^2}\right)(V - b) = RT$$

so bestimmt, daß die Kurve

$$p = p(V) = \frac{RT_0}{V - b} - \frac{a}{V^2}$$

einen Wendepunkt mit horizontaler Tangente besitzt. Aus $p'(V) = p''(V) = 0$ ergeben sich die Bedingungen

$$\frac{RT_0}{(V-b)^2} = \frac{2a}{V^3}, \quad \frac{RT_0}{(V-b)^3} = \frac{3a}{V^4}$$

und als Lösungen das kritische Volumen $V = V_0 = 3b$ und die kritische Temperatur $T_0 = \frac{8a}{27bR}$. Daß es sich tatsächlich um einen Wendepunkt handelt, ersieht man nun aus $p'''(V_0) = -\frac{a}{81b^5} \neq 0$. □

In Abb. 2 werden Verfahren thematisiert, um über Definitheit einer reellen symmetrischen Matrix zu entscheiden; dieses Problem tritt in verschiedenen Anwendungskontexten auf. In einer Reihe von Lehrwerken (übrigens auch für Studierende der Mathematik) wird über die (wenig praktikable) Bestimmung von Eigenwerten und vielleicht noch das Hurwitzsche Minorenkriterium nicht hinausgegangen. Typisch für [9] ist die Vorstellung (mit Begründung) eines rechnerisch gut umsetzbaren und einfach zu prüfenden Kriteriums.

Abbildung 2 Ein praxistauglicher Positivitätstest

$*$ 7.4 Die nichtorthogonale Diagonalisierung einer symmetrischen Matrix. Die Hauptachsenbestimmung führt auf ein Eigenwertproblem und damit auf eine Polynomgleichung $\det(A - \lambda E) = 0$. Damit ist zwar die theoretische Kennzeichnung erledigt, jedoch ist die exakte Lösung dieser Gleichung in der Praxis oft gar nicht mit algebraischen Mitteln möglich. Man muß dann mit numerischen Näherungsverfahren arbeiten.

Die folgende nichtorthogonale Diagonalisierung kommt ohne Eigenwerte aus und ist stets mit rationalen Rechenoperationen durchführbar. Man erhält zwar nicht die Hauptachsen, jedoch ist damit bei Quadriken eine schnelle Typbestimmung und bei quadratischen Formen ein wichtiger Positivtest möglich.

Eine Vorbetrachtung: Sei $S \in \mathbb{R}^{n \times n}$ eine Elementarmatrix. Nach §4 entsteht SAS^T aus A durch die zu S gehörende elementare Zeilenumformung mit der anschließenden analogen elementaren Spaltenumformung. $A \to SAS^T$ bezeichnen wir kurz als *ZS-Umformung* („Zeilen-Spalten-Umformung").

Die Positivität einer Matrix wird nur in Ausnahmefällen durch Berechnung der Eigenwerte entschieden (man vgl. die 7.4 einleitenden Bemerkungen). Hingegen beinhaltet Satz 7.3 einen durchaus praktikablen Test:

1. Positivitätstest: Die reelle symmetrische $n \times n$-Matrix A ist genau dann positiv definit, wenn in einer (nicht notwendig orthogonalen) Diagonalisierung

$$W^T A W = \operatorname{Diag}(\alpha_1, \ldots, \alpha_n)$$

alle α_i positiv sind. □

In Abb. 3 schließlich wird in einer Übungsaufgabe zu Bezier-Flächenstücken die Brücke von der Analysis mehrerer Veränderlicher zum Computer Aided Design geschlagen. Der Praxisbezug ist für alle Leser unmittelbar einsichtig, auch wenn weitergehende Erläuterungen an dieser Stelle nicht präsentiert werden (können).

Abbildung 3 Praktische Umsetzung eines Interpolationsproblems

8. *Bezier-Flächenstücke* finden beim rechnerischen Entwurf (CAD) einer Autokarosserie Anwendung. Man setzt die Blechhaut näherungsweise aus Flächenstücken S zusammen, die jeweils durch 16 Punkte $\mathbf{r}_{kj}$, $0 \le j, k \le 3$ über die Formel

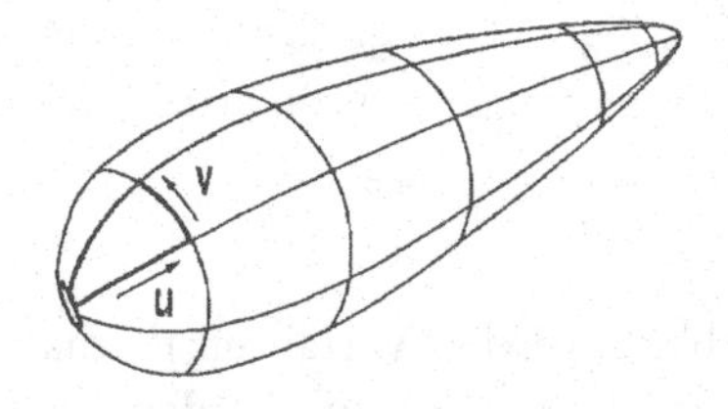

$$\mathbf{x} = \sum_{j=0}^{3} \sum_{k=0}^{3} \mathbf{r}_{kj} \binom{3}{j} \binom{3}{k} u^j (1-u)^{3-j} v^k (1-v)^{3-k}, \quad 0 \le u, v \le 1,$$

bestimmt sind (*bikubische Splines*).
Man bestätige:

a) $\mathbf{r}_{00}$, $\mathbf{r}_{03}$, $\mathbf{r}_{30}$, $\mathbf{r}_{33}$ liegen auf S.

b) Für die Flächennormale in $\mathbf{r}_{00}$ gilt:

$$\mathbf{x}_u \times \mathbf{x}_v = 9 \cdot (\mathbf{r}_{10} - \mathbf{r}_{00}) \times (\mathbf{r}_{01} - \mathbf{r}_{00}) .$$

c) Für die gemischte partielle Ableitung gilt

$$\mathbf{x}_{uv}(0,0) = 9(\mathbf{r}_{00} - \mathbf{r}_{01} - \mathbf{r}_{10} + \mathbf{r}_{11}) .$$

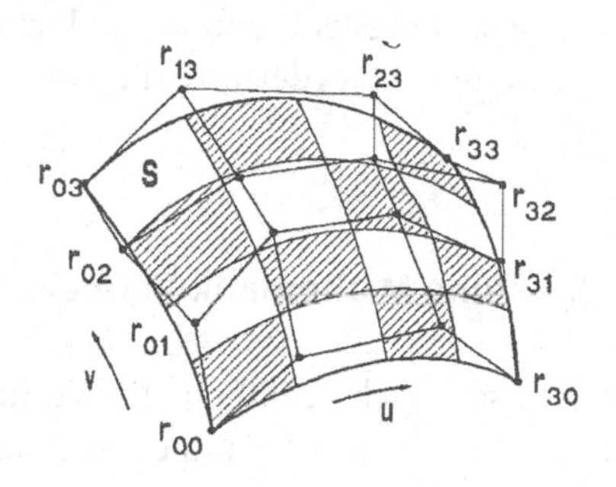

2.2.3.3 Fazit

Das Rad wurde auch in der Lehre für Ingenieurmathematik nicht nur einmal erfunden, ständige Pflege und Weiterentwicklung sind jedoch auch hier geboten. Die beiden Bände [9, 10] wurden seit etwa zehn Jahren nicht mehr wesentlich überarbeitet; als teilweise veraltet könnte man inzwischen etwa die Behandlung von Integration und Integrationstechniken bezeichnen. Insgesamt hat die Weiterentwicklung von Softwarepaketen (wie MATHEMATICA, MATLAB oder SIMULINK) die mathematische Arbeit in Ingenieurberufen geprägt und stark verändert.

Auch das oben angesprochene wegbrechende schulische Fundament stellt für den Einsatz des Buches in Anfängerveranstaltungen ein Problem dar, denn es stellt durchaus Ansprüche an die Vorkenntnisse und die Arbeitsmotivation der Leser (die sich vielfach geändert haben). Am Beispiel dieses Lehrwerks wird die allgemeine Schwierigkeit manifest, die Qualität der (Aus-)Bildung im Hochschulbereich zu erhalten. An der TU München, ca. 1990, war der Stoff von Band I und etwa der Hälfte von Band II die Grundlage und Begleitung einer viersemestrigen Veranstaltung (je 4V + 4Ü); hinzu kamen ggf. weitere Themen. Dieser Umfang und dieser Vertiefungsgrad erscheinen heutzutage nicht mehr realisierbar.

Es sind auch in jüngerer Zeit Lehrwerke zur Mathematik für Ingenieure erschienen, die anspruchsvolle Mathematik und Praxisbezug verbinden. Zu nennen ist etwa das „Mathe-Praxis-Buch“ von Härterich und Rooch [6] mit Projekten für Bachelor-Studiengänge. Jedoch zeigen auch solche gelungenen Beispiele, dass insgesamt qualitative und quantitative Abstriche in den vermittelten mathematischen Kenntnissen und Fähigkeiten wohl nicht zu vermeiden sind.

2.2.4 Anforderungen – Versuch einer Einordnung

Wir versuchen im Folgenden, Anforderungen und Ziele einer Mathematik-Serviceveranstaltung genauer zu umreißen. Sicher müssen solche Vorgaben spezifisch auf die Anwendungsdisziplin zugeschnitten sein; die Lehrenden befinden sich dabei in einem Spannungsfeld unterschiedlicher Vorstellungen und Wünsche. Wir beginnen mit einer Anforderung, die zunächst nach einem Mathematiker-Wunsch klingen mag.

2.2.4.1 Keine Mathematik-Vermeidung

Der Wunsch nach „Mathematik-Vermeidung" liegt beispielsweise folgender Email einer Biologie-Studentin (zu einer Erstsemester-Veranstaltung „Mathematik für Biologen") zu Grunde:

„Ich habe ein Problem mit der Lösungswegangabe bei den Konzentrationsberechnungen, da mir niemand sagen kann, ob ich mein Vorgehen so angeben kann, wie ich es tu oder nicht. Bei den Aufgaben, bei denen man einer Lösung destilliertes Wasser hinzugeben muss, berechne ich das Ganze folgendermaßen:

Eine Lösung A (15 %) wird so mit destilliertem Wasser verdünnt, dass man 300 ml einer 5 %igen Lösung B erhält.
15 % : 5 % = 3
300 ml : 3 = 100 ml
300 ml – 100 ml = 200 ml
Man muss 100 ml der Lösung A mit 200 ml destilliertem Wasser verdünnen, um 300 ml einer 5 %igen Lösung B zu erhalten."

Zu diagnostizieren ist hier zunächst ein (durchaus verbreiteter) „Horror vor der Variablen". In Vorlesung und Übung wurde den Studierenden nahegelegt, (etwa) das gesuchte Volumen von A mit x zu bezeichnen und dann eine Bilanzgleichung (etwa $x \cdot 15/100 = 300 \cdot 5/100$) aufzustellen. Die Studentin hat ihr Schema vermutlich aus sog. Mischungskreuzen abgeleitet.

Zu Aufgaben auf einer solch elementaren Ebene könnten Prüflinge mit entsprechendem Gedächtnis grundsätzlich für jede auftretende Situation ein „Lösungsritual" vorrätig haben. Hier trotzdem zu verlangen, dass (mit einem Zitat aus den Simpsons, siehe [11]) „the kind of math that has letters" beherrscht wird, ist kein Selbstzweck der Dozenten. Gerade solche Argumente bilden auch ein Fundament für komplexere Modelle.

Zwischen dem Wunsch (von Studierenden und manchen Anwendern) nach Rezepten und der Notwendigkeit tieferen (auch mathematischen) Verständnisses ist es nicht immer einfach, eine Balance zu finden. Primär scheint diese Balance in jedem Fach durch die eigene Tradition und Kultur bestimmt zu werden. So findet man in der Medizin eine sehr enge Anbindung an „Vorschriften", die der Reihe nach abzuarbeiten sind. In einer Disziplin wie der Physik wäre dies offensichtlich unmöglich und im Hinblick auf die Lernziele eine sicherlich fatale Strategie.

2.2.4.2 Umsetzung externer Vorgaben

Mathematik-Lehrende vermitteln in Serviceveranstaltungen Grundlagenwissen und Fertigkeiten für Anwender (Studierende wie Lehrende der Anwender-Disziplinen). Also sind Vorgaben der Anwender von hoher Wichtigkeit. Für die meisten von ihnen ist Mathematik eine Art „Höheres Werkzeug", das die Service-Mathematik letztlich bereitstellen muss.

Der Dialog mit Kolleginnen und Kollegen aus den Anwendungsfächern ist nicht immer einfach. Vorgaben und Vorstellungen sind manchmal diffus oder von individuellen Interessen geprägt. Zum Beispiel fiel in einer Diskussion über Themen (aus dem Vermessungswesen) das Zitat „Keine Folgen, aber Reihen". Für Mathematiker steht dieser Wunsch in eklatantem Widerspruch zu einem angestrebten systematischen Aufbau mathematischer Begriffe, aber es ist sinnvoll, ihn zu hinterfragen: Betrachtet man die Praxis der Anwender, so stellt man einen großen Bedarf an gewissen Orthogonalreihenentwicklungen in der Geodäsie fest; die saubere mathematische Definition des Begriffs „Reihe" ist für sie sekundär. (Andererseits ist Konvergenz gerade hier eine oft delikate Angelegenheit und hängt von der gewählten Abzählung für die Partialsummen der Doppelreihe ab.)

Ein weiteres Problem ist die Heterogenität nicht nur bei den Studierenden, sondern auch bei Dozenten der Anwendungsfächer. Insbesondere in Disziplinen wie der Biologie, die lange als relativ mathematikfern galten, reichen die Wünsche von „kaum Mathematik" bis zum Kanon einer kompletten Ingenieurmathematik. Explizit wird oft auch Nachhilfe für Schuldefizite eingefordert (Stichwort „Mathematik im Labor"); dies kann schon deshalb nicht verweigert werden, weil der Bedarf offensichtlich ist.

Auch dass die Kolleginnen und Kollegen aus den Anwendungsfächern meist wenig Interesse an mathematischen Zusammenhängen zeigen, muss bei Planungen mit einbezogen werden.

2.2.4.3 Kompetenzen

Inzwischen löst der Begriff „Kompetenz" bei vielen Vertretern der Hochschulmathematik negative Reaktionen aus, weil er sofort die Assoziation zu gewissen schulischen Kerncurricula („Vermitteln", „Werkzeuge" etc.) weckt. Wir versuchen trotzdem (ausgehend von einer naiven Definition als verfügbare oder erlernbare Fähigkeiten und Fertigkeiten, um bestimmte Probleme zu lösen), Kompetenzen für Mathematik-Anwender zu formulieren. Dieser Arbeitsdefinition fehlt – das ist eine offensichtliche Schwäche – eine fachspezifische Konkretisierung, was wir hier bewusst in Kauf nehmen.

Modellierungskompetenz. Die Studierenden setzen mathematische Methoden und Verfahren zur Beschreibung und Analyse von Phänomenen in ihrer Kerndisziplin ein. Sie verstehen die Möglichkeiten und Grenzen der Mathematik in ihrem Anwendungsbereich und sind in der Lage, den Einfluss von Modellannahmen kritisch zu beurteilen.

Mathematisch-handwerkliche Grundkompetenz. Die Studierenden können mathematische Begriffe, Objekte und Regeln, welche für die Behandlung der Modelle nötig sind, sicher, verständig und zielorientiert handhaben. Sie sind insbesondere in der Lage, im Anwendungskontext mathematische Routineaufgaben zu identifizieren und zielgerichtet auszuführen, sowie einschlägige Software einzusetzen.

Beispiele. Wir wollen dies an zwei Beispielen erläutern. Diese machen auch deutlich, dass beide Teile der Arbeitsdefinition miteinander verwoben sind. Eine Trennung wäre gerade im Hinblick auf Anwendungen widersinnig.

- Beim geradlinigen elastischen Stoß liegen Impuls- und Energieerhaltung vor:

$$m_1 V_1 + m_2 V_2 = m_1 v_1 + m_2 v_2$$

$$\frac{1}{2} m_1 V_1^2 + \frac{1}{2} m_2 V_2^2 = \frac{1}{2} m_1 v_1^2 + \frac{1}{2} m_2 v_2^2$$

Dies erlaubt z. B. bei bekannten Massen die Endgeschwindigkeiten v_1 und v_2 aus den Anfangsgeschwindigkeiten zu bestimmen. Dies ist jedoch weder die einzige Möglichkeit noch die einzige relevante Frage. Zudem sollten Physiker und Ingenieure auch einen Stoß mit Energieverlust diskutieren können, etwa in der Formulierung

$$m_1 V_1 + m_2 V_2 = m_1 v_1 + m_2 v_2$$

$$\frac{1}{2} m_1 V_1^2 + \frac{1}{2} m_2 V_2^2 = q \cdot \left(\frac{1}{2} m_1 v_1^2 + \frac{1}{2} m_2 v_2^2\right)$$

wobei $0 < q \leq 1$ den verbliebenen Anteil der kinetischen Energie nach dem Stoß angibt. Fundamental ist hier die Fähigkeit, der Fragestellung entsprechend zielgerichtete Termumformungen auszuführen. So könnte sich etwa auch die Frage (bei je bekannten anderen Größen) nach den Massen m_1, m_2 stellen.

- Bei der Zinsformel

$$K_n = K_{n-1} q + Z_n = \cdots = K_0 q^n + \sum_{k=1}^{n} Z_k q^{n-k}$$

ist einerseits Lese- und andererseits Interpretationsfähigkeit vonnöten. Zudem sollten in Spezialfällen (etwa $Z_k = Z$ unabhängig von k) Vereinfachungsmöglichkeiten gesehen und vorgenommen werden können.

2.2.4.4 Wozu mathematische Abstraktion und Theorie?

Abstraktion und theoretische Konzepte werden von Anwendern nicht per se akzeptiert. Sie sind aber sehr wohl in Anwendungskontexten relevant, denn wo eine „exakte" Modellierung nicht möglich oder nicht praktikabel ist, oder wo inhaltliche Argumentation nicht ausreicht, muss mathematische Theorie eingreifen.

Als einfaches Beispiel betrachten wir einen Transportprozess: Ein Gefäß wird durch eine Membran in zwei (gleich große) Volumina aufgeteilt; in beiden befindet sich gelöst eine Substanz, welche durch die Membran diffundiert (siehe Abb. 4). Die Konzentration in jedem Teilvolumen wird homogen gehalten. In Ermangelung weitergehenden Wissens über den Ablauf des Transportprozesses kann man wie folgt vorgehen:

- Grundlegende Modellannahme: Die Transportrate ist eine hinreichend glatte Funktion f der Konzentrationsdifferenz; somit werden folgende Gleichungen unterstellt:

$$\dot{c}_1 = f(c_1 - c_2)$$
$$\dot{c}_2 = f(c_2 - c_1)$$

- Mit $f(0) = 0$ und einer Taylor-Entwicklung ergibt sich die lineare Approximation $f(x) \approx -k \cdot x$ (wobei $k > 0$).
- Durch Anwendung von Abhängigkeitssätzen für gewöhnliche Differentialgleichungen erhält man näherungsweise das lineare Differentialgleichungssystem:

$$\dot{c}_1 = -k(c_1 - c_2)$$
$$\dot{c}_2 = -k(c_2 - c_1)$$

Kombiniert man die (elementare) Lösung dieser Gleichung mit Messergebnissen, so lassen sich die getroffenen Annahmen im günstigen Fall a posteriori rechtfertigen; überdies ist die Ratenkonstante k bestimmbar, was in der Folge Prognosen erlaubt. Dies ist nur ein Beispiel, wie die Kombination von Theorie und Experiment zur Erkenntnisgewinnung beiträgt; die Vorgehensweise gehört zum Alltag vieler Naturwissenschaftler und Ingenieure und sollte im Grunde allen Anwendern bekannt und bewusst sein.

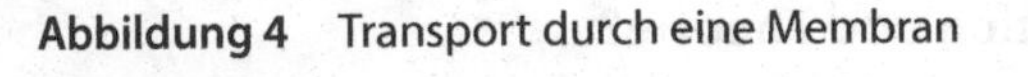
Abbildung 4 Transport durch eine Membran

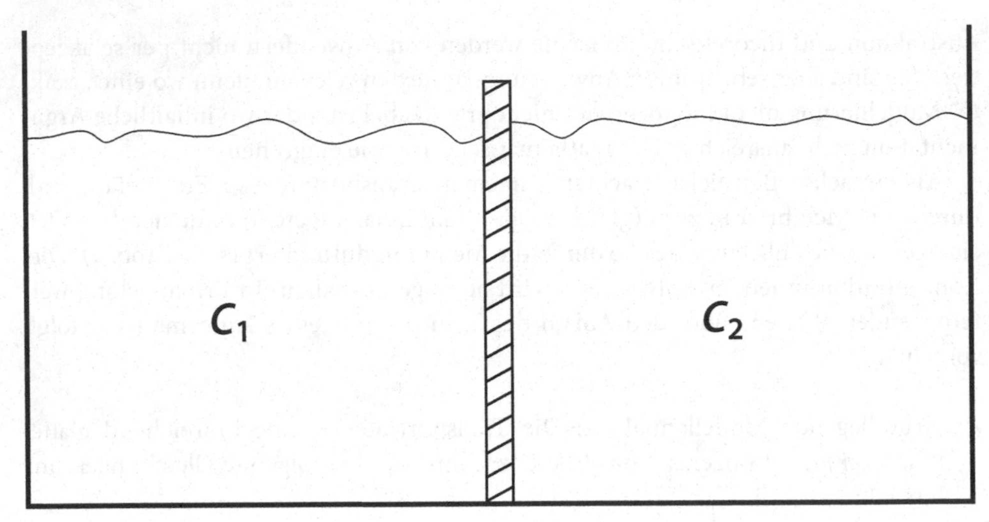

2.2.4.5 Beweise und Begründungen – wo und wie?

Beweise und Begründungen stoßen bei Anwendern oft auf wenig Zustimmung und werden vielfach als überflüssiges, verzichtbares Beiwerk empfunden. Uns erscheinen (wiederum abhängig von der Zielgruppe) Beweise und Begründungen generell sinnvoll, schon um die Mathematik nicht als eine zusammenhanglose Kollektion von Fakten und Faktoiden darstellen zu müssen. Bei der Frage nach dem „Was und Wie" kann etwa die Geschichte als Leitlinie dienen: Beweise, die auch Mathematikern über lange Zeit nicht sauber gelangen (man könnte an den Zwischenwertsatz denken), sind vermutlich wenig geeignet, das Verständnis bei Anwendern zu fördern. Ähnliches gilt für technisch aufwendige Argumente. Andererseits ist starke Anwendungsrelevanz ein Motiv, einen Beweis mit aufzunehmen. Zudem bilden Beweise oft eine Grundlage für algorithmische Lösungsverfahren; sie leisten somit einen Beitrag zum Verständnis und zur Konstruktion solcher Verfahren.

Wir nehmen eine Grobeinteilung von mathematischen Aussagen in vier Klassen vor, wobei an Ingenieure als Anwender gedacht ist.

- „Fakten", die man glauben kann. Beispiel: Potenzreihen darf man gliedweise ableiten.
- Ein Plausibilitätsargument erscheint angemessen. Beispiel: Der Mittelwertsatz der Differentialrechnung lässt sich etwa mit dem Hinweis plausibel machen, dass bei einer einstündigen Autofahrt, bei der man 60 km zurücklegt, der Tacho mindestens einmal 60 km/h anzeigen muss. (Der mathematische Wert dieses Arguments

ist natürlich sehr begrenzt, aber ein korrekter Beweis ist intuitiv kaum nachvollziehbar.)

- Eine Begründung kann und sollte gegeben werden. Beispiel: *Die Eulersche Formel* $\exp(ix) = \cos x + i \sin x$
  Falls die Exponentialfunktionen und die trigonometrischen Funktionen unabhängig voneinander eingeführt wurden, bietet sich die Betrachtung von Taylor-Reihen an.
- Der Beweis ist entscheidend für die Anwendung und Umsetzung des Resultats. Beispiel: Gauß-, euklidischer und andere Algorithmen. Hier könnte man sagen, dass der Beweis und die explizite Durchführung des Algorithmus zwei Seiten derselben Medaille sind. Darüber hinaus sollte aber z. B. betont werden, dass sich bei elementaren Zeilenumformungen die Lösungsmenge eines linearen Gleichungssystems nicht ändert.

2.2.5 Fallbeispiele

In diesem Abschnitt sollen einige Probleme der Servicelehre angerissen werden, für die es nach Ansicht der Autoren keine wirklich befriedigende Lösung gibt.

2.2.5.1 Dilemma: Je schwieriger, desto wichtiger

Einige mathematische Disziplinen sind durch gleichermaßen hohe Anwendungsrelevanz und hohen Schwierigkeitsgrad gekennzeichnet. Diese – für Mathematiker im Grunde erfreuliche – Tatsache stellt für Lehrende im Servicebereich ein ernsthaftes Problem dar.

Betrachten wir als Beispiel grundlegende Wahrscheinlichkeitsbegriffe, speziell in ihrer Bedeutung für Biologen oder Mediziner, also Gruppen mit vergleichsweise geringen Mathematikkenntnissen. Laplace-Wahrscheinlichkeit und frequentistischer Wahrscheinlichkeitsbegriff sind wohl den meisten Studierenden und Praktikern bekannt, und sie stellen auch eine wichtige Grundlage für das Verständnis des Wahrscheinlichkeitsbegriffes dar.

Für viele der Anwendungen (nicht nur in Biologie oder Medizin) ist der auf diesen Ansätzen beruhende Wahrscheinlichkeitsbegriff jedoch wenig geeignet. Für die Beurteilung der Erfolgswahrscheinlichkeit einer medizinischen Behandlung stehen in der Praxis so gut wie nie beliebig wiederholbare, unabhängige Experimente zur Verfügung. Angaben solcher Erfolgswahrscheinlichkeiten beruhen – wie bei vielen anderen praktischen Problemen auch – auf einem subjektiven Wahrscheinlichkeitsbegriff, bei dem Wahrscheinlichkeit quasi als eine auf bestimmte Weise ermittelte Expertenmeinung interpretiert wird. Diese Interpretation wirft allerdings ihrerseits tiefliegende Fragen auf und muss ebenfalls sorgfältig diskutiert werden.

Charakteristisch für dieses Beispiel ist das Zusammentreffen von Schwierigkeiten mit dem mathematischen Formalismus und der Interpretation im Anwendungskontext. Gerade Medizinern sollte aber bewusst sein, was die Angabe der Erfolgswahrscheinlichkeit einer Behandlung für einen einzelnen ihrer Patienten bedeutet. Mit Blick auf die Anwendungsrelevanz bleibt den Lehrenden daher auch nicht die Option, dieses Thema auszulassen.

2.2.5.2 Dilemma: Wann ist genug gesagt und getan?

Betrachten wir drei Gleichungen zur Illustration.

$$\sin x = \frac{1}{2}$$

$$\sin x = -2$$

$$\sin x = x \cdot \cos x$$

Alle Wi(M)INT-Studierenden sollten bei der Frage nach Lösungen von Gleichungen Verständnis über „Lösungsformeldenken“ und auch über „Maschinendenken“ hinaus erwerben. Grundlegend ist auch die Interpretation von Gleichungslösungen als Nullstellen von Funktionen. Damit lassen sich die ersten beiden Beispiele adäquat behandeln. Das dritte Beispiel (das bei gewissen Randwertproblemen auftritt) erfordert aus der Anwenderperspektive im Grunde auch eine Diskussion der Asymptotik der (positiven) Nullstellen. Erinnert man sich an die Metapher von Mathematik als Höherem Werkzeug, so lässt sich für die Lehre nie definitiv sagen, wann der Werkzeugkasten ausreichend bestückt ist. Anwendern muss im Grunde auch die Fähigkeit mitgegeben werden, zu hinterfragen, ob die Werkzeuge ausreichen und dann ggf. Spezialisten hinzuzuziehen oder den Umgang mit neuen Werkzeugen selbst zu erlernen.

2.2.5.3 Dilemma: Abstraktes ohne „handfeste“ Grundlage?

Dies stellt ein übergreifendes Dilemma dar, das wir an Hand des klassischen Themas „Integrationstechniken“ betrachten wollen. Grundlegende Techniken sind, beruhend auf einem Fundus bekannter Stammfunktionen, Substitution und partielle Integration. Lange Zeit (ca. bis Ende des vorigen Jahrtausends) war die „händische“ Berechnung von Stammfunktionen Bestandteil des Arbeitsalltags vieler Ingenieure; zudem war das Thema auch ein wesentlicher Bestandteil in Höhere-Mathematik-Veranstaltungen und Prüfungen. Inzwischen können Systeme wie MATHEMATICA oder MAPLE die Berechnung von Integralen (meist) viel besser und schneller als Menschen; insofern ist diese Technik in ihrer Bedeutung gesunken. Aber Integrationstechniken sind nach wie vor wichtig für Arbeiten auf „höherer“ Ebene.

Beispiel (Energiesatz). Ein Teilchen in einem eindimensionalen Potential U genügt der Bewegungsgleichung

$$\ddot{q} + U'(q) = 0$$

Mit einem kleinen Trick (Multiplikation mit $\dot{q}$ und Integration unter Benutzung der Substitutionsregel erhält man hieraus die Gleichung

$$\dot{q}\ddot{q} + U'(q)\dot{q} = 0 \Rightarrow \frac{1}{2}\dot{q}^2 + U(q) = \text{const.},$$

also Energieerhaltung.

Beispiel: Das Standard-Variationsproblem bei festgehaltenen Endpunkten ergibt für die Lagrange-Funktion L die Gleichung

$$\frac{d}{d\varepsilon}\left(\int_a^b \mathcal{L}(q + \varepsilon v, \dot{q} + \varepsilon \dot{v})dt\right)\bigg|_{\varepsilon=0} = 0$$

und mit etwas Rechnen erhält man daraus die Gleichung

$$\int_a^b \left(\frac{\partial \mathcal{L}}{\partial q} \cdot v + \frac{\partial \mathcal{L}}{\partial \dot{q}} \cdot \dot{v}\right) dt = 0$$

Hier ist der zweite Term mit Hilfe partieller Integration umzuformen. Mit weiterer Arbeit resultieren schließlich die Euler-Lagrange-Gleichungen. Der Punkt ist auch hier, dass nicht nur das Ergebnis wichtig ist, sondern (für dieses und eine Reihe von verwandten Problemen) die Herleitung an sich. Wiederum wäre es wenig sinnvoll, eine Liste aller möglichen Varianten präsentieren zu wollen.

Die Beispiele werfen die Frage auf, ob der Umgang mit mathematischen Begriffen und Objekten auf abstraktem Niveau möglich ist, ohne vorher Erfahrung mit elementaren Beispielen erworben zu haben. Für wenige Studierende ist dies sicherlich zutreffend, wobei auch dies eine interessante Frage für empirische Untersuchungen wäre. Die anekdotische Evidenz aus unserer Erfahrung besagt allerdings, dass dies für den Großteil nicht funktioniert.

2.2.6 Schlusswort

Dieser Beitrag enthält, wie schon angekündigt, mehr Fragen als Antworten. Nach Ansicht der Autoren gibt es in diesem Bereich kaum Patentrezepte, und wenn solche offeriert werden, gebietet die Erfahrung mit Schulcurricula in den letzten Jahren große Vorsicht.

Die Lehrenden agieren in einem Spannungsfeld, das von unterschiedlichen, teils widersprüchlichen Vorgaben und Einschränkungen geprägt ist:

- Gesellschaftliche und politische Vorgaben. Hier sind die Steigerung des Abiturientenanteils und der Ruf nach qualifizierten Wi(M)INT-Hochschulabsolventen zu nennen.
- Anforderungen der Studierenden. Hier scheint uns die Differenzierung zwischen kurzfristigen (Bestehen von Prüfungen) und langfristigen Zielen (Nachhaltigkeit der Ausbildung) wichtig zu sein.
- Anforderungen der „Abnehmer", wobei unmittelbare (Anwendungsfächer an den Hochschulen) und mittelbare Abnehmer (Wirtschaft, Industrie) zu unterscheiden sind.

Schließlich sind aber auch die eigenen Ziele und Vorstellungen der Lehrenden von Bedeutung. Wenn Mathematiker die Servicelehre als Aufgabe übernehmen wollen (auch andere Bestrebungen sind zu beobachten), dann sollten sie auch den Beleg liefern, dass sie dafür tatsächlich die Besten sind. Die Voraussetzungen sind nach wie vor gegeben. Darum ist ein Dialog zwischen Anbieter und Abnehmer nach unserer Einschätzung ein wesentliches Element, um eine erfolgreiche, angemessene und nachhaltige Lehre realisieren zu können.

Literaturverzeichnis

[1] Bausch, I., Biehler, R., Bruder, R., Fischer, P. R., Hochmuth, R., Koepf, W., Schreiber, S., Wassong, T.: Mathematische Vor- und Brückenkurse. Springer Spektrum (2015)

[2] COSH: Mindestanforderungskatalog Mathematik (Version 2.0) der Hochschulen Baden-Württembergs für ein Studium von WiMINT-Fächern (Wirtschaft, Mathematik, Informatik, Naturwissenschaft und Technik). Ergebnis einer Tagung vom 05. 07. 2012 und einer Tagung vom 24.–26. 02. 2014. http://lehrerfortbildung-bw.de/bs/bsa/bk/bk mathe/cosh neu/katalog/makv20b ohne leerseiten.pdf

[3] Cramer, E.,Walcher, S.,Wittich, O.: Studierfähigkeit im Fach Mathematik: Anmerkungen zu einem vernachlässigten Thema. In: Lin-Klitzing, S., Di Fuccia, D., Stengl-Jörns, R. (Hrsg.): Abitur und Studierfähigkeit. Ein interdisziplinärer Dialog, pp. 163–182. Verlag Julius Klinkhardt, Bad Heilbrunn (2014)

[4] Cramer, E., Walcher, S., Wittich, O.: Mathematik und die „INT"-Fächer. In: Roth, J., Bauer, T., Koch, H., Prediger, S. (Hrsg.): Übergänge konstruktiv gestalten. Ansätze für eine zielgruppenspezifische Hochschuldidaktik Mathematik, pp. 51–68. Springer Spektrum (2015)

[5] Gruber, H., Neumann, R.: TI-Nspire™ CX CAS von der Sek I bis zum Abitur. Freiburger Verlag, Freiburg (2013)

[6] Härterich, J., Rooch, A.: Das Mathe-Praxis-Buch. Wie Ingenieure Mathematik anwenden – Projekte für die Bachelor-Phase. Springer Vieweg, Berlin (2014)
[7] Kampa, N., Leucht, M., Köller, O.: Mathematische Kompetenzen in unterschiedlichen Profilen der gymnasialen Oberstufe. Preprint, 43 pp. (2015). http://www.ipn.uni-kiel.de/de/dasipn/nachrichten/20140930_zfe_ms.pdf
[8] Kühnel, W.: Modellierungskompetenz und Problemlösekompetenz im Hamburger Zentralabitur zur Mathematik. Math. Semesterber. 1 (2015); DOI: 10.1007/s00591-015-0145-9
[9] Meyberg, K., Vachenauer, P.: Höhere Mathematik I. 6. Auflage. Springer, Heidelberg (2003)
[10] Meyberg, K., Vachenauer, P.: Höhere Mathematik II. 4. Auflage. Springer, Heidelberg (2003)
[11] Singh, S.: The Simpsons and their mathematical secrets. Bloomsbury, London (2013)
[12] Winter, H.: Entdeckendes Lernen im Mathematikunterricht. Zweite, verbesserte Auflage. Vieweg, Braunschweig (1991)

2.3 Onlineplattformen basierend auf dem COSH-Mindestanforderungskatalog

Daniel Haase, Mint-Kolleg Karlsruhe

2.3.1 Erfahrungen am MINT-Kolleg Baden-Württemberg mit Studienanfängern im Onlineassessment

Einer starken Nachfrage an Absolventen im MINT-Bereich seitens Industrie und Wirtschaft steht eine hohe Abbruchquote sowohl an Universitäten wie auch Hochschulen in den MINT-Studienfächern gegenüber. Als eine zentrale Ursache für Studienabbrüche gerade in den ersten Semestern wird die zunehmende inhaltliche, konzeptionelle und didaktische Diskrepanz zwischen dem Mathematikunterricht an der Schule und den Mathematikvorlesungen im Studiengang gesehen. Dazu kommt, dass weniger als die Hälfte der Hochschulzugangsberechtigungen in Baden-Württemberg über das allgemeinbildende Abitur vergeben werden und Hochschulen aber auch Universitäten einen größer werdenden Anteil Studierender versorgen müssen, die ihre mathematischen Fähigkeiten in der Haupt-/Realschule, der Ausbildung und einem Berufskolleg mit geringerer Gesamtanzahl an Mathematikstunden als im allgemeinbildenden Abitur erhalten haben. Dabei mangelt es bei Studienanfängern neben fachlichem Wissen vor allem an praktischen Fähigkeiten, beispielsweise Rechenfähigkeiten ohne Einsatz eines graphischen Taschenrechners oder der Fähigkeit zum sorgfältigen Aufschreiben einer Rechnung.

An den Hochschulen und Universitäten in Deutschland sind in den letzten Jahrzehnten zahlreiche Maßnahmen eingerichtet worden, um die Einstiegsprobleme der Studienanfänger zu beheben oder zu mildern. Das MINT-Kolleg Baden-Württemberg ist dazu als eine gemeinsame Einrichtung des Karlsruher Instituts für Technologie und der Universität Stuttgart mit dem Ziel gegründet worden, die Erfolgsquoten in den MINT-Studiengängen (Mathematik, Informatik, Naturwissenschaften, Technik) durch propädeutische und studienbegleitende Kurs- und Onlineangebote zu reduzieren. Das Angebot des MINT-Kollegs besteht dabei aus einem Online-Assessmenttest, kombinierbaren Vorkursen über die MINT-Fächer sowie studienvorbereitenden und studienbegleitenden Präsenzkursen.

Im Rahmen des von der Landesregierung Baden-Württembergs eingerichteten Programms „Studienmodelle individueller Geschwindigkeit" erhalten die Studierenden bei nachgewiesener regelmäßiger Teilnahme an den Präsenzkursen eine Verlängerung der Prüfungsfristen in der Orientierungsphase des Bachelorstudiums. Für das Programm des MINT-Kollegs ist dabei wesentlich, dass Studierende sehr frühzeitig, idealerweise schon vor Beginn des Studiums, über mögliche Defizite und die passenden Angebote des MINT-Kollegs informiert werden, so dass diese rechtzeitig wahrgenommen werden. Studienanfänger in Baden-Württemberg müssen vor der Einschreibung in einen Studiengang nachweisen, dass sie sich über den angestrebten Studiengang sowie über ihre Neigungen informiert haben. In der Regel bearbeiten Anfänger dazu den Orientierungstest unter www.was-studiere-ich.de oder nehmen Beratungsangebote vor Ort an.

Beratung und Orientierungstest prüfen in der Regel Neigungen sowie Berufswünsche und ggf. schulische Voraussetzungen für den Beginn eines Studiums ab, die tatsächlichen fachlichen und praktischen Fähigkeiten, insbesondere im Fach Mathematik, werden jedoch meist nicht untersucht oder abgeklärt. Eine rechtzeitige Information z. B. über die semestervorbereitenden Kurse des MINT-Kollegs im Sommer ist dann nicht mehr möglich und Einzelmaßnahmen wie Kompaktvorkurse vor Studienbeginn reichen in der Regel nicht aus, um adäquat auf das Studium vorzubereiten. Am MINT-Kolleg wurde daher ein stark ausdifferenziertes Angebot entwickelt, um vor und während des Studiums Wissenslücken zu schließen und die praktischen rechnerischen Fähigkeiten zu vermitteln:

Abbildung 1 Vereinfachte Struktur des Angebots am MINT-Kolleg Baden-Württemberg

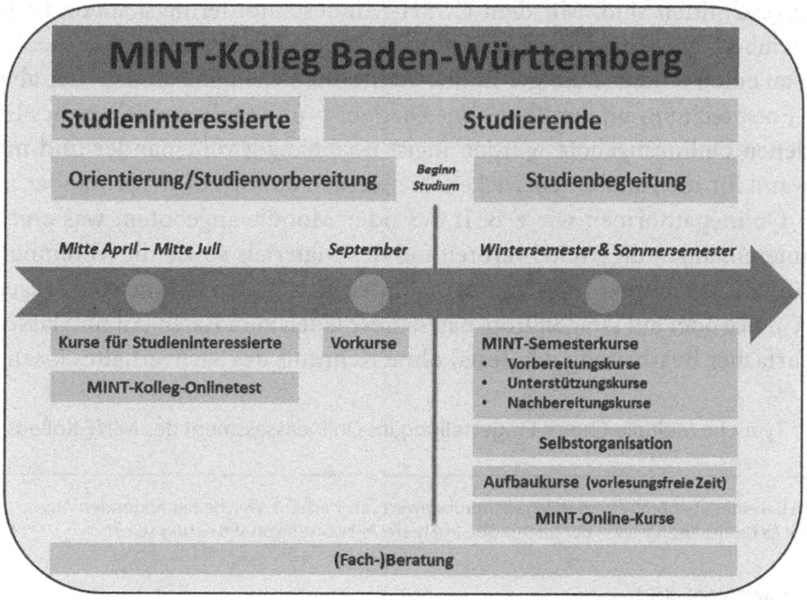

Um die Teilnehmer möglichst gezielt in die verschiedenen Angebote einordnen zu können, ist am MINT-Kolleg seit Mitte 2011 ein Onlineassessment öffentlich freigeschaltet, das im Rahmen eines 90-Minütigen Onlinetests die fachlichen und praktischen Fähigkeiten in den MINT-Bereichen abprüft und als Grundlage für eine Beratung oder für die Einordnung in ein MINT-Programm dient. Die Ergebnisse des Assessments lassen eine genaue Einschätzung der Fähigkeiten des Teilnehmers zu, dabei werden diese mit dem Mittel der Erfolgsquoten des Assessments verglichen:

Tabelle 1 Mittelwerte (nur Auszug) der Erfolgsquoten des MINT-Onlineassessments 2011–2014.

Umgang mit der Betragsfunktion:	50.9 %
Umgang mit Fakultätsfunktion:	61.1 %
Anwenden der Produktregel	62.7 %
Punkte auf einer Parabel finden	63.9 %
Parabelwerte abschätzen	64.9 %
Deckungsgleiche Dreiecke	71.3 %
Geraden in der Ebene	72.6 %
Bruchrechnung	76.6 %

Es gibt an den Hochschulen in Baden-Württemberg zahlreiche analoge Onlineangebote, die jedoch in der Regel auf das Vorkursprogramm bzw. die Vorlesungsinhalte vor Ort zugeschnitten sind. Mit dem COSH-Mindestanforderungskatalog ist in Baden-Württemberg ein schul- und hochschulübergreifender Konsens über die Anforderungen an einen Studienanfänger in den WiMI-Bereichen entstanden, der aber bisher keine Entsprechung auf der Ebene der Diagnose- und Onlineangebote besitzt. Die vorhandenen Onlineangebote wurden meist unabhängig voneinander und mit hohem Aufwand für die Autoren entwickelt. Sie werden auf diversen zueinander inkompatiblen Onlinepattformen wie z. B. ILIAS oder Moodle angeboten, was einen Austausch untereinander, die Weiterverbreitung des Materials sowie die Vereinheitlichung der Inhalte erschwert. Typischerweise finden sich in den Onlinetests Fragen als Multiple Choice oder auf Drag&Drop-Basis, diese laden zum Raten ein und lassen sich (bei mehrfacher Bearbeitung des Tests) ohne Kenntnis des Sachverhaltes lösen:

Abbildung 2 Typische Multiple Choice Fragestellung im Onlineassessment des MINT-Kollegs

Angenommen bei einer Stichprobe wird jeder Stichprobenwert um 1 erhöht. Welche der folgenden Auswirkungen gibt es für die Kenngrößen der Stichprobe (mehrere Antworten können richtig sein)?

- ☐ Der Mittelwert bleibt gleich.
- ☐ Der Mittelwert wird größer.
- ☐ Der Mittelwert wird kleiner.
- ☐ Die Varianz bleibt gleich.
- ☐ Die Varianz wird größer.
- ☐ Die Varianz wird kleiner.

Viele dieser Angebote sind zudem im Rahmen zeitlich befristeter Projekte entstanden, nach Auslaufen der Projekte sind neben den betroffenen Angeboten auch die Materialien (und damit die von den Autoren geleistete Arbeit) in der Regel verloren.

2.3.2 Vorstellung der technischen Möglichkeiten mit dem Plattformsystem des Projekts VE&MINT

Um die beschriebenen technischen und konzeptionellen Probleme zu beheben, hat das MINT-Kolleg Baden-Württemberg zusammen mit den Universitäten Darmstadt, Berlin, Hannover, Kassel, Lüneburg und Paderborn das Projekt VE&MINT (www.ve-und-mint.de) gegründet mit dem Ziel, mathematische Inhalte für Onlineangebote unter einer Creative Common License sowie plattformunabhängige Entwicklungssoftware unter einer offenen Lizenz zu erstellen.

Während das Hauptziel des Projekts in der Erstellung eines bundesweiten Onlinebrückenkurses Mathematik in Kooperation mit TU9 e. V. liegt, lassen sich mit Hilfe der Software auch plattformunabhängige diagnostische Tests entwickeln. Bei der Entwicklung des Systems wurde Wert darauf gelegt, dass die erstellten Onlineinhalte möglichst nahe an der praktischen Rechnung im tatsächlichen Unterricht sind. Mit Hilfe des Systems erstellte Onlinemodule enthalten daher Fragen, die

- eine assistierte Eingabe von mathematischen Ausdrücken erlauben anstelle der Auswahl von Multiple-Choice Feldern,
- sofortige und kommentierte Rückmeldungen zu gemachten Fehlern geben können.

Abbildung 3 Lösungen können in CAS-ähnlicher Notation eingegeben werden, der Teilnehmer erhält hilfreiche Kommentare zur Eingabe oder Fehlerhinweise

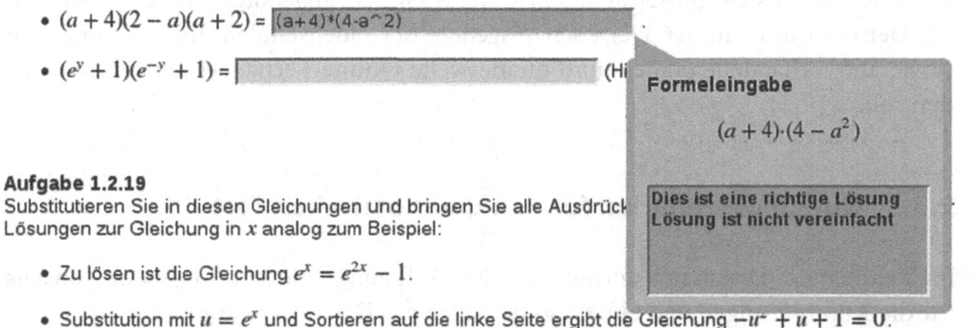

Aufgabe 1.2.18
Multiplizieren Sie diese Terme vollständig aus und fassen Sie zusammen:
$(a + 4)(2 - a)(a + 2)$ = (a+4)*(4-a^2)
$(e^y + 1)(e^{-y} + 1)$ =
Formeleingabe
$(a + 4)\cdot(4 - a^2)$
Dies ist eine richtige Lösung
Lösung ist nicht vereinfacht
Aufgabe 1.2.19
Substitutieren Sie in diesen Gleichungen und bringen Sie alle
Lösungen zur Gleichung in x analog zum Beispiel:
Zu lösen ist die Gleichung $e^x = e^{2x} - 1$.
Substitution mit $u = e^x$ und Sortieren auf die linke Seite ergibt die

Dabei sind die erstellten Inhalte plattformunabhängig und können sowohl in den üblichen Lernplattformen (ILIAS, Moodle, OLAT etc.) eingestellt, aber beispielsweise auch über einen einfachen Webserver oder eine CD angeboten werden. Die Quelltexte für die Inhalte werden dazu in der plattformunabhängigen Textsatzsprache LaTeX erstellt. Die erste Frage aus Abbildung 3 wird im Quelltext beispielsweise durch diesen Text erzeugt:

```
\begin{MExercise}
Multiplizieren Sie diese Terme vollständig aus und fassen Sie
zusammen:
    \MSimplifyQuestion{30}{-a^3-4*a^2+4*a+4}{5}{a}{5}{1}
\end{MExercise}
```

Dabei stellt der Autor über die Parameter im Befehl `MSimplifyQuestion` die Aufgabenform (Anzahl Eingabezeichen, Art der Frage, Anzahl Variablen) sowie den Bewertungsmodus im Test ein (welche Vereinfachungen sind erlaubt, mit welcher Genauigkeit wird die Lösung geprüft, was ist die Musterlösung etc.). Im Onlinetest wird die Eingabe des Benutzers dabei syntaktisch analysiert und dem Benutzer ggf. eine Hilfestellung wie in Abbildung 3 eingeblendet.

Das System verwendet eine semialgebraische Erkennung der Ausdrücke, d.h. der Benutzer kann die Frage nach der Faktorisierung von $x^2 - 1$ beispielsweise mit $(x - 1) * (x + 1)$ oder $-(1 + x) * (1 - x)$ richtig beantworten.

Vom Autor der Fragen bzw. Onlineinhalte wird dabei vorausgesetzt, dass er das Textsatzsystem LaTeX beherrscht. Andererseits liegen die meisten Unterlagen (Skripte, Aufgabenblätter oder ähnliches) an den Hochschulen und Universitäten im Fachbereich Mathematik schon in dieser Form vor und können nach leichten Anpassungen direkt in das System gegeben und in Onlinemodule umgesetzt werden.

Das MINT-Kolleg Baden-Württemberg hat auf dieser Tagung vorgeschlagen, eine Onlineversion des COSH-Mindestanforderungskatalogs sowie darauf basierende diagnostische Tests mit Hilfe der VE&MINT-Software zu erstellen und frei zur Verfügung zu stellen. Es hat sich ein Konsens ergeben, dass die Fragen des COSH-Katalogs in dieser Form als Diagnosetest in Baden-Württemberg angeboten werden sollen und bei Defiziten in neutraler Weise auf Angebote der Hochschulen und Universitäten sowie auf vorhandene landes- und bundesweite Online-Lernangebote verlinkt werden soll.

2.3.3 Nutzungsszenarien für den diagnostischen Test

Im Rahmen des Diskussionsforums der COSH-Tagung fand sich folgender Konsens für die Anforderungen und Nutzungsszenarien der Diagnoseplattform:

- Es soll klar getrennt werden zwischen dem COSH-Mindestanforderungskatalog und den in den Tests auftretenden Aufgaben. Der diagnostische Test soll primär eine Testplattform und keine Lernplattform sein.
- Auf der Plattform werden die Aufgaben in drei Ebenen angeboten: Die Originalaufgaben des COSH-Katalogs in einer Onlineversion mit Musterlösung, ausdifferenzierte Tests über jeweils 45 Minuten (zusammengestellt aus den COSH-Aufgaben oder leichten Variationen davon) getrennt nach Nutzungsszenarien (je ein Test zu einer übergreifenden Kompetenz aus dem Katalog, dazu spezialisierte Tests über den gesamten Katalog inklusive reduzierter Tests z.B. für Berufskollegiaten), sowie eine Aufgabensammlung für den Austausch von Aufgaben der Standorte untereinander, die aber nicht in den öffentlich angebotenen Tests erscheinen.
- Die Bedeutung der Sternchen-Notation im COSH-Katalog soll an die Teilnehmer kommuniziert werden, ggf. werden solche Fragen in den spezialisierten Tests ausgenommen.

- Zeit- und Schwierigkeitsgewichte der einzelnen Fragen sollen zunächst durch geschätzte Werte, später aber durch Erfahrungswerte eingestellt werden.
- Die Diagnoseplattform soll einen Feedbackkanal für Lehrer sowie Hochschulen/Universitäten erhalten mit der Bitte um freiwillige Rückmeldungen und ggf. Mini-Evaluationen seitens der teilnehmenden Einrichtungen.
- Die Plattform soll frei zugänglich sein, auch für Studieninteressierte, die noch keinen Standort für ihr Studium gewählt haben oder noch an der Schule sind.
- Das Alleinstellungsmerkmal der Diagnoseplattform ist die Basierung der Fragen auf dem durch den COSH-Mindestanforderungskatalog hergestellten Konsens der Hochschulen und Universitäten in Baden-Württemberg. Sie soll in dieser Form beworben und in die Beratungs- und Entscheidungsstellen der Standorte eingebracht werden.
- Die Diagnoseplattform ist eine reine Testplattform und bietet keine Lerninhalte (außer der Originalfassung des COSH-Mindestanforderungskatalogs) an. Sie verweist ggf. in neutraler Weise auf vorhandene Präsenz- und Onlineangebote an den Standorten.
- Die Diagnoseplattform soll nicht die Studierfähigkeit oder Eignung für einen bestimmten Studiengang feststellen, sondern vorhandene Defizite vor Beginn des Studiums aufdecken und Maßnahmen zu deren Behebung empfehlen, sowie für interessierte Lehrer oder Schüler einen Kontakt zu den für ein Studium erforderlichen mathematischen Fähigkeiten herstellen.
- Ergebnisse des diagnostischen Tests können an den einzelnen Standorten in die Beratung oder die Studienplanung einfließen, jedoch gibt der Test keine Empfehlungen oder Vorschriften (insbesondere auch keine Creditpoints), wie mit einem bestimmten Ergebnis weiter zu verfahren ist.
- Auf schulischer Seite soll der Mindestanforderungskatalog in den Unterricht einfließen, dazu können Inhalte oder Fragen aus der Diagnoseplattform frei kopiert oder weiterverwendet werden. Sämtliche Inhalte sollen wie der Katalog selbst unter eine Creative Common License gestellt werden. Die Plattform erleichtert die Verwendung des Materials über Download-Buttons und eine Materialsammlung.
- Einrichtungen auch außerhalb Baden-Württembergs können das Material (sowohl die Onlineaufgaben wie auch die Quelltexte und den COSH-Mindestanforderungskatalog) frei für ihre eigenen Angebote im Rahmen der Creative Common License einsetzen oder weiterentwickeln. Dazu werden die Quelltexte in einer plattformunabhängigen Form angeboten und ein Austausch von Material in einem kompatiblen Format unter den Standorten angeregt.
- Um die Wirkung der Diagnoseplattform in Schulen hinein zu fördern, wird angeregt, Fortbildungsveranstaltungen für Lehrer für die Plattform sowie eine Verlinkung auf dem BW-Bildungsserver einzurichten.
- Die Diagnoseplattform soll assistierte Eingabe, ein Begriffsglossar für mathematische Fachbegriffe, sowie randomisierte Aufgaben zum Trainieren anbieten, sowie

Entwicklungswerkzeuge zur eigenen Erstellung von analogen Tests für interessierte Einrichtungen anbieten.
- Die Diagnoseplattform soll technisch durch die Standorte des MINT-Kollegs Baden-Württemberg (KIT und Universität Stuttgart) bereitgestellt und betreut werden.

Zu diesem Zweck wurde vom MINT-Kolleg Baden-Württemberg eingerichtet:

- Eine erste Demonstration der Onlineversion der COSH-Fragen in Testform mit den assistierten Fragefeldern unter http://mintlx1.scc.kit.edu/coshtest
- Der Onlinebrückenkurs Mathematik des VE&MINT-Projekts in der Beta-Version unter http://mintlx3.scc.kit.edu/veundmintkurs
- Die Projektbeschreibung von VE&MINT unter http://www.ve-und-mint.de

Literaturliste

[1] Bildungsplan für das Gymnasium der Normalform (Stand 04/2004), Amtsblatt des Ministeriums für Kultur, Jugend und Sport von Baden-Württemberg.
[2] Homepage des MINT-Kollegs: http://www.mint-kolleg.de
[3] Das MINT-Onlineassessment: http://mintlx1.scc.kit.edu/ilias
[4] Das MINT-Kolleg Baden-Württemberg wird im Rahmen des Qualitätspakts Lehre mit Mitteln des Bundesministeriums für Bildung und Forschung (BMBF) gefördert (Förderkennzeichen 01PL11018A): http://www.qualitaetspakt-lehre.de
[5] Das MINT-Kolleg Baden-Württemberg wird zudem im Rahmen des Programms „Studienmodelle individueller Geschwindigkeit" vom Ministerium für Wissenschaft, Forschung und Kunst Baden-Württemberg (MWK) gefördert: http://mwk.baden-wuerttemberg.de/studium-und-lehre/studienmodelle-individueller-geschwindigkeit
[6] D. Haase: Studieren im MINT-Kolleg Baden-Württemberg, Mathematische Vor- und Brückenkurse: Konzepte und Studien zur Hochschuldidaktik und Lehrerbildung Mathematik 2014, pp 123–136. http://link.springer.com/chapter/10.1007%2F978-3-658-03065-0_9
[7] B. Ebner, M. Folkers, D. Haase: Vorbereitende und begleitende Angebote in der Grundlehre Mathematik für die Fachrichtung Wirtschaftswissenschaften, Tagungsband zur 2. khdm Tagung (erscheint 2015).

2.4 Stärkung der Kooperation und Verbreitung des Mindestanforderungskatalogs

Rita Wurth, Mettnau-Schule Radolfzell

2.4.1 Stärkung der Kooperation

Die Arbeitsgruppe cosh hat seit ihrer Gründung im Jahr 2002 kontinuierlich ihre Wirkungsbereiche erweitert. Aus dem ursprünglich sechsköpfigen Kernteam, dem damals nur Mathematik-Professoren der Hochschulen für angewandte Wissenschaften und Mathematik-Lehrer an beruflichen Schulen angehörten, ist inzwischen ein Team aus 12 Personen entstanden, dem auch jeweils ein Vertreter der Universitäten, der Pädagogischen Hochschulen und der allgemeinbildenden Gymnasien angehören.

Das folgende vereinfachte Diagramm macht die Vernetzung deutlich, die sich im Laufe der Zeit seit der cosh-Gründung entwickelt hat und die es auszubauen und zu verstetigen gilt.

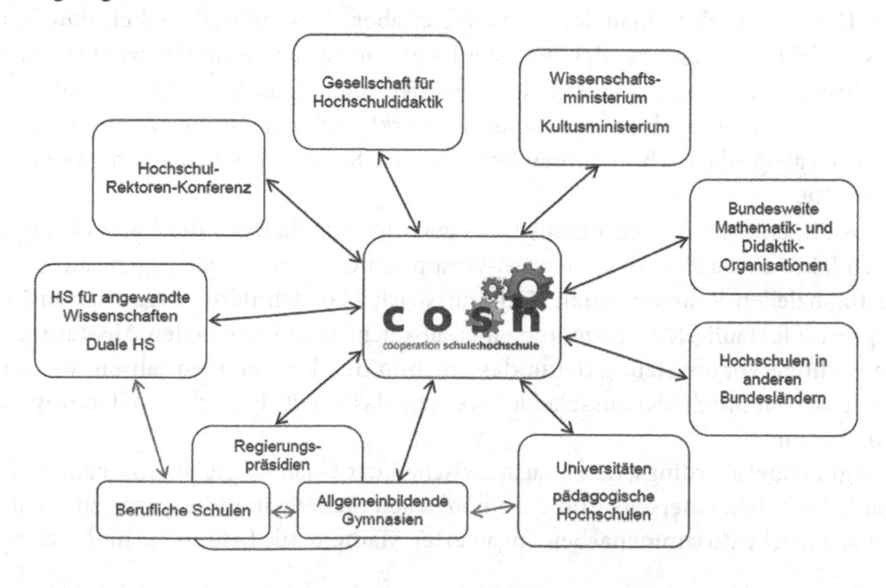

Aus der ursprünglichen Zusammenarbeit zwischen beruflichen Schulen und Hochschulen für angewandte Wissenschaften ist eine Kooperation entstanden, die sich inzwischen auch auf die allgemeinbildenden Gymnasien und alle Arten von Hochschulen in Baden-Württemberg erstreckt. Das cosh-Kernteam steht in Verbindung zu den beiden Ministerien, zur Gesellschaft für Hochschuldidaktik und zur Rektorenkonferenz HAW, die die Arbeit der Gruppe unterstützen.

Seit 2012 sind Kontakte zu Gruppen und Verbänden in anderen Bundesländern entstanden, die sich mit der Problematik der Schnittstelle Schule-Hochschule beschäftigen, z. B. zu einer Kooperationsgruppe im Saarland, mit der seither ein regelmäßiger Informationsaustausch stattfindet. Besonders die Veröffentlichung des Mindestanforderungskatalogs hat dazu beigetragen, dass die cosh-Arbeit bundesweite Beachtung findet. So haben sich daraus Kontakte zu TU9, dem bundesweiten Verband der neun führenden Technischen Universitäten, und insbesondere zur Mathematik-Kommission Übergang Schule-Hochschule, einem Zusammenschluss der drei Verbände MNU, DMV und GDM, ergeben. Mit der Mathematik-Kommission wurde im Sommer 2015 sogar eine schriftliche Kooperationsvereinbarung getroffen.

An dieser Entwicklung ist erkennbar, dass die Aktivitäten der cosh-Gruppe deutlich erweitert wurden und infolgedessen der zeitliche Umfang der cosh-Arbeit enorm gewachsen ist. Dennoch arbeiten die Mitglieder des Kernteams wie in der Anfangszeit auch heute noch überwiegend ehrenamtlich aus persönlichem Engagement und ohne offiziellen Auftrag.

Bei der Finanzierung und Durchführung der alljährlichen Arbeitstagungen war die cosh-Gruppe von Anfang an auf die Unterstützung durch die beiden Ministerien für Kultus, Jugend und Sport bzw. für Wissenschaft und Kunst angewiesen. Ohne den persönlichen Einsatz der Ansprechpartner und Ansprechpartnerinnen an den Ministerien wäre es wohl kaum zu den inzwischen erzielten Erfolgen von cosh gekommen. Diese Form der Finanzierung bedeutet aber, dass die cosh-Arbeit den Status eines Projektes hat, also zeitlich befristet ist und nach Ablauf immer wieder neu mit ausführlichen Begründungen beantragt werden muss. Dies ist nicht nur mit einem hohen Zeitaufwand verbunden, sondern bewirkt auch eine große Unsicherheit, die in der Vergangenheit schon einmal beinahe zum Scheitern der Zusammenarbeit geführt hätte.

Aus diesen Erfahrungen heraus ist es auch im Hinblick auf die Entwicklung der letzten Jahre an der Zeit, dass die cosh-Gruppe einen verlässlichen organisatorischen und finanziellen Rahmen erhält. Eine juristisch klar definierte Organisationsform mit präzise formulierten Zielen und einer ausreichenden finanziellen Ausstattung ist eine wichtige Voraussetzung dafür, dass auch in den kommenden Jahren, wenn die derzeit aktiven Mitglieder ausscheiden werden, das bereits Erreichte weiterentwickelt werden kann.

Es gilt dabei allerdings, den Spagat zwischen der Unabhängigkeit in Bezug auf die inhaltliche Arbeit einerseits und der finanziellen Sicherheit andererseits zu schaffen. Die paritätische Zusammenarbeit engagierter Mathematik-Lehrender und die Unabhängigkeit von Parteien und Behörden waren bisher wesentliche Voraussetzungen für die erzielten Erfolge. Dies sollte auch in der künftigen Rechtsform ein Grundprinzip der cosh-Arbeit bleiben.

Die Kooperation zu stärken bedeutet auch, die Zusammenarbeit zwischen den Lehrenden an den einzelnen Hochschulen und an den Schulen in ihrem Umfeld zu fördern. Dazu müssten an allen Hochschulen Stellen für Mitarbeiter oder Mitarbeiterinnen geschaffen werden, deren Aufgabe ganz oder teilweise darin bestehen sollte, Lehrende und Studierende zu informieren und zusammen mit den Ansprechpartnern und Ansprechpartnerinnen in den Schulen Informationsveranstaltungen durchzuführen, bei denen sich alle Beteiligten mit der Übergangsproblematik und dem Mindestanforderungskatalog auseinandersetzen können.

Die Funktion des Ansprechpartners für die Schulen müsste jeweils eine Fachberaterin oder ein Fachberater in den einzelnen Regierungspräsidien wahrnehmen. Deren Aufgabe sollte es außerdem sein, die Lehrerinnen und Lehrer im jeweiligen Regierungsbezirk z. B. bei Lehrerfortbildungen auf die Problematik an der Schnittstelle hinzuweisen und über die Kooperationsmöglichkeiten zu informieren. Die Ansprechpartner sollten nach Möglichkeit im cosh-Kernteam mitarbeiten oder zumindest in engem Kontakt dazu stehen.

2.4.2 Verbreitung des Mindestanforderungskatalogs

Der Mindestanforderungskatalog ist das Ergebnis der intensiven Auseinandersetzung mit den Schwierigkeiten, die Studienanfänger eines WiMINT-Studiums im Fach Mathematik häufig haben. Diese Auseinandersetzung wurde gemeinsam von Lehrenden der Hochschulen für angewandte Wissenschaften und Universitäten sowie von Lehrerinnen und Lehrern der beruflichen und allgemeinbildenden Gymnasien und der Berufskollegs in Baden-Württemberg geführt. Bei der Abfassung der vorliegenden Version 2.0 haben auch Vertreter der Dualen Hochschule Baden-Württembergs mitgewirkt.

Die Formulierung der mathematischen Kompetenzen und deren Konkretisierung durch Aufgabenbeispiele beruht auf dem Konsens aller Beteiligten. In den Stellungnahmen von Schulbehörden, Hochschulen und Fachverbänden wird der Mindestanforderungskatalog begrüßt und gelobt. Dennoch ist er vielen Lehrerinnen und Lehrern sowie Professorinnen und Professoren nicht bekannt. Infolgedessen erreicht er auch nur einen sehr kleinen Teil der Schülerinnen und Schüler und ebenso wenige Studienanfängerinnen und Studienanfänger.

Die im Vorwort des Mindestanforderungskatalogs beschriebene Verantwortung der einzelnen Beteiligten an der Schnittstelle kann jedoch nur dann wahrgenommen werden, wenn sie sich dieser Verantwortung bewusst sind:

„Die **Schule** muss den SchülerInnen ermöglichen, die im Anforderungskatalog nicht besonders gekennzeichneten Fertigkeiten und Kompetenzen zu erwerben.

SchülerInnen, die beabsichtigen, ein WiMINT-Fach zu studieren, sollen über die bestehenden Probleme informiert werden. Im Rahmen ihrer Möglichkeiten bietet die Schule Hilfestellungen an.

Die **Hochschule** akzeptiert diesen Anforderungskatalog – und nicht mehr – als Basis für StudienanfängerInnen. Im Rahmen ihrer Möglichkeiten bietet die Hochschule Hilfestellungen an.

Die **StudienanfängerInnen** müssen, wenn sie ein WiMINT-Fach studieren, dafür sorgen, dass sie zu Beginn des Studiums die Anforderungen des Katalogs erfüllen. Dafür muss ihnen ein adäquater Rahmen geboten werden."

Welche Maßnahmen sind notwendig, damit möglichst alle WiMINT-interessierten Schüler und Schülerinnen sowie Studienanfänger und Studienanfängerinnen den Mindestanforderungskatalog kennen? Zunächst sollten die Internetseiten von Schulen und Hochschulen darauf hinweisen und Links zum Download anbieten. Die Studienberatungsstellen sollten den Katalog in ihr Beratungsprogramm einbeziehen.

Bedeutend wirkungsvoller dürfte es aber sein, wenn Schülerinnen und Schüler bereits von ihren Lehrern und Lehrerinnen auf den Mindestanforderungskatalog aufmerksam gemacht werden, wenn sie möglichst bereits im mathematisch-naturwissenschaftlichen Unterricht oder in Mathematik-Vertiefungskursen die Beispielaufgaben aus dem Mindestanforderungskatalog bearbeiten können, oder wenn die Studienanfänger und Studienanfängerinnen in Brückenkursen oder Tutorien an den Hochschulen diese Aufgaben bearbeiten können. Lehrende und Tutoren könnten sie dabei persönlich beraten und unterstützen.

Die Voraussetzung dafür ist allerdings, dass möglichst viele Mathematik-Lehrende an Schulen und Hochschulen den Mindestanforderungskatalog kennen und bereit sind, die darin beschriebene Verantwortung zu übernehmen. Es ist also notwendig, dass Informations- und Fortbildungsveranstaltungen für Lehrende in den Schulen und Hochschulen durchgeführt werden, eine Aufgabe, welche die Ansprechpartner für die Hochschule und für die Schulen gemeinsam übernehmen könnten. Optimal wäre es, wenn sich dabei die Lehrenden beider Institutionen gemeinsam mit der Schnittstellen-Problematik und mit der Sichtweise der jeweils anderen Seite auseinandersetzen könnten. Solche Veranstaltungen könnten die Grundlage zu weiterführenden regionalen Kooperationen sein.

Auch die Seminare für die Lehrerausbildung könnten sehr wirkungsvoll zur Verbreitung des Mindestanforderungskatalogs beitragen, wenn sie die künftigen Lehrerinnen und Lehrer bereits während der Ausbildung auf ihre Verantwortung gegenüber den WiMINT-interessierten Schülerinnen und Schülern vorbereiten würden. Die Schnittstellen-Problematik und die Konsequenzen für den Unterricht sollten in den Seminarveranstaltungen der WiMINT-Fächern thematisiert werden.

Diese Anregungen gehen alle davon aus, dass der Mindestanforderungskatalog entscheidend dazu beitragen kann, dass in Zukunft weniger Studienanfänger und Studienanfängerinnen in WiMINT-Fächern an Mathematik scheitern können. Die Teilnehmerinnen und Teilnehmer am Forum 3 der Tagung sind aufgefordert, über diese Anregungen zu diskutieren, weitere Ideen zu entwickeln und daraus Empfehlungen zu formulieren, die den Teilnehmerinnen und Teilnehmern der Podiumsdiskussion vorgetragen werden sollen.

Vortrag: Mathematik im Ingenieuralltag 2.5

Am Abend des ersten Tages gab es noch einen interessanten Vortrag aus der mathematischen Wirklichkeit. Peter Post von der Festo AG berichtete über die Anwendung der Mathematik im Ingenieuralltag. Nachfolgend werden einige Impressionen aus dem Beitrag gezeigt.

Mathematik im Ingenieuralltag

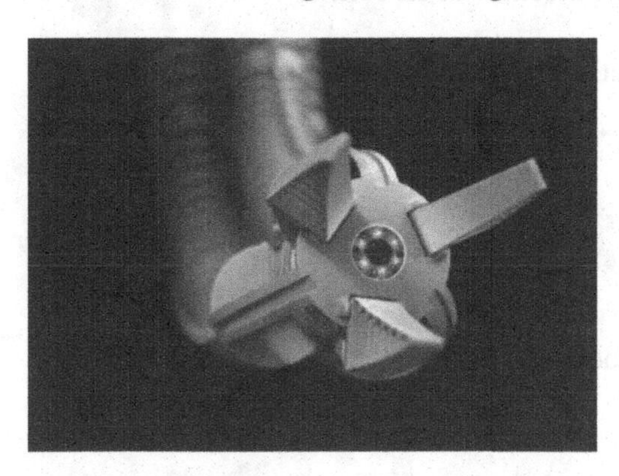

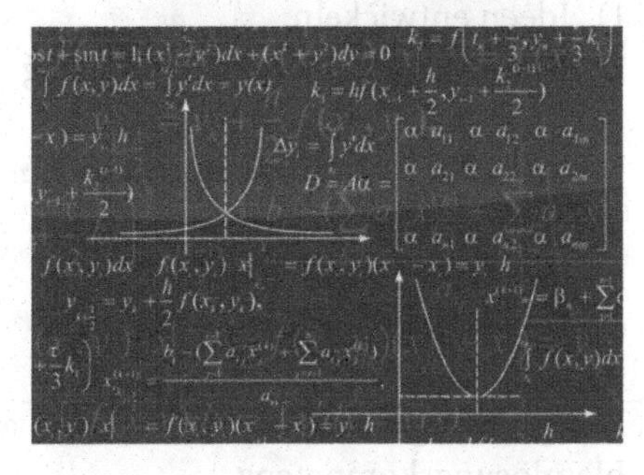

Prof. Dr.-Ing. Peter Post
Leiter Corporate Research and Technology
Festo AG&Co. KG, Esslingen, Germany

Robotino® mit Bionischem-Handling-Assistenten; die Mathematik des „Elefantenrüssels“:

Kinematisches Modell

➢ Segmentkinematik

- Linearisierung für kleine Winkel φ_i

$$\tilde{\underline{r}}_{A_{i,j-1}A_{i,j}K^{j-1}} = \begin{bmatrix} a_j \cos\left(\frac{2\pi}{n}(i-1)\right) - a_{j-1}\cos\left(\frac{2\pi}{n}(i-1)\right) \\ a_j \sin\left(\frac{2\pi}{n}(i-1)\right) - a_{j-1}\sin\left(\frac{2\pi}{n}(i-1)\right) \\ r_{O^{j-1}O^jK^{j-1},z} - a_j\cos\left(\frac{2\pi}{n}(i-1)\right) n_{j,y}\varphi_j + a_j \sin\left(\frac{2\pi}{n}(i-1)\right) n_{j,x}\varphi_j \end{bmatrix}$$

- Geometrische Beschaffenheit

$$h_{i,j} = \tilde{\underline{r}}_{A_{i,j-1},A_{i,j}K^{j-1},z}$$

mit:

$$h_{i,j} = \sqrt{l_{i,j}^2 - (a_j - a_{j-1})^2} \quad \leftarrow \textbf{bekannt}$$

- Gleichungssystem für n=3

$$h_{1,j} = r_{O^{j-1}O^jK^{j-1},z} - a_j n_{j,y}\varphi_j$$

$$h_{2,j} = r_{O^{j-1}O^jK^{j-1},z} + \frac{1}{2}a_j n_{j,y}\varphi_j + \frac{\sqrt{3}}{2}a_j n_{j,y}\varphi_j$$

$$h_{3,j} = r_{O^{j-1}O^jK^{j-1},z} + \frac{1}{2}a_j n_{j,y}\varphi_j - \frac{\sqrt{3}}{2}a_j n_{j,y}\varphi_j$$

$$1 = \sqrt{n_{j,x}^2 + n_{j,y}^2},$$

Symbolische Lösung:

$$r_{O^{j-1}O^jK^{j-1},z} = \frac{1}{3}(h_{1,j} + h_{3,j} + h_{3,j})$$

$$n_{j,y} = \begin{cases} \frac{h_{2,j}-h_{3,j}}{-2h_{1,j}+h_{2,j}+h_{3,j}} \frac{1}{2} \frac{|-2h_{1,j}+h_{2,j}+h_{3,j}|}{\sqrt{h_{1,j}^2+h_{2,j}^2+h_{3,j}^2-h_{1,j}h_{2,j}-h_{1,j}h_{3,j}-h_{2,j}h_{3,j}}} & \text{Fall I} \\ 0 & \text{Fall II} \\ 1 & \text{Fall III} \end{cases}$$

Fall I: $h_{2,j} - h_{3,j} \neq 0 \quad \wedge \quad -2h_{1,j} + h_{2,j} + h_{3,j} \neq 0$

Fall II: $h_{2,j} - h_{3,j} \neq 0 \quad \wedge \quad -2h_{1,j} + h_{2,j} + h_{3,j} = 0$

Fall III: $h_{2,j} - h_{3,j} = 0$

$$n_{j,x} = +\sqrt{1 - n_{j,y}^2}$$

$$\varphi_j = -\frac{2(h_{1,j} - 2h_{2,j} + h_{3,j})}{3a_j(n_{j,y} + \sqrt{3}n_{j,x})}$$

Eine besondere Freude war der Auftritt des Robotinos am nächsten Tag bei der öffentlichen Veranstaltung. Die Mathematik macht, was sie soll!

Ein Ingenieuer ist Problemlöser und nutzt die Mathematik im Ingenieuralltag

Standardaufgaben

1) Ideen entwickeln
2) Ideen verbessern → Optimierung

Mathematik ist für den Ingenieur eine Toolbox

- Probleme verstehen
- Probleme lösen

Ein grundlegendes Verständnis von angewandter Mathematik ist Basis für die Problemlösungskompetenz
→ Systematisches Vorgehen statt „Versuch und Irrtum“

Teilgebiete der angewandten Mathematik:

- Algebra
- Vektorrechnung, Tensoralgebra
- Differentialgeometrie
- Elementare Funktionen
- Trigonometrie
- Differentialrechnung
- Integralrechnung
- Differentialgleichungen
- Variationsrechnung
- Fourierreihen und Laplacetransformation
- Lineare und nichtlineare Optimierung
- Statistik und Wahrscheinlichkeitsrechnung
- Numerische Verfahren
- ……

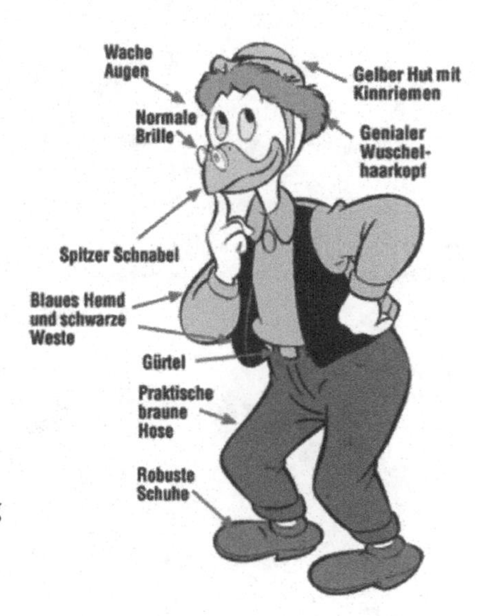

3 Foren

Bericht zum Forum 1: Fachdidaktik Mathematik für WiMINT

3.1

Rolf Dürr, Staatliches Seminar für Didaktik
und Lehrerbildung (Gymnasien),Tübingen
Frank Loose, Universität Tübingen
Gastautoren

3.1.1 Ausgangslage

In Deutschland gibt es nach Angaben der Bundesagentur für Arbeit ca.1,6 Millionen Personen mit einem Hochschulabschluss in Ingenieurswissenschaften, ca. 1,4 Millionen mit einem wirtschaftswissenschaftlichen Hochschulabschluss, aber weniger als 100 000 mit einem Abschluss in Mathematik (inklusive Lehramt)[1 2]. Wenn man noch berücksichtigt, dass in vielen weiteren Studiengängen (z. B. Informatik, Physik, Biologie, Chemie) Mathematik unverzichtbar ist, so ist klar, dass der größte Teil der Mathematikveranstaltungen an den Hochschulen der sogenannten „Service-Mathematik" zuzurechnen ist.

Studenten, die als Ziel einen Abschluss in Mathematik anstreben, benötigen nicht nur mehr Mathematikveranstaltungen, sondern auch deutlich andere als Studenten, die Mathematik als Werkzeug verwenden sollen. Da eine (Hochschul-) Fachdidaktik für „Service-Mathematik" nur in Ansätzen existiert, wurde dieses Thema zu einem wichtigen Aspekt dieser Tagung.

3.1.2 Zielsetzungen

Die Vielzahl an Studiengängen, für die die Mathematikveranstaltungen das Werkzeug liefern sollen, machen es unmöglich eine einheitliche Fachdidaktik für „Service-Mathematik" zu entwickeln. Daher setzte sich dieses Forum zwei Ziele, die in zwei Untergruppen bearbeitet wurden.

1 Dieter,M., Törner G. (2009). Zahlen rund um das Mathematikstudium. Teil 5: Zahlen zum Bildungsstand und zum Arbeitsmarkt. Mitteilungen der DMV, 17, 111–116.

2 Koppel, o. (2012). 2012: Ingenieure auf einen Blick. Erwerbstätigkeit, Innovation, Wertschöpfung. Düsseldorf: Verein Deutscher Ingenieure.

In der ersten Arbeitsgruppe wurde versucht, eine Art Checkliste zu erarbeiten, anhand der eine „Service-Mathematikveranstaltung" geplant werden sollte. Die Fragen dieser Checkliste weisen auf sieben zentrale Planungsgesichtspunkte hin.

In der anderen Arbeitsgruppe wurden Beispiele für gelungene innovative Veranstaltungsformen vorgestellt und dokumentiert.

In beiden Arbeitsgruppen wurden engagierte Diskussionen über Möglichkeiten und Grenzen der Entwicklung einer Fachdidaktik für „Service-Mathematik" sowie über noch zu klärende Fragen und Probleme geführt. Im Folgenden werden die Arbeitsergebnisse der beiden Teilgruppen vorgestellt.

3.1.3 Arbeitsgruppe „Checkliste"

Das Arbeitsergebnis dieser Teilgruppe besteht aus einer Liste wichtiger Fragen, die diverse Voraussetzungen wie z. B. die Vorerfahrungen von Studierenden und Lehrenden sowie Anforderungen an eine gute Planung in den Blick nimmt.

3.1.3.1 Welche Interessen sollten berücksichtigt werden?

Jede Fachrichtung (Physik, Maschinenbau, Informatik, Betriebswirtschaftslehre, …), für die eine Mathematikveranstaltung vorgesehen ist, hat Erwartungen an die Vermittlung spezifischer mathematischen Kenntnisse, Fertigkeiten und Kompetenzen. Dies gilt sowohl für die Veranstaltungen an der Hochschule (Erwartungen der „Nehmerfakultäten") als auch für die späteren „Abnehmer". Industrie und Wirtschaft, so wurde argumentiert, benötigen Problemlösekompetenzen auf der Basis verfügbaren Grundwissens und eine solide Grundlage für branchenspezifische Weiterbildungen.

Die Studierenden erwarten einen passenden Anschluss zum erworbenen Schulwissen, Grundlagen für eine gute Ausbildung und einen erfolgreichen Abschluss im gewählten Studiengang.

Nicht zuletzt, so wurde deutlich gemacht, sollten auch die Interessen von Mathematik als eigenständigem Fach berücksichtigt werden. Eine Mathematikveranstaltung kann nicht auf mathematikspezifische fachliche Ansprüche und ihren Beitrag zur allgemeinen Bildung verzichten.

3.1.3.2 Welche Ziele sollte die Veranstaltung verfolgen?

Unverzichtbares Ziel aller „Service-Veranstaltungen Mathematik", unabhängig von den „Nehmerfakultäten", ist der Erwerb eines mathematischen Grundverständnisses, d. h. es müssen zentrale Begriffe, Zusammenhänge sowie mathematische Denk- und Arbeitsweisen vermittelt werden.

Auf dieser Grundlage erfolgt der Aufbau spezifischer Fertigkeiten, die für die jeweiligen Fachrichtungen unverzichtbar sind. Dies beinhaltet sowohl die Beherrschung von Verfahren als auch das Verständnis für diese Verfahren.

Ein weiteres Ziel sollte die Vermittlung personaler Kompetenzen sein: Strategien selbstständigen und kooperativen Lernens, Eigenständigkeit und nachhaltiges Lernen lernen sowie die Entwicklung des Bewusstseins eigener Stärken und eigener Grenzen.

3.1.3.3 Welche Voraussetzungen sollten die Studierenden mitbringen?

Ein solides mathematisches Grundlagenwissen sollte aus der Schule mitgebracht werden. Dabei ist wichtig, dass die Lehrenden an den Hochschule wissen, was sie von den Studienanfängern erwarten können (und vor allem, was nicht) und dass die Studienanfänger über die Erwartungen der Hochschulen informiert sind. Eine Grundlage dafür kann, so wurde einhellig betont, der von der Arbeitsgruppe cosh erarbeitete Mindestanforderungskatalog sein.

Es wäre sehr hilfreich, wenn schon in der Schule Mathematikkurse angeboten würden, die einen spezifischen Zuschnitt auf Ansprüche und typische Arbeitsweisen in den Wirtschafts-, den Ingenieurs- und den Naturwissenschaften aufweisen.

Mit dem Angebot von Vertiefungskursen Mathematik an den allgemeinbildenden Gymnasien und den „Mathe-Plus-Kursen" an beruflichen Gymnasien hat Baden-Württemberg einen wichtigen Schritt in diese Richtung getan.

Ausdrücklich betont wurde, dass Studienanfänger neben soliden Kenntnissen auch grundlegende Lern- und Arbeitstechniken sowie Interesse am gewählten Studienfach, aber auch am Fach Mathematik sowie eine ausreichende Leistungsmotivation mitbringen sollten.

3.1.3.4 Welche Voraussetzungen sollten die Lehrenden mitbringen?

Grundlegend ist neben der Fachkompetenz eine didaktisch-methodische Kompetenz der Lehrenden. Diese umfasst das Wissen um curricular bedingte Lernvoraussetzungen der Studierenden und die daraus folgenden Konsequenzen für lernerorientierte Zugänge, eine Offenheit für „Nehmererwartungen" und das Identifizieren und Nutzen möglicher inhaltlicher Schnittstellen zwischen Inhaltsbereichen verschiedener Disziplinen.

Die Planung einer „Service-Veranstaltung" sollte entlang einer didaktisch-sachlogischen Leitlinie folgen. Im Gegensatz zu Lehrveranstaltungen des Mathematikstudiums, die in der Regel axiomatisch-deduktiv strukturiert sind, sollte – so wurde empfohlen – hier aus strukturell gleichen Phänomenen die Theorie entwickelt werden. Ein grundlegendes didaktisches Element könnte dabei der Aufbau eines „Bogens" (Beispiele-Theorie-Beispiele und Gegenbeispiele) sein.

Nach einem ersten Durchgang einer Veranstaltung ist eine Reflexion des Konzepts auf der Basis von Lernkontrollen, Klausuren, Rückmeldungen (auch Beachtung des „Flurfunks") unverzichtbar.

3.1.3.5 Welche Rahmenbedingungen sind zu beachten?

Grundlage jeder aktuellen Planung sind natürlich die Studienordnung und die Modulhandbücher. Die Erfahrungen mit den Veranstaltungen sollten aber mittelfristig zu deren Überarbeitung führen.

Für die Form der Veranstaltung sind aber auch der Status (Dozent, geprüfte oder ungeprüfte Hilfskraft), das Verhältnis der Anzahl der Lehrenden zur Anzahl der Studierenden sowie die zur Verfügung stehenden Räumlichkeiten und deren Ausstattung von zentraler Bedeutung.

3.1.3.6 Welche Inhalte sollten ausgewählt werden?

Die Auswahl der Inhalte wird von den oben beschriebenen Interessen und Zielsetzungen bestimmt. Auf jeden Fall muss „Service-Mathematik" als „Mathematik eigener Art" verstanden werden und sich eben nicht an dem bekannten und für viele Dozenten gewohnten systematisch-deduktiven Aufbau der Lehrveranstaltungen für mathematische Studiengänge orientieren. Diese „eigene Art" konnte in der Arbeitsgruppe nur ansatzweise konkretisiert werden. Ein Beispiel dafür ist die oben erwähnte Entwicklung mathematischer Konzepte aus einführenden Phänomenen oder Anwendungsszenarien heraus.

3.1.3.7 Welche Aspekte der Lehrformen sind zu beachten?

An äußeren Formen stehen neben den klassischen Formen wie Vorlesung, Übung und Seminar eine Vielzahl von Alternativen zur Verfügung. Eine Auswahl erprobter innovativer Veranstaltungsformen wird im nachfolgenden Bericht der zweiten Arbeitsgruppe beschrieben.

Wichtiger als die äußere Form ist die innere Qualität der Veranstaltung. Ein zentrales Qualitätskriterium ist die Transparenz, d. h. kurzfristige Lernziele und langfristige „Bildungsziele" der Veranstaltung müssen offengelegt, Anforderungen für Leistungsüberprüfungen beschrieben werden. Die Planung der Veranstaltung sollte einem „roten Faden" folgen, der immer wieder sichtbar gemacht wird.

Ein weiteres wichtiges Qualitätskriterium ist der Umgang mit Heterogenität. Hier reichen die Maßnahmen von einer Eingangs-, Prozess- und Enddiagnostik über differenzierende Aufgaben, Brückenkurse, Sprechstunden und andere Maßnahmen zum Auffangen von „momentan Schwachen“ bis hin zu Videoaufzeichnung, die ein gezieltes Nacharbeiten ermöglichen.

Umfasst ein Modul mehrere Teile, so ist auf eine inhaltliche Kohärenz der Veranstaltungen (z. B. Passung von Vorlesung-Übung-Seminar) zu achten.

Nicht zuletzt sind Maßnahmen zur Aktivierung der Studierenden zu überlegen.

3.1.4 Arbeitsgruppe „Innovative Veranstaltungsformen“

Viele Hochschulen bieten in der Zwischenzeit Brückenkurse in Form von Präsenzveranstaltungen oder in Form von Onlinekursen an, machen allerdings die Erfahrung, dass reine Online Mathematik-Vorbereitungskurse eine viel zu geringe Nutzungsquote haben. In der Breite fehlt die Selbstdisziplin, eigenverantwortlich kontinuierlich im Online System zu üben, zumal die meisten Hochschulen außer den Klausuren am Semesterende für das Eingangsschulwissen i. d. R. keine Tests verankern können, die in eine Zeugnisnote einfließen. Oftmals wird seitens der Nutzer (die nicht Mathematik studieren wollen) auch beklagt, dass zu den Übungen zu wenig bzw. schwer verständliche Erklärungen vorhanden sind und dass insbesondere längere Texte im Stil eines Hochschulmathematikbuches im Eigenstudium nicht gut verstanden werden. Deshalb sehen viele Hochschulen reine Online Kurse als eher flankierende Maßnahmen an. Diese können sehr hilfreich sein für die relativ wenigen sehr motivierten Studienanfänger bzw. für Anfänger, die nach einem erfolgreichen Schulabschluss nicht direkt ein Studium begonnen haben und daher früher erworbene Kompetenzen nur „entstauben“ müssen. Für die Breite werden jedoch Kurse mit Präsenzphasen notwendig bleiben.

Doch selbst Präsenzkurse in gängigen Formaten zeigen steigende Akzeptanzprobleme. Dozenten der Anfangssemester klagen nicht nur über sinkende und sehr heterogene Vorkenntnisse, sondern auch über eine breite Passivität in Unterricht und Nachbereitung. Das Lehrgespräch und somit das Tempo orientieren sich an wenigen Antwortgebern, die anderen fühlen sich schnell „abgehängt“. In der Phase des Übergangs Schule-Studium fehlt es an Strategie und Disziplin für eine selbstregulierte Nachbereitung. Ohne einen ausreichenden Nutzen und gefühlten Lernfortschritt sinken die Teilnehmerzahlen kontinuierlich.

Der Erfolg einer Mathematikveranstaltung hängt sowohl an der Schule als auch an der Hochschule zu einem beträchtlichen Teil von der Qualität der Lehrperson ab. Eine gute Lehrperson verfügt über eine solide und flexible Fachkompetenz, kennt die Genese mathematischer Begriffe und kann diese, wo immer möglich, in den Unterricht einbauen. Sie beherrscht das Prinzip der didaktischen Reduktion, d. h. sie kann Vereinfachen ohne die Kernaussagen zu entstellen. Ihr gelingt eine erfolgreiche Balance zwischen Anleitung und Aktivierung zum selbstständigen Denken. Sie ist willens und in der Lage, ein gegenseitiges Vertrauensverhältnis aufzubauen und kann (insbesondere durch überzeugende Anwendungen) eine Motivation für das häufig ungeliebte Fach Mathematik wecken.

Bei aller Methodenvielfalt müssen die gewählten Lehrformen auf die jeweilige Lehrperson passen und die Belastung der Lehrperson muss sich in Grenzen halten.

3.1.4.1 Sammlung bewährter Lehrkonzepte/Ideen

Die Teilnehmer waren sich einig, dass als oberstes Ziel die Aktivierung der Studierenden stehen muss. Dies könnte durch eine optimale Gestaltung der bewährten Vorlesung, durch eine äußere Aktivierung z. B. durch Methodenvariation oder durch eine innere Aktivierung z. B. durch geeignete Aufgaben und Impulse, die zum Nachdenken und Diskutieren anregen, erreicht werden.

3.1.4.1.1 Klassische Vorlesung (Wolfgang Soergel, Universität Freiburg)

Mir scheint das Format einer klassischen Vorlesung eigentlich ziemlich modern zu sein: So eine klassische Vorlesung ist ja eine Gesamtheit bestehend aus Frontalunterricht, angeleiteter Gruppenarbeit, freier Gruppenarbeit und individueller Arbeit. Ich denke weiter, dass der Frontalunterricht in dieser Gesamtheit vielleicht gar nicht den größten Beitrag zum Wissenserwerb leistet, aber verschiedene andere wichtige Funktionen erfüllt:

Erstens die Funktion eines Taktgebers, der ein gewisses Lerntempo vorgibt, ohne dass sich die Studierenden leicht in Unwesentlichem verzetteln.

Zweitens eine soziale Funktion: Man trifft sich mit Gleichgesinnten und kann sich mit ihnen austauschen. Nicht zuletzt deshalb halte ich auch die Pause für einen wesentlichen Bestandteil einer Vorlesung.

Drittens kann ein freier Vortrag besser als alle anderen Formate die Studierenden immer aufs Neue davon überzeugen, dass es um etwas im Prinzip durchaus Verständliches geht. Dieser Effekt ist bei Vorträgen mit Folien schon sehr reduziert, bei denen doch leicht der Verdacht aufkommen kann, dass der Professor sie halt auch irgendwo abkopiert hat und der Stoff eigentlich eher zum Kopieren als zum Kapieren geeignet ist.

3.1.4.1.2 Videobasierter flipped classroom – Mathematik besser verstehen oder nur eine ausgeflippte Idee? (Markus Vogel, Pädagogische Hochschule Heidelberg; Frank Loose, Universität Tübingen)

In jüngerer Zeit hat sich sowohl im schulischen als auch im hochschulischen Bereich über verschiedene Fächer und Fachdisziplinen hinweg eine methodische Idee etabliert, die das traditionelle Lehr-Lerngeschehen umdreht – „inverted" resp. „flipped" classroom. Wie bei allen methodischen Verfahren ist die Vorgehensweise nicht an ein bestimmtes Fach gebunden und so ist sie auch für die Mathematik gedacht worden. Im Folgenden wird das Grundprinzip kurz vorgestellt und auf Mathematikvorlesungen hin spezifiziert, Vor- und Nachteile dieser alternativen Zugangsweise abgewogen und abschließend in einem Fazit diskutiert.

Grundprinzip

Die klassische und vermutlich am weitesten verbreitete Form des Unterrichts folgt dem Muster, dass neuer Stoff im Klassenzimmer oder dem Vorlesungsaal vorgestellt wird und Phasen der Übung zu Hause stattfinden, in denen das neu erworbene Wissen über ausgewählte Aufgaben gefestigt und vertieft werden soll. Beim flipped classroom-Konzept hingegen dienen aufbereitete, online gestellt Lehrvideos den Studierenden zur Vorbereitung zu Hause, während die Veranstaltung an der Hochschule zur Diskussion von in der Vorbereitung aufgetretenen Fragen und zu weiterführenden Überlegungen genutzt werden soll. Die klassische Vorlesung wird zum Seminar, der Vorleser zum Moderator.

Vor- und Nachteile

Gründe für das Konzept der umgedrehten Mathematikvorlesung werden in der Individualisierung der Wissensrezeptionsphase geltend gemacht: Die Darbietung neuen Stoffs kann über das Medium Video beliebig häufig, in verschiedene Phasen sequenziert sowie in unterschiedlicher Schnelligkeit und Fokussierung angesehen werden. Verstandenes und Unverstandenes lässt sich so in der Vorbereitung trennen und in entsprechenden Anmerkungen und Fragen für die Präsenzphase im Plenum aufbereiten. Dort werden offene Fragen besprochen, mögliche Fehlerquellen und Verständnishürden diskutiert und entsprechende Übungen zur Sicherung und Vertiefung des Verständnisses durchgeführt. Ein fruchtbarer Austausch im Plenum setzt allerdings die nötige Konsequenz und Akribie der Studierenden bei der Videoaufbereitung zu Hause voraus. Aufgrund unterschiedlicher Fähigkeiten und Präferenzen der Studierenden ist allerdings nicht davon auszugehen, dass alle Studierenden gleichermaßen gut mit dem Videomaterial umgehen können (oder wollen). Damit die videobasierte Vorbereitung inhaltlich ergiebig sein kann, muss den Videos adaptives, aktivierendes Aufgabenmaterial zur Bearbeitung beigefügt werden. Ansonsten läuft die bloße Betrachtung auch (oder gerade) bei beliebiger individueller Steuerbarkeit Gefahr, durch die Bildschirmaktivitäten von Betrachtung und Steuerung eine Wissenserwerbsillusion zu erzeugen, besonders in der Mathematik, bei der die Ausbildung prozeduralen Wissensfacetten (z. B. Beweisen oder Problemlösen) von besonderer Bedeutung ist. Mathematik-Treiben ist jedoch nicht durch bloßes Zuschauen erlernbar, während der Rezeptionsphase in der klassischen Vorlesung ist (zumindest prinzipiell) eine Echtzeit-Interaktion mit dem Dozenten im Unterschied zu flipped-classroom-Phase möglich. Im Echtzeitgeschehen sind für den Dozenten dabei auch Darstellungswechsel und alternative Zugangsmöglichkeiten je nach mathematischer

Sach- und Fragesituation möglich (bei der Videoaufnahme ändert sich in mathematisch-inhaltlicher Perspektive durch Vor- und Zurückspulen nichts, die Darstellung des Sachverhalts bleibt gleich). Hier ergibt sich also im Unterschied zur videobasierten Vorlesung, die das Argument der individuellen Passung geltend machen kann (s. o.), die Möglichkeit der situativen Passung mit der gemeinsam auszuhandelnden mathematischen Fragestellung.

Fazit
Das flipped-classroom-Konzept und videobasierte Mathematik-Vorlesungen haben zweifellos das Potential, den mathematischen Vorlesungs- und Übungsbetrieb bereichern zu können. Wie bei jeder Methode gilt aber auch hier das, was man als methodisches Grundprinzip von Lehr-Lernprozessen bezeichnen könnte, dass keine Methode an sich ein Allheilmittel darstellt. Die videobasierte umgedrehte Mathematik-Vorlesung kann ihr volles Potential erst durch eine überzeugte und engagierte Lehrperson entfalten, dies gilt jedoch auch für die klassische Vorlesung.

3.1.4.1.3 Peer Instruction (Stefan Hofmann, Hochschule Biberach)

Seit kurzem habe ich die Mathematik-1/2-Vorlesungen im Studiengang Energie-Ingenieurwesen an der Hochschule Biberach umgestellt und wende das Inverted-classroom-Konzept in Verbindung mit der Peer-Instruction-Idee an. Bei beiden Ansätzen gibt es zahlreiche Varianten. Ich versuche zur Zeit Folgendes:

Für meine beiden Mathematik-Vorlesungen habe ich ein Lehrbuch ausgewählt, welches mir hinsichtlich Inhalt, Anspruch, Stil und Verfügbarkeit als geeignet erschien. Aus diesem Lehrbuch müssen die Studierenden zu jeder Vorlesungsstunde bestimmte Seiten vorbereiten (lesen, Wichtiges markieren, usw.). Diese Lese-Hausaufgaben sind in einer Leseliste, die zu Beginn der Vorlesung zur Verfügung gestellt wird (via ILIAS), festgelegt. In der Vorlesung versuche ich dann ein vertieftes Verständnis, Vernetzung zu anderen Themen, Rechenfertigkeiten, usw. aufzubauen. Für den Verständnisaufbau, die Vernetzung/Vertiefung nutze ich die Peer-Instruction-Idee (mit „Clicker"-Einsatz).

Nach der Einführung des neuen Konzeptes liegt erst eine Klausurauswertung vor. Da ein Vergleich von Klausurergebnisse aber prinzipiell problematisch ist, kann hieraus wohl, auch nach Vorliegen von mehr Daten, wenig über Verbesserungen oder Rückschritte ausgesagt werden. Aus meiner Sicht interessanter wird sein, welches Feedback ich von den (Ingenieurs-)Kollegen aus den Folgeveranstaltungen erhalten werde: Hat sich etwas am (nachhaltigen) Aufbau von Mathematikkenntnissen/-kompetenzen verändert?

Zur Zeit ist nur klar, dass ich mich mit diesen neuen didaktischen Ideen noch weiter auseinandersetzen muss und an verschiedenen Stellen das momentan gelebte Konzepte verändern, ausbauen, anpassen, optimieren und verbessern muss.

Im Moment scheinen mir zwei Punkte erwähnenswert:

1) Als Lehrender entfernt man sich von der klassischen Rolle des „Zauberers an der Tafel".
2) Die Mehrheit der Studierenden ist auf die neue Lernsituation nicht vorbereitet, da sie in dieser Hinsicht anders sozialisiert ist.

3.1.4.1.4 Mathe-App (Eva Decker, Hochschule Offenburg)

In unseren Mathematik-Vorkursen für ca. 500 Teilnehmer, die über 8 Tage in halbtägigem Blockunterricht in parallelen Gruppen mit 30–40 Teilnehmern stattfinden, stieß der traditionelle „seminaristische Unterricht" auf Akzeptanzprobleme, die sich in den über den Kursverlauf sinkenden Teilnehmerzahlen zeigten, obwohl Eingangstests die Relevanz der Themen eindeutig bestätigten. Da man aufgrund der Freiwilligkeit der Vorkurse initial von einem hohen Motivationslevel ausgehen kann, nahmen wir diesen Teilnehmerschwund nicht als „Normalität" hin. Viele, die in einer passiven Zuhörerrolle verharrten, fühlten sich schnell „ganz abgehängt", hatten aber in der Phase des Übergangs Schule-Studiums noch wenig Disziplin und Strategie zur eigenständigen Nacharbeitung der Unterrichtsthemen. Ohne einen ausreichenden Nutzen und gefühlten Lernfortschritt blieben viele den Kursen ganz fern.

Zielsetzung unseres Projektes war, didaktische Formate zu unterstützen, die eine (Übungs-)Aktivierung in der Breite und ein selbstreguliertes Üben unter heterogenen Bedingungen fördern. Dabei sollte insbesondere die Gruppe der Studienanfänger adressiert werden, die mit größeren Wissensrückständen bzw. großen Abständen zur Schulzeit starten, motiviert sind, jedoch für ihr eigenes Tempo und ihr Durchhaltevermögen eine stärkere Stütze benötigen, – unter Beachtung, dass Hochschulen aus Ressourcengründen im Allgemeinen keine Kleingruppenbetreuung leisten können und dies auch nicht der späteren Studienwirklichkeit entspräche. Angesichts der nicht unerheblichen Mathe-Angst vieler Studienanfänger der angewandten Studiengänge soll für diese „Unsicheren" das Zutrauen in die Machbarkeit gestärkt werden. Als Orientierung war uns neben einer Ausrichtung auf aktivierende Methoden ein „Motivational Design" wichtig, zu dem etwa Keller[3] [4] Anregungen bietet.

Im Projekt wurde ein Übungspaket von 500 Aufgaben erstellt, welche in den gestaffelten Schwierigkeitsstufen die Themen des COSH Mindestanforderungskatalogs adressieren. Level 1 sind leichtere Vorübungen, Level 2 das Niveau des Katalogs, Level 3 führt für Leistungsstärkere schon zum ersten Hochschulsemester. In einem Kooperationsprojekt der Hochschule Offenburg und MassMatics UG wurden die Übungen als „Vorbereitungskurs" in die App TeachMatics (bzw. für Privatanwender die korrespondierende App MassMatics) integriert. Abgesehen davon, dass die Übungs-

3 Keller, J. M. (1987). Strategies for stimulating the motivation to learn. Performance & Instruction, 26(8), 1–7.

4 Keller, J. M. (2010). Motivational design for learning and performance: The ARCS model approach. New York: Springer.

hilfe per Smartphone egal an welchem Ort zur Verfügung steht (auch offline), setzt die App einige didaktische Schwerpunkte, die sich von anderen E-Learning-Systemen teilweise auch stark unterscheiden:

Ziel ist grundsätzlich, klassisch mit Stift und Papier Lösungswege zu erarbeiten und mit einer Kurzlösung abzugleichen, wie es auch Tafelanschrieb oder Bücher verlangen. Der Mehrwert der App zeigt sich, wenn man beim Bearbeiten der Aufgaben auf Hürden stößt: Zu jeder Aufgabe bietet die App nach dem Prinzip „sukzessives Enthüllen" zunächst Tipps, die zum Nachdenken anregen bzw. Zugang zu ausführlichen Erklärungen mit Beispielen. Beim Fortfahren kann der Lernende erste Teilschritte der Lösung vergleichen, letztlich bis hin zum vollständigen Lösungsweg, oftmals auch alternative Lösungswege. Indem man mit Level-1-Aufgaben starten (kann) und indem man Hürden durch Tipps überwindet, werden „Success Opportunities" gefördert und so nach Keller [3, 4] das Durchhaltevermögen gestärkt. Der Umfang der Tipps und Erklärungen und die Hyperlinks innerhalb der Lösungshilfen, dort wo man sie benötigt, wären in Buchformat nicht möglich gewesen. Eine weitere Besonderheit der Mathe-App TeachMatics ist, dass die Tipps und Erklärungen in einer „Tutoren-Sprache" auf Augenhöhe geschrieben sind und so zu der formaleren Sprache der Dozenten oder der Bücher eine Ergänzung bieten. Die App TeachMatics ist für Android und iOS Smartphones und Tablets verfügbar, auch offline, sowie als Browserversion, die in E-Learning-Plattformen wie Moodle oder ILIAS eingebunden werden kann. Auf diese Weise steht die Hilfestellung an jedem Ort zur Verfügung.

Die Mathe-App wird nun nicht nur als Selbstlernmedium positioniert, sondern als Aktivierungsunterstützung in die Präsenzkurse eingebettet. Hierzu installieren die 500 Kursteilnehmer vorab die App und das Übungspaket „Vorbereitungskurs". Es würde genügen, wenn jeder zweite ein passendes mobiles Gerät mitbringt (BYOD = Bring Your Own Device Strategie). Tatsächlich liegt die Abdeckung bei knapp 90 %. Für die Präsenzkurse sollte die Kombinierbarkeit mit klassischen Formaten und Medien gegeben sein, um Bewährtes nicht komplett zu ersetzen, sondern zu ergänzen. Der Blockkurs ist nun nach einem Sandwich-Prinzip konzipiert: Die zeitlich gekürzten Phasen mit Einführung in ein Themengebiet werden im seminaristischen Stil mit Skript und Tafelbeispielen gehalten, da dieser Lehrstil auch in den Grundlagenvorlesungen dominiert. Danach folgt jedoch ein Wechsel in eine explizite Verarbeitungsphase, in denen in der Breite individuell oder in Partnerarbeit geübt wird. Die Übungen erfolgen entlang von klassischen Übungsblättern in Papierform, die pro Aufgabe jedoch eine ID der Mathe-App zeigen. Bei Problemen liefert die Mathe-App die primären Hilfestellungen. Dies ermöglicht ein Arbeiten im individuellen Tempo auch unter sehr heterogenen Bedingungen. Durch die Hilfestellungen aus der App entsteht auch bei großen Gruppen für die Dozenten ein Freiraum, um in individuellen Gesprächen Fragen zu diskutieren. Viele Übungsteilnehmer können ihre Probleme leichter versprachlichen, indem sie auf konkrete Stellen in den App-Lösungswegen verweisen. Nicht alle Teilnehmer bewältigen vor Ort denselben Umfang. Die mobile Hilfe steht für die Nacharbeitung nahtlos zu Hause zur Verfügung und die Teilnehmer sind mit dem Lernmedium vertraut. Eine ausführliche Darstellung der Mathe-App an der Hochschule bieten untenstehende Quellen[5] [6]. Die Mathe-App TeachMatics bietet über 2000 weitere Aufgaben aus Analysis, Lineare Algebra und Statistik für das Grundstudium, ist also „nach oben offen".

Die Präsenzbrückenkurse mit integrierter Mathe-App wurden bisher vier Mal durchlauf, vor den Wintersemestern mit je 400–500, vor den Sommersemestern mit je 130–180 Teilnehmern. Die Lehrbeauftragten nahmen das App-gestützte Konzept offen an, dabei senkten die klassischen Übungsblätter und eine Browservariante für Nicht-Smartphone-Besitzer/innen die Hürde. Die Bedeutung der aktiven Verarbeitungsphasen vor Ort musste jedoch sehr explizit besprochen werden. Neben der hohen Anwesenheitsquote betonen die Dozenten sehr viel konstruktivere Arbeitsatmosphäre und Mitarbeit. Die Studierenden bewerten den Ansatz, in Präsenz zu einem hohen Anteil selbstreguliert zu lernen, sehr positiv und wünschen sich begleitende Hilfen über Apps auch für weitere Fächer, so dass wir aktuell Physikinhalte ausgearbeitet haben. Die Unterstützung des individuellen Lerntempos (86 %) und die Hilfe nach Bedarf (89 %) sind aus Sicht der Teilnehmer/innen am wichtigsten. Zwischen 85 und 90 % der Teilnehmer würden die App weiterempfehlen, die Gesamtkursbewertung liegt mittlerweile bei Note 1,6 bei einer Skala von 1 bis 5.

Über das BYOD-Prinzip konnte eine Aktivierung und das Durchhaltevermögen in großer Breite unter gleichbleibenden Rahmenbedingungen gesteigert werden. Ein Problem bleibt aber weiterhin, dass in der Breite in Themen des Katalogs, die in der Schule nicht (*, **) oder nur sehr begrenzt (z. B. Doppelbrüche) geübt wurden, in einem zeitlich sehr begrenzten Vorkurs kein zufriedenstellender Kenntnisstand erzielt werden kann und dass nach Ende des Präsenzbrückenkurses in der Breite nur eine geringe Motivation zum Weiterüben im Grundlagenbereich zu erkennen ist. Hier könnten innerhalb der Studiengänge weiterführende Reformvorhaben mit verbindlicheren frühzeitigen Diagnostiktests und Übungsstrukturen ansetzen.

Derzeit führen wir in Kooperation mit einigen Schulen der Region erste Projekte zum Einsatz der Mathe-App und dem COSH-orientierten Übungspaket „Vorbereitungskurs" in der Oberstufe durch. Erste Ergebnisse zeigen für Kurssettings, die vom Motivationslevel einem Brückenkurs entsprechen (etwa freiwillige gewählte Mathe-Plus-Kurse) eine sehr gute Akzeptanz. Tendenziell wird das Niveau des Mindestanforderungskatalogs als anspruchsvoll empfunden. Aufgrund von Projekterfahrungen erweitern wir derzeit das Übungspaket der App um weitere niedrigschwellige Level-1-Aufgaben.

---

5 Decker, E.; Meier, B. (2014). Mathe-App als Aktivierungsunterstützung beim Studienstart. Zeitschrift für Hochschulentwicklung. Sonderheft Transfer von Studienreformprojekten für die Mathematik in der Ingenieurausbildung. ZFHE Jg.9/Nr.4. Online unter: http://www.zfhe.at/index.php/zfhe/article/view/716, Zugriffsdatum 21. 6. 2015.

6 Crompton, H., Traxler, J. (Hrsg.) (2015). Mobile Learning and Mathematics: Foundations, Design and Case Studies, New York: Routledge.

3.1.4.1.5 eLearning-Plattform (Rebecca Bulander, Hochschule Pforzheim)

An der Hochschule Pforzheim in der Fakultät für Technik wird in der Vorlesung Mathematik 1 in den Studiengängen Wirtschaftsingenieurwesen und Maschinenbau zusätzlich zu dem Vorlesungsskript, einem auf die Vorlesung zugeschnittenen Lehrbuch, einer eigenen Formelsammlung und einer sehr umfangreichen Sammlung alter Klausuren neuerdings auch ein Mathe-Forum eingesetzt (siehe Abbildung). Dieses Mathe-Forum beinhaltet zu allen in der Vorlesung behandelten Themen umfangreiche, thematisch geordnete und ausführlich ausgearbeitete Übungsaufgaben auf Klausurniveau. Das Mathe-Forum ist in einer Open-Source-Lernplattform umgesetzt, welche über das Internet mit einem normalen Computer aber auch mit verschiedenen Arten von mobilen Endgeräten zugänglich ist.

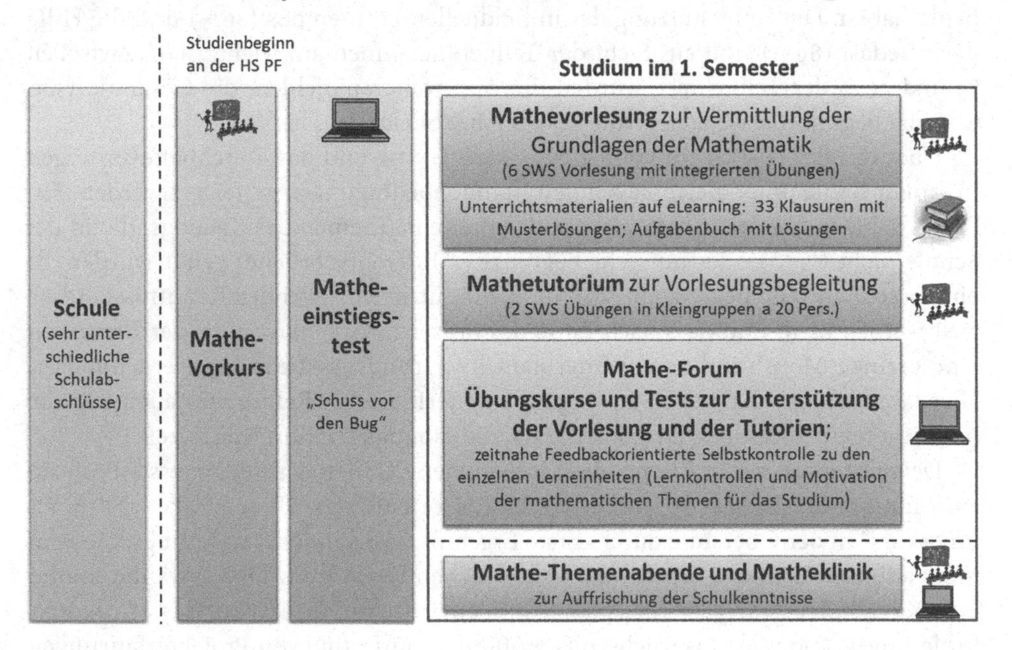

Das Mathe-Forum enthält nicht nur Aufgaben, sondern stellt zu jedem Themenblock in der Vorlesung eine Sammlung von verschiedenen Aufgabentypen in einem Online-Test für die Studierenden bereit. Dabei bekommt ein Studierender nach der Auswahl eines Themenblocks nach dem Zufallsprinzip eine Aufgabenstellung präsentiert und nur bei Eingabe einer Lösung die Verifikation bzw. Falsifikation der Lösung sowie die ausführliche Musterlösung angezeigt. Danach wird eine weitere Aufgabestellung vom System ausgewählt und dargestellt, bis der Themenblock vollständig abgearbeitet ist. Bricht ein Student den Online-Test ab, so kann er bei seinem nächsten Besuch im Mathe-Forum diesen fortsetzen oder aber neu beginnen bzw. einen anderen Themenblock bearbeiten. Der Studierende bekommt von der Lernplattform Statistiken angezeigt: welche Themenblöcke er wie oft bearbeitet hat und wie gut seine Antwortquote bzgl. richtig und falsch ist.

Die besonderen Vorteile der Lernplattform für die Studierenden sind, dass diese Aufgaben auf Klausurniveau enthält, welche in einem Online-Test selbst zeit- und ortsunabhängig in dem eigens gewählten Tempo durchgearbeitet werden können. Die Lernplattform ist dabei in der Lage, verschiedene Schreibweisen wie 0,5 oder ½ und auch Reihenfolgen wie 2x + 5 oder 5 + 2x von Lösungen als gleichwertig zu erkennen. Als besonderer Mehrwert wird den Studierenden nach Eingabe einer Lösung zu jeder Aufgabe eine sehr ausführliche Musterlösung präsentiert, welche es den Studierenden ermöglichen soll, den Lösungsweg alleine nachzuvollziehen und daraus zu lernen. Die Studierenden haben in der Plattform zusätzlich die Möglichkeit, eine Frage zu einer Aufgabe zu stellen, die dann online von dem Lehrenden oder einem Tutor beantwortet werden kann.

Die ersten Erfahrungen dieses Mathe-Forums haben gezeigt, dass vor allem sechs Wochen vor dem Klausurtermin die Zugriffe der Studierenden auf die Lernplattform stark gestiegen sind und v. a. auch viele Zugriffe am Wochenende zu verzeichnen waren. Auch war das mündliche Feedback einzelner Studierender zu dieser Lernplattform durchweg positiv. Lediglich Kleinigkeiten in der Usability der Plattform wurden bemängelt. Die Lernplattform bietet ebenfalls die Möglichkeit, Test-Klausuren für die Studierenden anzubieten, bei denen Aufgaben zufällig aus den verschiedenen Themenblöcken ausgewählt und zu einer Online-Klausur kombiniert werden. Sind die einzelnen Aufgaben mit den Musterlösungen einmal in der Lernplattform eingepflegt, so kann ein Lehrender mit diesen Möglichkeiten wie Online-Tests und Online-Klausuren, relativ viele Studierende ohne großen Aufwand auf freiwilliger Basis erreichen. Sollten diese Online-Tests als prüfungsrelevante Leistungskontrollen in einer Art Zwischentest erfolgen, so kann dies in der Plattform prinzipiell umgesetzt werden, bringt jedoch noch zusätzliche Anforderungen.

3.1.5 Probleme und offene Fragen (aus beiden Arbeitsgruppen)

An fast allen Hochschulen des Landes ist ein Trend zu wachsender Heterogenität bezüglich Bildungsbiographien und Vorkenntnissen (vor allem in Mathematik) deutlich zu beobachten. Insbesondere die Hochschulen für Angewandte Wissenschaften haben viele Bachelor-Studiengänge mit Mathematik als Servicewissenschaft (für Technik, Wirtschaft, Medien) und damit sehr viele Anfänger ohne Vollabitur oder mit Abschlussnoten rund um die „3".

Die Problematik im Übergang Schule-Studium betrifft aber auch die bei Studienstart noch wenig ausgeprägten Fähigkeiten zum selbstregulierten Aufarbeiten der Lücken. Für die Studieneingangsphase ergibt sich daher ein doppeltes Problem. Die Studienanfänger müssen einerseits inhaltliche Defizite, die teils strukturell, teils aber persönlich bedingt sind, so weit aufarbeiten, dass sie den Anfängervorlesungen folgen können und eine realistische Chance auf einen erfolgreichen Studienstart haben. Andererseits müssen aber auch Lern- und Arbeitstechniken, Durchhaltevermögen, Teamfähigkeit und die Fähigkeit zum selbstständigen Lernen und Arbeiten so schnell wie möglich erworben werden.

Ein ungelöstes Problem besteht in der Tatsache, dass viele Veranstaltungen der „Service-Mathematik" von Studierenden vieler verschiedener Studiengänge besucht werden. Dies erschwert natürlich in hohem Maße, die Inhalte auf die verschiedenen Interessen abzustimmen und Beispiele zu finden, die für alle Teilnehmerinnen und Teilnehmer überzeugend sind.

Die Arbeitsgruppen waren sich weitgehend einig, dass Veranstaltungen der „Service-Mathematik" von gut ausgebildeten Mathematiklehrkräften durchgeführt werden sollten und nicht von Dozentinnen und Dozenten aus dem WiMINT-Bereich, die zwar vermutlich genauer wissen, welche Inhalte für ihren jeweiligen Bereich wichtig sind, aber über keine grundständige Mathematikausbildung verfügen.

Das Thema Diagnostik wurde aus Zeitgründen nicht weiter bearbeitet, wobei allen Beteiligten klar war, dass zu einer überzeugenden Gesamtkonzeption im WiMINT-Bereich dieser Aspekt eine wichtige Rolle spielt.

3.2 Bericht zum Forum 2: Online-Test zur Selbstdiagnose auf Basis des Mindestanforderungskatalogs

Jochen Schröder, Hochschule Karlsruhe – Technik und Wirtschaft
Gastautoren

3.2.1 Hintergrund und Motivation des Forums

Seit 2013 gibt es den Mindestanforderungskatalog Mathematik (siehe Anhang dieses Buches) der AG cosh. Neben den Kompetenzen besteht der Katalog vor allem auch aus Beispielaufgaben, die diese Kompetenzen und das gewünschte Anforderungsniveau verdeutlichen sollen.

Der Katalog soll Studienanwärtern rechtzeitig aufzeigen, wenn Ihnen Kompetenzen und Fähigkeiten für ihr Studium im Bereich Mathematik fehlen. Im Katalog wird dabei bewusst auf Lösungen zu den Aufgaben verzichtet, da oftmals nicht vorhandene Fähigkeiten nicht erkannt werden, wenn die Lösung durchgelesen und vermeintlich verstanden werden; außerdem führen Lösungen häufig dazu, dass man sich nicht wirklich mit dem Stoff auseinandersetzt.

Um zu fördern, dass sich die Studierenden intensiver mit den Aufgaben und den damit verbundenen Kompetenzen auseinandersetzen, kam die Idee auf, eine zentrale Online-Plattform im Diagnosesinne aufbauend auf den Kompetenzen und Aufgaben des Mindestanforderungskatalogs zu erstellen.

Viele Hochschulen Baden-Württembergs[1] bieten bereits Testmöglichkeiten an. Diese Tests laufen auf unterschiedlichen Plattformen (ILIAS, Moodle, Bettermarks, ...) und liegen in verschiedenen Formen vor: von der üblichen Testvariante bis hin zur modernen Mathe-App ist alles vorhanden. Insbesondere gibt es neben jeder Menge Know-How somit einen großen Pool an Aufgaben, die auch teilweise auf dem Mindestanforderungskatalog Mathematik basieren.

Da jede Testplattform einer Hochschule zugeordnet wird, fehlt ein zentrales Element, das auch diejenigen Studieninteressierten anspricht, die sich noch nicht für eine Hochschule entschieden haben. Ein solches zentrales Element kann auch mehr

1 Hier wie im Folgenden sind alle Hochschul(typ)en Baden-Württembergs gemeint.

Gewicht haben und somit den Studienanwärtern eher das Gefühl vermitteln, von Bedeutung zu sein, und somit deren Motivation zu steigern, das Angebot anzunehmen. Es ist klar, dass eine zentrale Lösung tatsächlich Hochschul-unabhängig sein muss.

Weniger klar ist allerdings, wie die vorhandenen Angebote dennoch eingebunden werden können, und welche Möglichkeiten eine solche Plattform überhaupt bieten können soll. Außerdem stellt sich die natürliche Frage, die sich auch beim Mindestanforderungskatalog gestellt hat: Wie macht man diese Plattform bekannt und wie kann man die Studienanwärter dazu bringen, sie zu benutzen? Auch weitere Fragen, zum Beispiel, wie die Studienanwärter, Lehrer und Hochschullehrer mit den Ergebnissen umgehen sollen und welche Konsequenzen sich ergeben, stehen im Raum.

Diese Fragestellungen motivierten dieses Forum und sollten in der großen Gruppe diskutiert werden.

Nachfolgend geben wir zunächst eine kleine Übersicht über die Diversität der vorhandenen Angebote der Hochschulen. Hierfür wurden Zuständige für Online-Tests angefragt, ob sie einen Gastbeitrag für diesen Bericht schreiben wollten. Die nachfolgenden Beiträge und exakten Formulierungen stammen von den Gastautoren, denen der Autor an dieser Stelle herzlich für ihr Engagement dankt. Es wurden mögliche Themenschwerpunkte vorgeschlagen, die im Artikel der Hochschule Aalen eingesehen werden können, die Autoren waren aber inhaltlich frei, ihr Testsystem vorzustellen. Die Auswahl der Hochschulen, die leider aufgrund des beschränkten Platzes nötig war, und die Reihenfolge der Beiträge stellt keine Wertung dar, sondern erfolgt nach der Reihenfolge des Eingangs.

3.2.1.1 Testerfahrung mit Studienanfängern und Schülern (Eva Decker, HS Offenburg)

An der Hochschule Offenburg führen wir für derzeit 18 Bachelor-Studiengänge der Bereiche Technik, Wirtschaft, Medien einheitliche Mathematik-Grundlagen-Tests inklusive statistischer Auswertungen durch. Die Zielgruppe sind die Studienanfänger. Die Testläufe finden in drei Phasen statt: Eingangstest zum (Präsenz-)Brückenkurs, Ausgangstest und nach 4–6 Wochen ein Follow-up Test (mit allen Vorlesungsteilnehmern, auch Nicht-Brückenkursteilnehmern). Zielsetzung ist, den Studienanfängern ihren Nachholbedarf bewusst zu machen (Selbstdiagnose) bzw. einen realistischen Eindruck zum bereits erzielten Lernfortschritt zu vermitteln. Bisher fließen nur in einzelnen Studiengängen Ergebnisse des Follow-up Tests in die Mathe1-Prüfung ein.

Inhalte

Zum WS2013/14 erfolgte eine Neukonzeption des Präsenzbrückenkurses, bei der Aktivitätsphasen mit Unterstützung einer Mathe-App gestaltet wurden (siehe Bericht zum Forum 1, Abschnitt 4 Mathe-App). Zusammen mit den Kursinhalten und Trainingsaufgaben der App wurden auch die Testinhalte an den COSH Mindestanforderungskatalog angepasst. Thematisch beschränken wir uns beim Test auf die Themen der Algebra. In diesem Bereich empfinden unsere Mathe1-Dozenten die Hauptdefizite, welche zudem im Gegensatz zum Thema Funktionen bzw. Vektorrechnung in der regulären Vorlesung kaum ausführlich aufgegriffen werden können. Deshalb durchlaufen alle unsere MINT-Studiengänge an 6 von 8 Brückenkurstagen einen Algebra-Schwerpunkt. Die 15 Testaufgaben (keine Hilfsmittel) entsprechen zum überwiegenden Teil eng Aufgaben des COSH Mindestanforderungskatalogs, beispielsweise Doppelbruch wie Nr. 31, Kürzen mit binomischer Formel wie Nr. 25,..., Betrag wie Nr. 5a, Ungleichung wie Nr. 47, etc. Als Konsequenz beinhaltet der Test also auch *- und **-Aufgaben, die derzeit nicht Teil der Bildungspläne (aller) Schulen sind, was wir vorab mit den Teilnehmern auch besprechen. Für einzelne Aufgaben wie $\log x = -2$ beinhaltet der COSH-Katalog derzeit kein Beispiel, obwohl die Thematik als *-Thema anklingt.

Medium

Wir hatten schon vor WS2013/14 einen Mathe-Grundlagentest als Moodle-Testfragen hauptsächlich vom Multiple-Choice-Typ implementiert. Es gestaltete sich jedoch als organisatorisch nicht praktikabel bzw. ineffizient, mit 500–1000 Teilnehmer im engen Zeitraster eines Brückenkurses oder einer Vorlesung PC-Räume zu besuchen (Skalierbarkeit). Deshalb führen wir aktuell die Tests in den üblichen Klassenzimmern per Papierformular durch, was sich sehr einfach parallelisieren lässt. Die Teilnehmer schreiben ihre Resultate in das Formular (kein Multiple-Choice, keine Formeleingabe notwendig). Nach Testende tauschen die Teilnehmer ihren Test mit dem Sitznachbarn, die Lösungen werden projiziert und es erfolgt eine Partnerkorrektur. Das Ergebnis kann sofort eingesehen werden. Die Testformulare werden eingesammelt und 1–2 Tutoren überprüfen und übertragen in sehr überschaubarer Zeit die Testergebnisse in vorbereitete Excel-Dateien. Da wir die Mathe-App TeachMatics für die Übungseinheiten im Brückenkurs benutzen, arbeiten wir aktuell auch an einer Testerweiterung dieser App mit dem Ziel, dass die Testergebnisse per Smartphone erfasst werden können. Diese App ist verfügbar für iOS und Android Geräte und funktioniert auch offline.

Erfahrungen zu den Testergebnissen

Unser Testszenario auf Basis des COSH Mindestanforderungskatalogs wurde mittlerweile in 4 Semestern mit insgesamt über 1400 Teilnehmern durchgeführt. Die Zielerreichung beim Eingangstest der Brückenkursteilnehmer liegt je nach Studiengang bei durchschnittlich nur 15 (!!!) bis 40 % (Gesamtmittel 23 %). Nach 7 halben Tage des Mathematik-Brückenkurses werden je nach Studiengang durchschnittlich 32 bis 77 % erreicht (Gesamtmittel 54 %). In (wenigen) Studiengängen, bei denen die Ergebnisse in die Mathe1-Klausur einfließen bzw. in (bisher selten praktizierte) Übungsanreizsysteme eingebunden sind, finden wir bis zum Follow-up Test die maximalen Zuwächse.

Erfahrungen in Schulkooperationen

Aktuell haben wir einige Schulprojekte mit den Vorbereitungskurs-Aufgaben auf COSH-Niveau und Mathe-App zur Stütze des selbstregulierten Lernens. Diese Projekte fanden bisher mehrheitlich in Gymnasien statt. Selbst in Mathematik-Vertiefungskurse fallen die Eingangstest nicht wesentlich besser aus. In einigen Schulklassen ist der Lernzuwachs aber etwas höher als der Hochschuldurchschnitt. Dennoch hat bisher keine der Schulklassen das COSH-Niveau in der Breite erreicht.

Reflexion und Anforderungen

Als Hochschule sehen wir ein großes Potenzial darin, über zentrale diagnostische Tests frühzeitig über die Anforderungen eines MINT-Studiums aufzuklären. Eine COSH-Testplattform könnte den Dialog mit den Schulen weiter unterstützen und eine wertvolle Orientierung für Studieninteressierte, Lehrer und Hochschulen bieten. Gleichzeitig sollten die vielfältigen Unterstützungsangebote der Hochschulen in diesem Zusammenhang kommuniziert werden und vor allem unsicheren Interessenten vermittelt werden, dass es sich bei dem Ausgleich der Defizite um eine bewältigbare Aufgabe handelt (die jedoch selbst von Abiturienten Aktivität verlangt).

Aus Sicht der Hochschulen wünschen wir uns von der COSH-Testinitiative vor allem einen Beitrag zu einer inhaltlichen Standardisierung des Testumfangs und Niveaus und der zulässigen Hilfsmittel. Nach unserem Eindruck liegen die COSH-Algebra-Aufgaben bisher über dem Niveau der Eingangs- oder Vorkurstests vieler anderer Hochschulen. Zu klären wird sein, inwieweit ein Bruch (Inhalte/Niveau/Rahmenbedingungen) zu den bereits existierenden und weiter genutzten COSH-orientierten Hochschul-Test-Szenarien vermieden werden kann.

Keinen Bedarf bzw. Vorteil würden wir in einer losen, schwer überblickbaren Sammlung von mehreren hundert COSH-konformen „Testaufgaben" sehen. Hilfreich wären pro Thema (Algebra, Funktionen, Geometrie etc.) durchdachte Testeinheiten, ausgelegt auf typische und vor allem praktikable Testdauern zwischen 30 und 45 Minuten, welche die durch die Aufgaben des Mindestanforderungskatalogs dargelegten Unterthemen (Quadratische Gleichungen, Doppelbrüche,...) systematisch und mit passendem Niveau testen. Sie sollten in wenigen Varianten desselben Aufgabentypen ausgestaltet sein, so dass sich Pre-/After-/Follow-up Tests mit einem gewissen fein-diagnostischen Potenzial erstellen lassen („Bei Doppelbrüche immer noch Nachholbedarf..."). Damit könnten auch Hochschul-Diagnosetest-Szenarien auf die COSH-Plattform (um)gestellt werden oder zumindest die Inhalte in passende Medien übernommen werden. Mit standardisierten Testmodulen wären die Hochschulen auch in einer besseren Position, die Wirksamkeit von Lernsettings vergleichend untersuchen zu können.

Grundsätzlich zeigt unsere Erfahrung, dass es in der Praxis oft hilfreich ist, die Frage nach Lernsettings (mit Trainingseinheiten, Theorieerklärungen und ggf. E-Learning-Unterstützung) logisch und technisch entkoppelt zu sehen von Test-/Diagnoseverfahren. Bei den ersteren wird es naturgemäß immer von Vorteil sein, auf eine große Bandbreite und Freiheit der Lehre setzen zu können. Bei Diagnosetests bestehen sowohl inhaltlich wie auch technisch ein größeres Potenzial und Vorteile einer Standardisierung.

3.2.1.2 Beitrag der HTW Aalen zum Tagungsband zum Thema „Cosh-Mianka Umsetzung" (Armin Egetenmeier, Axel Löffler, HTW Aalen)

Auf welchem „System" läuft die Plattform?

Die Hochschule Aalen verwendet das Learning Management System (LMS) Moodle. Dieses kann auf Grund der Nutzungsrechte nur von Rechnern im (Hochschul-)Netzwerk oder mittels VPN von außerhalb aufgerufen werden.

Wie lange ist die Plattform schon im Einsatz? Wie hat diese sich entwickelt?

Die erste Umsetzung des Cosh-Mianka in digitaler Form wurde durch Mitarbeiter des Grundlagenzentrums (GLZ) bereits Ende 2013 begonnen, sodass ein erster (kleiner) Betatest zum Vorkurs im Sommersemester 2014 stattfinden konnte. Ein Großteil der Aufgaben aus dem Mianka (Vers. 1) musste auf Grund der technischen Beschränkungen des LMS hierzu umgeschrieben werden, sodass eine geschlossene Frageform vorhanden war. Dies war nötig, da die Freitextform der Aufgaben, wie sie im originalen Dokument zu finden ist (siehe Abbildung 1), sich nur schwer reproduzieren und insbesondere deren Lösung in digitaler Form prüfen lässt. Abbildung 2 zeigt die Realisierung in Moodle in der ersten Umsetzungsform.

Abbildung 1 Originale Aufgabe aus dem Mianka (Vers. 1)

32. Fassen Sie folgenden Ausdruck zusammen:

$$x^2x^4 + \frac{x^8}{x^2} + (x^2)^3 + x^0$$

Abbildung 2 Umsetzung in Moodle (1. Version)

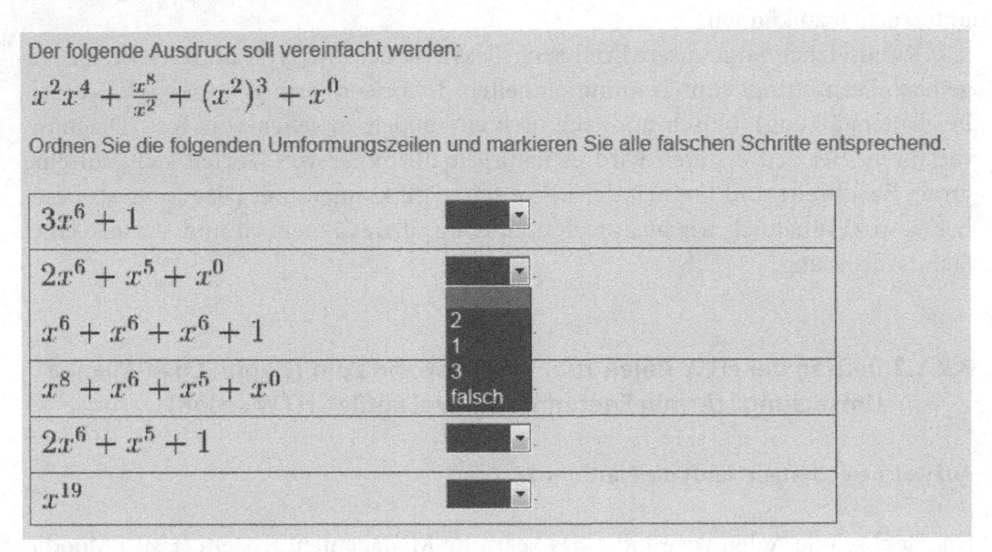

Zusätzlich wurden einige Aufgaben ergänzt, welche sich nur in den Zahlenwerten zum Original unterscheiden. Auf diese Weise konnte ein Test- und passendes Übungssystem als E-Learning-Kurs im LMS gestaltet werden.

Bei dem Betatest wurden bereits einige Schwächen des LMS offensichtlich, insbesondere in der Darstellung mittels LaTeX oder der Limitierung durch die (geschlossene) Frageform. Andere Punkte, wie bspw. die zu geringe Aufgabenvarianz oder der Wunsch, bei der Lösung ein Beispiel bzw. eine Erläuterung zu erhalten, kamen als Feedback von den Studierenden. Die Umsetzung der Aufgaben in Form eines digitalen Testes ohne Erläuterung der richtigen Lösung wurde ebenso untersucht, aber auf Grund der Eingliederung im Vorkurs wieder verworfen.

Die Studierenden lobten im Rahmen des Betatests vor allem die Möglichkeiten dieses E-Learning Angebots bezüglich der zeitlichen Flexibilität. Auf die Frage, was die Studierenden darüber hinaus besonders gut an der digitalen Übungsform fanden, gab es folgende Rückmeldungen:

- „Man konnte sich selbst testen und somit sehen, […] was man noch üben muss."
- „[…]als Kontrolle für mich persönlich, in Bezug auf „Wo stehe ich?"[…] sehr hilfreich."

Zum Wintersemester 14/15 wurde das Konzept des E-Learning Kurses auf ein reines Übungssystem umgestellt, welches seither als „alternative Lernumgebung" bezeichnet wird. Es wurde nach dem konstruktiven Feedback der Studierenden nochmals grundlegend überarbeitet und die Umsetzung durch das Plug-In „wiris" (www.wiris.com) optisch und inhaltlich aufgewertet. Dieses Plug-In ermöglicht eine einheitlichere Gestaltungsform vor allem in Bezug auf Formeldarstellungen. Es bietet zudem einfache Erweiterungsmöglichkeiten bestehender Aufgaben an, durch die „Programmierung" von Alternativen. Zudem konnte nun die geschlossene Frage- und Antwortform an einigen Stellen „gelockert" werden, die Lösungseingabe durch ein Baukastensystem der Eingabe „freier" gestaltet werden und somit der Mianka (Vers. 2) zum Teil mit gleichem Wortlaut eingebunden werden (siehe Abbildung 3). Auf diese Weise kann die ursprüngliche Idee der Aufgabe beibehalten werden.

Abbildung 3 Umsetzung in Moodle mit wiris (aktuelle Version)

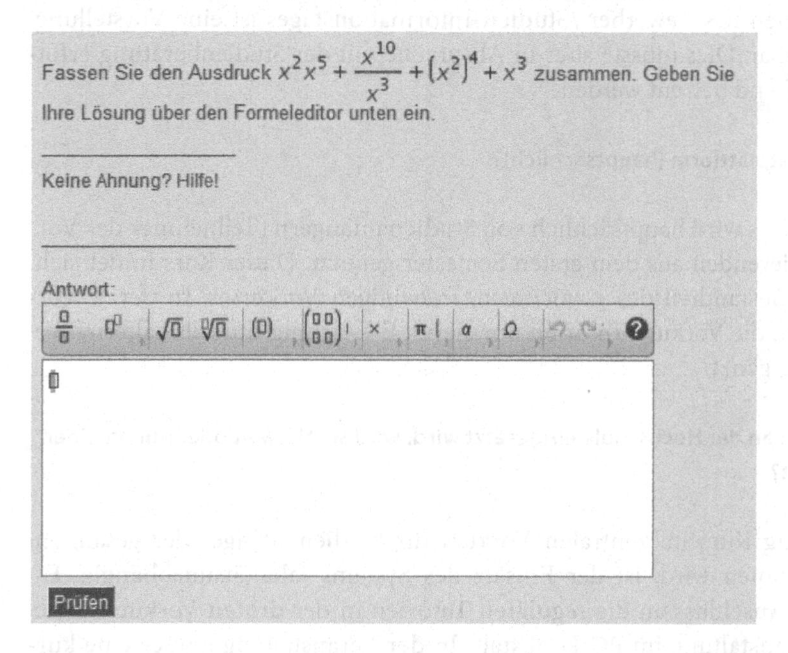

Es konnten fast alle Aufgaben umgesetzt werden, wobei sich wegen der Angliederung zum bestehenden Vorkurs nur etwa 50 Aufgaben für den aktuellen E-Learning Kurs direkt eigneten. Diese sind im LMS zur Bearbeitung für die Nutzer verfügbar. Eine Einbindung der weiteren Aufgaben ist geplant, konnte aber bisher nicht passend zu den Vorkursinhalten erfolgen.

Zusätzlich zu den originalen Cosh-Mianka Aufgaben wurden zu einigen Umsetzungen alternative Aufgabenstellungen implementiert. Diese sollen zusätzlich die Aufgabenvarianz/-fülle erhöhen und durch etwas leichtere bzw. schwierigere Berechnungen verschiedene Niveaustufen der Teilnehmer ansprechen und abdecken. Diese Varianten basieren insbesondere auf den Aufgaben aus dem Cosh-Mianka, welche direkt zum Vorkurs passen.

Der Bezug zum bestehenden Vorkurs ist über Hinweise auf dessen Unterlagen gegeben (siehe Abbildung 3, Hilfe-Button). Auf diese Weise kann die Theorie oder Rechentechnik an einigen Stellen durch den Nutzer selbstständig wiederholt werden.

Die Ergänzung einzelner Aufgaben mit einem „Feedbacksystem" zu den Antworten, welches auf typische Fehler hinweisen soll, ist in einer ersten Version umgesetzt. Dieses muss aber noch intensiver getestet werden und befindet sich deshalb noch in der Entwicklung.

Ist das System auch für Schüler nutzbar?

Das „System" bzw. der E-Learning Kurs im LMS, welcher auf den Cosh-Mianka Inhalten beruht, kann von Schülern außerhalb der Hochschule aktuell nicht genutzt werden. Im Rahmen des Bewerber-/Studien-Informationstages ist eine Vorstellung des Systems denkbar. Dies müsste aber in Absprache mit der Studienberatung erfolgen und entsprechend betreut werden.

Wer benutzt die Testplattform (hauptsächlich)?

Der E-Learning Kurs wird hauptsächlich von Studienanfängern (Teilnehmer des Vorkurses) und Studierenden aus dem ersten Semester genutzt. Dieser Kurs findet sich im LMS und ist Bestandteil des 3-wöchigen, freiwilligen Vorkurses. In der 3. Vorkurswoche werden die Vorkurs-Tutorien um diesen E-Learning Kurs als „alternative Lernumgebung" ergänzt.

Wenn die Plattform an der Hochschule eingesetzt wird, wird sie HS-weit oder nur an einer Fakultät eingesetzt?

Da der E-Learning Kurs im zentralen Vorkurs für Studienanfänger der gesamten Hochschule angeboten wird, ist der Einsatz des Systems fakultätsunabhängig. Es findet hierzu im Anschluss an die regulären Tutorien in der dritten Vorkurswoche eine betreute Veranstaltung im PC-Pool statt. In der Veranstaltung gibt es eine kurze Einführung und Erläuterung des Systems. Die Betreuung wird durch Mitarbeiter des Grundlagenzentrums (GLZ) übernommen, welche auch den Vorkurs abhalten, so dass Ansprechpartner für Fragen vorhanden sind. Ein hochschulweiter Einsatz außerhalb des Vorkurses ist ebenso denkbar, müsste von den betreffenden Studiengängen jedoch betreut bzw. unterstützt werden.

Läuft die Nutzung rein freiwillig oder müssen die Studienanfänger/Studierenden das System nutzen?

Die initiale Berührung mit dem E-Learning Kurs findet vor Semesterbeginn auf freiwilliger Basis statt, aber es wird darauf verwiesen, dass der Kurs auch während des Semesters frei zugänglich ist.

Eine vereinzelte Nutzung konnte deshalb auch im ersten Semester beobachtet werden.

3.2.1.3 Mathematikgrundlagen Digital – das integrierte Vermittlungskonzept der Hochschule Heilbronn (Andreas Daberkow, Oliver Klein, Hochschule Heilbronn)

Seit über 7 Semestern werden Mathematik-Wissenslücken der Erstsemester an der Hochschule Heilbronn (HHN) durch den integrierten Einsatz eines Mathematik-Onlinesystems erfolgreich geschlossen.

Konzept

Das digitale Lern- und Prüfungskonzept „Mathematikgrundlagen Digital" der HHN bietet den Studierenden ein Online-Lernsystem mit vielen interaktiven Eingabemöglichkeiten per Formel, mit Graphen- und Geometriekonstruktion, über Funktionen oder durch Baumdiagramme. Eine Adaptivität ist in einem Lernnetz implementiert, darauf aufbauend werden individuelle Wissenslücken identifiziert und rückgemeldet. Ein Aufgabenpool mit hoher Vielfalt in der Tiefe und in der Breite unterstützt die Nutzung des für den Schuleinsatz entworfenen Systems auch an einer Hochschule.

Im entwickelten Konzept durchlaufen die Erstsemester in Präsenz in der ersten Woche zunächst eine Einführungsveranstaltung sowie nach drei Wochen eine Eingangsprüfung. Werden 60 % der Aufgaben (je 5 Aufgaben aus den Themenfeldern Funktionen, Trigonometrie, Gleichungen, Terme und Brüche) richtig gelöst, so gilt der Test als bestanden, sonst ist ein weiterer Abschlusstest gegen Semesterende abzuleisten. Die intuitive Bedienung des Online-Lernsystems erfordert nur einen geringen Supportaufwand.

Eingangs- und Abschlussprüfung werden unter Aufsicht im Computerlabor betreut, in einem Forum können offene Fragen besprochen werden. Für die Durchführung der Tests im Semester steht eine Supportorganisation für Studiengänge und Studierende zur Verfügung. Individuelles Lernen und Prüfen finden in demselben System statt. Aus den 100 000 Aufgaben des Online-Lernsystems hat das Einführungsteam einen Katalog von Übungsaufgaben sowie einen Test als Generalprobe extrahiert. Die Korrektur der Tests erfolgt durch das System automatisch und entlastet den Lehrkörper wesentlich. Das Konzept beinhaltet ferner eine Adaption des Online-Lernsystems an Hochschulerfordernisse. Zunächst sind der Schulbezug und das Duzen des Anwenders in der ersten Ebene des Lernsystems entfernt worden. Im modifizierten System ist außerdem im oberen linken Bereich des Lernsystem-Portals der Bezug zur Hochschule als Logo immer erkennbar. Der Einsprung in das Online-Lernsystems aus dem Lernmanagementsystem ILIAS der HHN erfolgt über die Standardschnittstelle „SCORM", welche von allen gängigen Lernmanagementsystemen unterstützt wird. Das Online-Lernsystem wird in der zentralen Studienberatung der HHN auch rein webbasiert ohne Lernmanagementsystemkopplung zur freiwilligen Nutzung angeboten.

Das wesentliche Erfolgsmerkmal im Vermittlungskonzept ist die bindende Verpflichtung der Erstsemester zum Mathematik-Grundlagentest. Ohne einen einmalig bestandenen Test ist je Studiengang keine Zulassung zu bestimmten Erst- und Zweitsemesterprüfungen gegeben. Diese Verpflichtung ist durch das Prorektorat Lehre und Qualitätssicherung in enger Abstimmung mit den Prüfungsausschüssen der Studiengänge festgelegt worden. Mit diesen Eckpfeilern hat die HHN ein seit 7 Semestern bewährtes digitales Lern- und Prüfungskonzept „Mathematikgrundlagen Digital“ im produktiven Betrieb.

System und Qualität

In vielen digitalen Übungs- und Testkonzepten für Hochschulen werden Online-Aufgabenkataloge oder Videotutorials zusammengestellt und implementiert. Die fehlende Verpflichtung der Studierenden, eine mangelnde digitale Prüfungsfunktionalität oder eine geringe mediale Attraktivität der erstellten Kataloge oder Medien erschweren häufig einen anhaltenden Erfolg. Durch das Vermittlungskonzept der HHN wird dies vermieden. Die Nutzung des professionellen Online-Lernsystems bettermarks der Fa. bettermarks GmbH mit hoher medialer Anmutung entlastet die Organisation von einer wiederholten Implementierung von Einzelaufgaben. Für die Studiengänge sind erprobte Prüfungsausschuß-Templates zur bindenden Verpflichtung der Studierenden verfügbar. Alle das Konzept Betreffende aus der Hochschulorganisation sind mit einbezogen. Die zusätzlich erforderliche Präsenz abends oder am Samstag sowie die damit verbundenen Kosten hält viele Studierende im ländlichen Raum vom Besuch von Präsenzbrücken- oder Aufbaukursen ab. Hier werden über den Online-Ansatz die Zusatzaufwände reduziert und in eine für die Studierenden wertschöpfende und individuell steuerbare Zeit für die Einübung von Mathematik-Grundlagen umgewandelt. Die notwendige handwerkliche Mathematik als wichtiges Element für den Studieneinstieg auch in den Fächern Technische Mechanik oder Elektrotechnik ist durch die erfassten Themengebiete Funktionen, Brüche, Gleichungen, Trigonometrie und Terme bis Niveau 10. Klasse Gymnasium abgedeckt.

Das als Kernsystem im Konzept verwendete Online-Lernsystem bettermarks ist auf eine schulische Nutzung ausgerichtet und basiert auf dem pädagogischen-didaktischen Prinzip „Lernen aus Fehlern“. Anders als bei anderen digitalen Lernsystemen mit überwiegenden MultipleChoice Fragen stehen bei bettermarks über 40 hoch-interaktive Eingabe-Werkzeuge mit intuitiver Eingabemöglichkeit zur Verfügung. Diese Eingabe-Werkzeuge ermöglichen es dem Lernenden Fehler zu machen. Die Eingaben werden von einem implementierten Didaktischen Algebrasystem ausgewertet, auch korrekte Ansätze werden erkannt. Bei jedem Aufgaben-Typ sind typische Fehler-Muster mit didaktischen Hinweisen hinterlegt. Da der Nutzer im Übungsmodus bei jedem Aufgabenschritt immer zwei Versuche hat, kann er so aus seinen Fehlern lernen. Unterstützt wird dies durch Hinweise, Tipps und ausführliche Lösungswege. Die Inhalte des Online-Lernsystems basieren auf einem sog. Lernziel-Netz aus 1600

Lernzielen. Jedes dieser Lernziele dient dem Erlernen einer spezifischen mathematischen Kompetenz, dazu gibt es eine entsprechende Lernziel-Übung mit mehreren, aufeinander aufbauenden Aufgabentypen. Das System verfolgt den Lernfortschritt des Nutzers und erkennt anhand der Fehler und auf Grundlage des Lernziel-Netzes vorhandene Wissenslücken. Durch die Vielzahl der verknüpften Aufgaben im implementierten Lernnetz können Themenfelder „entdeckt" und selbstständig „erkundet" werden. In einer Teilmenge von speziellen Anwendungsaufgaben wird den Lernenden ein Alltagsbezug sowie der Bezug zu Themen aus Naturwissenschaft und Technik vermittelt.

Das Online-Lernsystem bettermarks ist in vier Sprachen verfügbar, eine weiter ist in Vorbereitung. In Deutschland wird bettermarks an über 300 Schulen per Lizenz genutzt und im Schuljahr 2014/15 haben über 11 000 Schüler im Schnitt 600 000 Aufgaben pro Woche gerechnet. In Uruguay haben über 25 000 Schüler knapp 1 Mio. Aufgabe pro Woche gerechnet und in den Niederlanden findet nach erfolgreichem Markttest mit 1500 Schülern (die 130 000 Aufgaben pro Woche gerechnet haben) der Rollout im Herbst 2015 statt. Das System hat die Auszeichnungen EdTech 2014, die Comenius Medaille 2013, den digita 2011 & 2012 und die Giga Maus 2010 erhalten. Von der HHN wurde das hier beschriebene Vermittlungskonzept mit dem integrierten Online-Lernsystem zur Bewerbung auf den Landeslehrpreis 2015 des Landes Baden-Württemberg eingereicht.

Die Ersterprobung des Vermittlungskonzeptes erfolgte im Wintersemester 2011/2012 mit 60 Studierenden aus den Studiengängen „Robotik und Automatisierungstechnik" sowie „Elektronik und Informationstechnik". Aus den Erfahrungen dieser Piloterprobung wurden die Änderungen am Online-Lernsystem spezifiert und vom Systemhersteller umgesetzt. Durch begleitende studentische Umfragen wird die Akzeptanz von Online-Lernsystem und Vermittlungskonzept kontinuierlich erfragt. Interessanterweise werden trotz der Mehraufwände das System und die Supportprozesse überwiegend positiv bewertet. Im Wintersemester 2012/2013 beispielsweise stimmten 74 % der 185 Befragten voll und ganz oder eher zu, dass das Üben der Mathematik mit dem Lernsystem eine gute Idee ist. Die Befragten der Semester Sommer 2012 bis Sommer 2014 geben dem Lernsystem jeweils die Schulnote 2,7; 2,3; 2,2; 2,7 bzw. 2,5, im aktuellen Sommersemester die Schulnote 2,4. Bis zu 460 Studierende aus 9 Studiengängen aus mehreren Fakultäten und an unterschiedlichen Standorten werden pro Semester aktuell durch diesen Prozess geführt.

Wie für viele Vermittlungskonzepte gilt auch für dieses Konzept, dass Gruppen für einen Vergleich praktisch nicht bildbar oder hinsichtlich eines weiteren Studienerfolges praktisch nicht begleitbar sind (Gleichstellung, Datenschutz, Aufwände, ...). Die Wirksamkeit wird hier wie folgt bewertet: Für alle ist zunächst enttäuschend, dass sich der Prozentsatz von fast 60 % der Erstsemester verfestigt, die den Eingangstest nicht bestehen und damit nachweislich nur mangelhafte Kenntnisse der Mittelstufenmathematik aufweisen. Die Wirksamkeit des Konzeptes wird dadurch als erwiesen angesehen, dass spätestens nach der 2. Pflichtwiederholung über 95 % der Erstsemester den Test bestehen und damit gezeigt haben, dass sie ihre Lücken in den geprüften Grundlagen geschlossen haben.

Transferoptionen zum Vermittlungskonzept

Eine einfache Transfermöglichkeit des Vermittlungskonzepts besteht für ähnliche Bildungseinrichtungen wie Universitäten, Fachhochschulen oder Duale Hochschulen. Die HHN stellt die Übungen sowie den Diagnosetest im Lernsystem gerne zur Verfügung. Eine weitere Nutzbarkeit ist die Vorbereitungsphase für ein technisches Studium an einer Hochschule. Aus dem Diagnosetest kann direkt in das Lernmodul des Systems gesprungen werden. Dies ist entscheidend, da die (fehlende) Eigenmotivation von Studieneinsteigern zum selbstbestimmten Nachlernen ein Hindernis zum Erfolg ist.

Im schulischen Bereich im Übergang zur Sekundarstufe II aus anderen Bildungseinrichtungen gibt es ebenso das Thema einer heterogenen Wissenstandes zur Mathematik, was dann das gemeinsame Arbeiten am vorgesehenen Unterrichtsstoff erschwert. Hier erscheint das hier beschriebene Vermittlungskonzept ebenso übertragbar. Erste Gespräche mit schulischen Bildungseinrichtungen bestätigen dies.

Eine weitere aus Lehrergesprächen entstandene Transfermöglichkeit besteht im Einsatz an der Ganztagesschule. Hier fehlen oft Angebote für Leerstunden in den Nachmittagen. Daher scheint das Hochschul-Vermittlungskonzept „Mathematikgrundlagen Digital" auch als Lernangebot an den Nachmittagen ggf. mit Betreuung durch einen Fachlehrer oder Schülertutoren an die Schulen transferierbar. Durch die SCORM-Schnittstelle ist eine Integration in vorhandene Schul-Lernmanagementsysteme leicht möglich.

3.2.1.4 Der Online Mathematik Brückenkurs OMB+ (Volker Bach, TU Braunschweig)

Seit vielen Jahren wird von Seiten der Hochschulen, der Schulen, der ausbildenden Betriebe und nicht zuletzt auch von den Eltern die sich stetig verringernden mathematischen Grundkenntnisse der Schülerinnen und Schüler am Ende ihrer Schulausbildung beklagt. Speziell beklagen die Hochschullehrenden bundesweit die immer geringeren mathematischen Vorkenntnisse der Studienanfänger in Studiengängen mit curricularer Verankerung mathematischer Lehrveranstaltungen. Vor allem im Bereich der MINT-Studiengänge zeigen sich oft gravierende Lücken. Über die Ursachen dieses Verfalls gibt es viele Analysen und Spekulationen. Der OMB+ ist eine Initiative zur Überwindung des Stadiums der Ursachenforschung, das von gegenseitigen Schuldzuweisungen der bildungspolitischen Akteure geprägt ist.

Der Online-Mathematik-Brückenkurs OMB+ (https://www.ombplus.de/) dient zur Vorbereitung von Studienanfängern auf ein Studium mit integrierten Mathematik-Pflichtkursen. Zu diesen Studiengängen gehören u. a. die Ingenieur-, Wirtschafts-, und Naturwissenschaften sowie Informatik und schließlich Mathematik selbst. Der OMB+ hat das Ziel, die Mathematikkenntnisse der Schule aufzufrischen und die notwendige Sicherheit beim Umgang mit mathematischen Konzepten und bei der Anwendung grundlegender Verfahren zu vermitteln. Inhaltlich richtet sich der OMB+ nach dem von der COSH-Gruppe aus Baden-Württemberg erstellten Mindestanforderungskatalog (siehe Anhang des Tagungsbandes, Anm. der Red) für ein Hochschulstudium aus.

Ein Konsortium von 14 deutschen Hochschulen (RWTH Aachen, TU Berlin, TU Braunschweig, HS Bremen, U Bremen, FH Dortmund, U Duisburg-Essen, HCU Hamburg, KLU Hamburg, TU Hamburg-Harburg, U Hamburg, TU Kaiserslautern, FH Köln, HS Ruhr-West) hat unter inhaltlicher Federführung der TU Braunschweig seit November 2013 gemeinsam mit dem Berliner Softwareunternehmen integral-learning GmbH den OMB+ konzipiert, entwickelt und implementiert. Von mehr als 20 Hochschulen wird der OMB+ den Studienanfängern als Vorbereitung auf das Studium empfohlen. Darüber hinaus hat die nordrhein-westfälische Landesregierung den OMB+ in ihren studifinder integriert und die Deutsche Physikalische Gesellschaft empfiehlt und bewirbt den OMB+ (s. die ZEIT vom 05.06.2015). Zwischen März und September 2015 ist die Beta-Version des OMB+ online in Betrieb, zum Wintersemester 2015/16 wird der OMB+ gemeinsam mit dem VE&MINT-Kurs als TU9-Brückenkurs angeboten werden.

Der OMB+ ist online frei verfügbar – die Selbstzuordnung zu einer Hochschule dient nur statistischen Zwecken. Über die Kreditierbarkeit des von den Kursteilnehmern erworbenen Zertifikats entscheiden die Nutzerhochschulen.

Die Arbeitsweise können die Kursteilnehmer für den OMB+ sehr flexibel individuell einrichten: Sie benötigen nur einen Internetanschluss mit einem Standard-Browser und arbeiten wann, wo und wie oft sie wollen. Sie lernen wahlweise allein oder gemeinsam mit anderen Kursteilnehmern in einem virtuellen Tutorium. Täglich von 10.00 bis 20.00 Uhr – auch an Wochenenden – stehen Ihnen speziell geschulte Tutorinnen und Tutoren im Call-Center des OMB+ bei allen Fragen zum Kurs zur Seite. Sie moderieren auch die o. g. virtuellen Tutorien.

Der Kurs gliedert sich in zehn Kapitel, wobei – grob gesagt – die ersten fünf davon Mittelstufenmathematik und die letzten fünf Oberstufenmathematik behandeln. Jedes Kapitel besteht aus

* 2–4 Artikeln, in denen die Inhalte durch Definitionen, Regeln, Sätze, Erklärungen, Beispiele, Bemerkungen usw. dargelegt sind. Zu jedem Artikel gibt es
* 4 Übungsausgaben, in denen Aufgaben exemplarisch und mit ausführlichen Erklärungen vorgerechnet werden,
* 4 Quizaufgaben, mit denen die Kursteilnehmer ihr Verständnis der Inhalte selbst kontrollieren und
* 4 Trainingsaufgaben, die auf die Schlussprüfung des Kapitels vorbereiten.

* Am Ende des Kapitels gibt es eine Schlussprüfung mit mehreren Aufgaben, die erst mit der richtigen Beantwortung aller Aufgaben bestanden ist (aber beliebig oft wiederholt werden kann).

Zu den Übungs-, Quiz-, Trainings- und Schlussprüfungsaufgaben gibt es jeweils Aufgabenpools die die vierfache Zahl der jeweiligen Aufgaben fassen. Die den Kursteilnehmern vorgelegten Aufgaben werden zufällig aus dem Pool gezogen. Außerdem sind die in die Aufgaben eingehenden Parameter randomisiert, sodass eine große Aufgabenvielfalt entsteht. Diese Maßnahmen verhindern die Korrektur von falschen Lösungen allein durch das Ausschlussprinzip, was insbesondere bei Multiple-Choice-Aufgaben wichtig ist.

Der inhaltlichen und didaktischen Konzeption des OMB+ liegen folgende Überlegungen zugrunde.

* Den Nutzern des OMB+ und anderer (Online- oder Präsenz-) Brückenkurse steht typischerweise jeweils nur wenig Zeit zur Verfügung. Personen mit einem deutschen Abitur oder einem vergleichbaren Schulabschluss werden ungefähr 60 Stunden (also drei Wochen lang halbtags) für die Bearbeitung des Kurses benötigen. In einem solchen dreiwöchigen Kurs können jedoch mathematische Defizite, die über vier oder mehr Jahre aufgelaufen sind, nicht nachgeholt werden können. Verstehen ist ein Prozess, der Zeit braucht; Begriffe, die Kursteilnehmern vermeintlich das erste Mal begegnen, können sich nicht in wenigen Tagen setzen und festigen. Der OMB+ geht deshalb davon aus, dass den Nutzern die behandelten Inhalte zumindest prinzipiell bekannt sind.

Gleichwohl werden alle mathematischen Konzepte in konziser Form auch erklärt, sodass der Kurs self-contained ist und nicht andere Quellen zur Ergänzung benötigt.

* Das Festigen der in der Schule behandelten Kalküle ist das Einzige, was ein Brückenkurs in der zur Verfügung stehenden Zeit mit nachhaltigem Erfolg vermitteln kann.

Aus diesem Grund ist der OMB+ kalkülorientiert, und Erklärungen und Begründungen oder gar Beweise treten in den Hintergrund.

* Die Zielgruppe des OMB+ besteht aus den Studienanfängern, die in der Schule in Mathematik schwach waren und nicht Mathematik-affin sind und die Mathematik als lästig empfinden. Liebevoll gestaltete Brückenkursangebote, aufwändige Angebote von Fragestunden, und viele andere Maßnahmen verfehlen leider diese Zielgruppe, weil sie fälschlicherweise von einem Grundinteresse eines jeden Menschen an Mathematik ausgehen, das nur geweckt werden müsse.

Auch aus diesem Grund ist der OMB+ kalkülorientiert, denn die Frage nach dem unmittelbaren Nutzen wird sofort beantwortet („man kann etwas ausrechnen“) und motiviert zum Weitermachen.

* Ein dritter Grund für die Orientierung an Kalkülen ist die Tatsache, dass ihre sichere Beherrschung in den Hochschulen von MINT-Studienanfängern schlicht vorausgesetzt wird. Die Hochschullehrerinnen und -lehrer machen immer wieder die Beobachtung, dass ein Großteil der Studienanfänger wegen defizitärer mathematischer Vorkenntnisse in den Mathematikvorlesungen abgehängt werden: Während die/der Studierende noch über den letzten an der Tafel vorgeführten Schritt nachgrübelt, der aus einer geschickten Bruchumformung resultiert, ist die Dozentin/der Dozent an der Tafel schon beim übernächsten Theorem, das der Studierende nun resigniert und völlig ohne Verständnis zur Kenntnis nimmt.

* Zu Beginn der Arbeit musste die wichtige Entscheidung über die Auswahl der im OMB+ behandelten Inhalte getroffen werden. In Erwartung von Widerständen von allen Seiten, also von denjenigen, die den Kurs für inhaltlich überfrachtet halten, bis hin zu denjenigen, denen der Kurs nicht weit und tief genug geht, sollte der Brückenkurs auf eine mathematisch-inhaltliche Basis gestellt werden, die bundesweit schon möglichst weite Akzeptanz gefunden hat, und zwar insbesondere auch gleichermaßen bei den Schulen, wie bei den Hochschulen. Dies erfüllt zweifellos nur der COSH-Mindestanforderungskatalog (-MAK). Das OMB+- und das VE&MINT-Konsortium (die zusammen den TU9-Brückenkurs bilden) waren sich schnell einig, dass der COSH-MAK verbatim übernommen werden soll – mit all seinen durchaus erkennbaren Schwächen, aber mit der Stärke seiner Strahlkraft.

Im OMB+ wurden auch die mit (*) oder (**) gekennzeichneten Inhalte des COSH-MAK dargestellt – also die, die nicht in sämtlichen Lehrplänen aller Bundesländer verankert sind. Damit nimmt der OMB+ und allgemeiner der TU9-Brückenkurs bewusst die Hochschulperspektive ein und könnte – je nach Zahl der ihn nutzenden Hochschulen – einen Mindestanforderungsstandard definieren, der den Schülerinnen und Schülern und letztendlich auch den Schulen zur Orientierung dient.

D.h. OMB+, VE&MINT und der TU9-Brückenkurs stellen unabhängig von der Realität im Schulunterricht fest, was von den Studienanfängern eines WiMINT-Faches erwartet wird. Sie gehen nicht auf die vielen Abschaffungen der vergangenen Jahre ein und beharren beispielsweise darauf, dass sowohl Sinus als auch Kosinus behandelt werden müssen und dass auch der Logarithmus dazu gehört.

OMB+, VE&MINT und der TU9-Brückenkurs werden die schon jetzt große Strahlkraft des COSH-Mindestanforderungskatalogs noch verstärken.

3.2.2 Technische Realisierung und Zusammenarbeit mit dem MINT-Kolleg

Das MINT-Kolleg Karlsruhe, vor allem in Person von Herrn Dr. Daniel Haase, ist deutschlandweit ebenfalls seit einiger Zeit in Brückenkurse und Onlinetests eingebunden. Hier existieren bereits Strukturen eines Plattform-unabhängigen Testsystems, das in seiner Schlichtheit und Effizienz zu begeistern weiß. Die Plattform bietet diverse Möglichkeiten, die im Beitrag von Herrn Haase in Kapitel 2 dieses Buches bereits teilweise vorgestellt wurden. Das MINT-Kolleg hat angeboten, der cosh-Gruppe diese Plattform und ihr Know-How zur Verfügung zu stellen.

3.2.3 Die Struktur des Forums

Die Moderation des Forums wurde bewusst in die Hände verschiedener Gruppierungen gelegt: Thomas Weber (cosh) von der Schulseite, Jochen Schröder (cosh) von der Hochschulseite und Daniel Haase (Mint-Kolleg).

Auch der Teilnehmerkreis setzte sich zu ungefähr gleichen Teilen aus Lehrern und Hochschullehrern (von den Hochschulen für angewandte Wissenschaften wie auch den Universitäten) zusammen.

Aufhänger für die Diskussion waren die folgenden drei Überpunkte, die die Moderation zu Beginn vorschlug:

- Technische Fragestellungen – was soll die Plattform technisch leisten?
- Inhaltliche Fragestellungen – welche Inhalte sollen angeboten werden?
- Nutzung – wie können die Studienanwärter motiviert werden, die Plattform zu nutzen?

Zunächst erhielten die Teilnehmer Zeit, Karten mit Vorschlägen, Anregungen und Meinungen anzupinnen und in kleinen Kreisen zu diskutieren. Die wichtigsten Punkte sollen hier zunächst mit kurzen Erläuterungen widergegeben werden. Es ist klar, dass nicht alles auf die Schnelle umgesetzt werden kann, aber die Anregungen werden somit für die Zukunft erhalten.

Da die Punkte teilweise schwer den drei Unterpunkten zuzuordnen sind, wird hier auf eine klare Aufteilung verzichtet.

3.2.4 Anregungen von der Pinnwand

Ein wichtiger Wunsch war derjenige der Plattformunabhängigkeit. Viele Hochschulen benutzen hauptsächlich Moodle, andere ILIAS, in Schulen und privat werden beide Systeme nicht genutzt. Die Diagnoseplattform sollte dabei unabhängig von der

Plattform allen Nutzern zur Verfügung stehen in dem System, das die Nutzer gewohnt sind. In der heutigen Zeit ist es dabei sicher von Vorteil, wenn die Diagnoseplattform auch mit alternativen Kommunikationsgeräten wie Smartphones erreichbar ist. Dies erhöht die Motivation der Teilnehmer und sorgt für größeren Verbreiterungsgrad der Plattform.

Eine Befürchtung war, dass Formeleingabe (z. B. „sqrt" für die Quadratwurzel) bei Schülern zu Problemen führen könnte und etwa eine Punkt- statt Kommaschreibweise zu unnötig als falsch falschen Ergebnissen führen könnte. Die Plattform in ihrer bisherigen Form bietet einige Eingabemöglichkeiten, aber das ist sicher ein Punkt, auf den geachtet werden und der gut erklärt werden muss.

Ein großer Wunsch an Technik und Inhalt war der Wunsch nach mehr Aufgaben zu Übungszwecken, als sie der Mindestanforderungskatalog liefert. Möglich waren hier sowohl neue Aufgaben ähnlichen Typs als auch die gleichen Aufgaben mit variierenden Zahlenwerten. Letzteres ist dabei kein Problem mit der Plattform, wie Herr Haase versicherte. In diesem Zusammenhang kam auch die Frage auf, wie mit vorhandenem Material der hochschuleigenen Testplattformen umgegangen wird und ob und wie es möglich sein soll, eigene Aufgaben einzureichen. Schlussendlich wurde aber beschlossen, dass die Plattform vorerst nur die Aufgaben des Mindestanforderungskatalogs enthalten soll. Der grundlegende Gedanken, die Plattform zu einer Lehrplattform mit Übungsangeboten zu erweitern, sollte dabei nicht außer Acht gelassen werden. Wichtig ist der Zusatz, dass eine solche Plattform, sobald sie andere Aufgaben als die des Katalogs enthält mit einem Zusatz der Art „orientiert sich am Mindestanforderungskatalog Mathematik" versehen wird. In der ersten Version sollen die Aufgaben wortgetreu denen des Mindestanforderungskatalogs entsprechen.

Dass durchaus Interesse an einem späteren Ausbau der Plattform herrschte, zeigten Wünsche wie anpassbare Inhalte aus einer großen Datenbank, Strukturierung und mögliche Sortierung der Inhalte und spezifische Konfigurierbarkeit.

Ebenfalls stellte sich die Frage nach dem Support, einer wünschte sich gar eine Hotline. Ein Glossar mit Begriffen und Schreibweisen wäre sicher ein erster Schritt, um Support-Probleme frühzeitig zu lösen.

Ein großes Thema war die Fragestellung, wie man Studienanwärter auf die Plattform aufmerksam macht und wie man sie dazu bekommt, diese zu benutzen.

Hier waren sich die Teilnehmer einig, dass eine enge Verzahnung zwischen Diagnose und Hilfsangeboten beziehungsweise konkreter Diagnose und Mathematik-Tests der Hochschulen vorhanden sein soll. Der Online-Test soll Beratungshinweise geben, so dass die Studienanwärter mit ihrem Ergebnis nicht alleine stehen.

Eine wichtige Frage in diesem Zusammenhang war auch, wann dieser Test denn idealerweise genutzt werden soll: Die Pinnkarten „nach Abitur" und „Transport in die Schulen" zeigten deutlich, dass die Testplattform schon zu Schulzeiten genutzt werden soll. Ein Teilnehmer schlug sogar vor, die cosh-Aufgaben im hilfsmittelfreien Teil des Abiturs abzufragen.

Als klares Bild zeigte sich auf jeden Fall, dass die Motivation eines der Hauptprobleme sein könnte, weil der Erfahrung nach auch andere Online-Angebote wenig genutzt werden. Hier besteht aber die Hoffnung, dass der Plattform wegen ihrer übergreifenden Zentralität eine höhere Bedeutung zugeteilt wird. Diese Bedeutung sollte vom Lehrer ausgehend den Schülern vermittelt werden. Überhaupt spielen die Lehrkräfte eine große Rolle: Die Tests sollten idealerweise auch in den Präsenzphasen von Schule und Hochschule eingesetzt werden.

Der Vorschlag, ob ein solcher Test verpflichtend gemacht werden kann, ist teilweise kritisch zu sehen: Einen solchen Test als erschlagendes Auswahlkriterium für eine Hochschulzulassung zu nehmen, ist beim aktuellen Stand rechtlich unmöglich, wohl könnte er aber bestanden als zusätzliche Leistung anerkannt werden.

Abschließend gab es noch einige wichtige Kommentare, die unbedingt schriftlich festgehalten werden müssen:

Allen Teilnehmern war wichtig, dass die Neutralität der Plattform gewahrt bleibt. Auch wenn das MINT-Kolleg, das am KIT angesiedelt ist, die Infrastruktur und durch Herrn Haase die Manpower stellt, so soll die Plattform klar als Hochschulübergreifende cosh-Plattform verstanden und dies auch klar auf der Webseite kommuniziert werden. Hier gab es klare Befürchtungen der Teilnehmer, dass die Plattform am Ende das Siegel „KIT" beziehungsweise „Karlsruhe" tragen könnte. Diese Bedenken müssen ernst genommen werden, denn die Plattform soll ein zentrales Element von cosh und damit von allen Schulen und Hochschulen Baden-Württembergs sein.

Viele Hochschulen bieten mannigfaltige Unterstützungsangebote an. Diese sollen auf der Plattform verlinkt werden, so dass sich lernwillige Studienanwärter, die eine Selbstdiagnose durchgeführt haben, direkt informieren können, wo und wie sie eventuell auftretende Lücken schließen können. Im Gegenzug soll die Diagnoseplattform auf den Hochschul-Webseiten verlinkt sein. So ist eine klare Verbindung zwischen der zentralen Plattform von cosh und den einzelnen Hochschulen erkennbar.

3.2.5 Das Ergebnis

Die oben genannten Punkte wurden anschließend ausgiebig diskutiert. Bald stellte sich heraus, dass viele der genannten Punkte sinnvoll, aber ohne finanzielle Zuwendungen nicht zu stemmen sind. Es wurde darum als sinnvolle (Zwischen-)Lösung entschieden, dass zunächst einmal feste Kurztests aus den Aufgaben des Mindestanforderungskatalogs angeboten werden sollen. Diese Tests können sowohl auf Papier gedruckt als auch am Rechner ausgefüllt und dort automatisch ausgewertet werden. Sie bieten vor allem in der Schule die Möglichkeit, in einer Unterrichtsstunde die Tests durchzuführen.

Die Plattform bietet somit die gewünschte Möglichkeit zur Selbstdiagnose. Sie bietet allerdings keine Übungsmöglichkeit, die aber anderweitig existiert, etwa auf den verlinkten Seiten der Hochschulen. Als ideale Anzahl und Testdauer wurden vier Tests angedacht, die auf eine Bearbeitungszeit von 45 Minuten angelegt sind.

Weitere Details zum Ergebnis finden sich in Daniel Haases Beitrag in Kapitel 2.2.

3.3 Bericht zum Forum 3: Stärkung der Kooperation und Verbreitung des Mindestanforderungskatalogs

Rita Wurth, Mettnau-Schule Radolfzell

3.3.1 Ausgangslage

Mit der Formulierung des Mindestanforderungskatalogs im Jahre 2012 ist es der Arbeitsgruppe cosh gelungen, die mathematischen Kompetenzen zu formulieren, die von Studienanfängerinnen und -anfängern zu Beginn eines WiMINT-Studiums an einer Hochschule in Baden-Württemberg erwartet werden können. Der Entstehungsprozess, an dem gleichermaßen Vertreterinnen und Vertreter aller Hochschulen sowie der beruflichen und der allgemeinbildenden Schulen beteiligt waren und dessen Ergebnis der überragende Konsens aller Beteiligten ist, wird in einem eigenen Artikel dieses Tagungsbandes ausführlich dargestellt. Die Inhalte des Katalogs müssen nun möglichst allen Studienanfängerinnen und -anfängern bekannt gemacht werden, um die erhoffte Verbesserung der Situation beim Übergang von der Schule zur Hochschule zu erreichen. Die überraschende Zustimmung von bundesweiten Fachverbänden und von Hochschulen aus anderen Bundesländern ist dafür ein zusätzlicher Ansporn.

Um den Mindestanforderungskatalog in diesem Ausmaß bekannt zu machen, bedarf es einer Zusammenarbeit von Lehrenden an Schulen und Hochschulen, deren Umfang deutlich über den der bisherigen Kooperation der Arbeitsgruppe cosh hinausgeht. In Artikel 2.4 auf Seite 125 dieses Tagungsbandes werden ausführlich mögliche Formen gegenseitiger Information und Zusammenarbeit dargestellt. Die Teilnehmerinnen und Teilnehmer des Forums beschäftigten sich besonders intensiv mit der Anregung, regionale Kooperationen aufzubauen bzw. weiter zu entwickeln, bei denen an einem Hochschulstandort Mathematik-Lehrende der WiMINT-Studiengänge und Mathematiklehrerinnen und -lehrer der Schulen in der Umgebung zusammenarbeiten.

Eine solche Zusammenarbeit ermöglicht nicht nur den Informationsaustausch über die Entwicklungen und Veränderungen in den beiden Bildungsbereichen. Die beteiligten Personen lernen auch die Sichtweise der jeweils anderen Seite kennen und können so die Probleme der Studienanfängerinnen und -anfänger besser verstehen. Die Zusammenarbeit kann beinhalten, dass WiMINT-interessierte Schülerinnen und Schüler Mathematik-Vorlesungen besuchen können, um sich ein unmittelbares Bild von den Anforderungen in Mathematik zu machen und sich frühzeitig darauf vorzubereiten, z. B. mit Vertiefungs- oder Mathe-Plus-Kursen an der Schule oder durch Vorbereitungsangebote der Hochschule.

An vielen Hochschulen werden bereits jetzt regelmäßig Informationsveranstaltungen für Lehrerinnen und Lehrer durchgeführt. Sie sind auch in Zukunft wichtig, aber sie können in der Regel nur die Schwierigkeiten aufzeigen, ohne zur Verbesserung der Situation beizutragen. Für dauerhafte intensive Kooperationen vor Ort müssen Ansprechpartnerinnen und Ansprechpartner auf beiden Seiten sorgen, die diese Aufgabe in enger Zusammenarbeit mit der cosh-Gruppe wahrnehmen sollten.

Die oben aufgezeigte Erweiterung der Aktivitäten von cosh macht es notwendig, dass die Gruppe ihren Status einer „Selbsthilfegruppe" ablegt und sich einen soliden rechtlichen und finanziellen Rahmen gibt. Dies wird als wichtige Voraussetzung dafür angesehen, dass auch in den kommenden Jahren, wenn die derzeit aktiven Mitglieder ausscheiden werden, das bereits Erreichte weiterentwickelt werden kann. Die Beseitigung der Probleme der Studienanfängerinnen und -anfänger zu Beginn eines WiMINT-Studiums und die damit verbundene Senkung der Studienabbruchquoten werden auch in Zukunft das zentrale Ziel der cosh-Arbeit sein.

3.3.2 Zielsetzung

Die Teilnehmerinnen und Teilnehmer des Forums formulierten die folgenden Ziele, die entsprechend ihrer Dringlichkeit in drei Stufen realisiert werden sollen:

Das kurzfristige und damit vorrangige Ziel ist, den Mindestanforderungskatalog allen an einem WiMINT-Studium interessierten Schülerinnen und Schülern zugänglich zu machen. Das Forum sollte Möglichkeiten erarbeiten, wie dieses Ziel auf Dauer erreicht werden kann.

Mittelfristig sollen regionale Kooperationen aufgebaut und erweitert werden. Das Forum sollte Vorschläge machen, wie die Nachhaltigkeit und die Kontinuität solcher Kooperationen gesichert werden können.

Als langfristiges Ziel formulierten die Teilnehmerinnen und Teilnehmer des Forums, dass die im Mindestanforderungskatalog aufgezeigten Lücken zwischen dem Schulstoff und den Erwartungen der Hochschulen durch die Anpassung der Bildungs- und Lehrpläne in Mathematik geschlossen werden. Bis zur Erreichung dieses Ziels sollen auf der anderen Seite in den Anfängervorlesungen Mathematik mehr als bisher die durch die Schule vermittelten Mathematik-Kenntnisse berücksichtigt werden. Die für die Hochschulen im Mindestanforderungskatalog aufgezeigte Beschränkung der Erwartungen sollte für alle Professorinnen und Professoren verbindlich sein.

3.3.3 Ergebnisse

Bei der Diskussion waren sich die Teilnehmerinnen und Teilnehmer einig, dass es zwar notwendig ist, dass der Mindestanforderungskatalog mit Informationsveranstaltungen, durch Studienberatungsstellen und über die Internetseiten von Schulen und Hochschulen bekannt gemacht werden muss, es wurde aber festgestellt, dass es zusätzlich wichtig ist, dass sich Schülerinnen und Schüler aktiv mit den Inhalten auseinandersetzen. Durch die intensive Beschäftigung mit den Beispielaufgaben sollten sie imstande sein, ihre Kompetenzen und die vorhandenen Kenntnislücken möglichst realistisch selbst einzuschätzen. Mit Hilfe von Unterstützungsangeboten der Schule und der Hochschule, an der sie ihr Studium aufnehmen wollen, könnten sie sich dann angemessen auf das Studium vorbereiten. Die persönliche Beratung durch Lehrerinnen und Lehrer, Tutorinnen und Tutoren sowie Professorinnen und Professoren wird als der aussichtsreichste Weg hierfür angesehen.

Einigkeit bestand auch darüber, dass dieses Ziel nur erreicht werden kann, wenn sich Schulen und Hochschulen gegenseitig viel mehr als bisher informieren und über aktuelle Entwicklungen austauschen. Daher nahm die Diskussion über die notwendigen Schritte zur Erreichung und Stärkung der Kooperationen vor Ort einen breiten Traum in der Diskussion ein. Die Teilnehmerinnen und Teilnehmer formulierten jeweils für die Schulen und die Hochschulen „Minimalkonfigurationen", die ohne allzu große Veränderungen realisierbar sind und die als Empfehlungen der Öffentlichkeit, insbesondere den Landtagsabgeordneten bei der öffentlichen Veranstaltung vorgetragen werden sollten.

Die Empfehlungen des Forums für die Schulen beinhalten, dass in den vier Regierungsbezirken jeweils eine Fachberaterin oder ein Fachberater die Aufgaben des Ansprechpartners und Koordinators übernimmt. Diese Fachberaterinnen und Fachberater bauen Kooperationen zwischen allen Schulen und Hochschulen auf und bieten in regelmäßigen Abständen Fortbildungen für die Lehrenden beider Bereiche an. Sie führen Informationsveranstaltungen im Rahmen der Lehrerausbildung in den Seminaren der einzelnen Regierungsbezirke durch und bieten Sprechstunden für Schülerinnen und Schüler an, die dabei insbesondere auf den Mindestanforderungskatalog und auf Online-Tests zur Selbstdiagnose hingewiesen werden sollen. Bei der Wahrnehmung dieser Aufgaben, die von den Regierungspräsidien als Fachberatertätigkeit anerkannt werden muss, stehen sie im Kontakt zur cosh-Gruppe und werden von dieser unterstützt.

Die Hochschulen sollen nach übereinstimmender Ansicht der Teilnehmerinnen und Teilnehmer des Forums Stellen für Mitarbeiterinnen oder Mitarbeiter einrichten, deren Aufgabe es ist, mit den allgemeinbildenden Gymnasien und den beruflichen Schulen der Region Kooperationen aufzubauen. Dabei arbeiten sie eng mit der cosh-Gruppe zusammen und werden von dieser unterstützt. Das Forum empfiehlt, die Stellen für Kooperationsbeauftragte auf der Ebene des Qualitätsmanagements der Hochschule einzurichten, damit die Mitarbeiterinnen und Mitarbeiter unabhängig von einzelnen Studiengängen für möglichst alle Mathematiklehrenden als Ansprechpartner arbeiten und Verbesserungen vorschlagen können, die in allen WiMINT-Studiengängen umgesetzt werden können.

Zunächst sollen solche Kooperationsstellen an einigen Beispielhochschulen eingerichtet werden, um deren Aufgabenbereiche nach einer Erprobungsphase noch zielgerichteter beschreiben zu können. Die übrigen Hochschulen des Landes sollen dann nach der Evaluation dieses Konzeptes dem Beispiel folgen.

Diese Ergebnisse wurden nach einer sehr intensiven und gelegentlich äußerst kontrovers geführten Diskussion von allen Teilnehmerinnen und Teilnehmern des Forums uneingeschränkt befürwortet. Sie wurden anschließend von den Vertreterinnen und Vertretern aller Schulen und Hochschulen bestätigt und bei der öffentlichen Veranstaltung als Empfehlungen der Tagung vorgestellt.

4 Die öffentliche Veranstaltung

4.1 Grußwort des Rektors der Hochschule Esslingen

Christian Maercker, Hochschule Esslingen

Sehr geehrte Leserinnen und Leser,

das Schulfach Mathematik gilt als schwierig und wenig attraktiv, was Schülerinnen und Schüler dazu verleitet, ihr mathematisches Denkvermögen und ihre Begeisterungsfähigkeit für das Fach zu unterschätzen und damit unter ihren Fähigkeiten zu bleiben. Das hat zur Folge, dass die Schülerinnen und Schüler der Gymnasien zwar wie vorgeschrieben Mathematik bis zum Abitur belegen, jedoch mit so schlechten Noten abschließen, dass sie für ein Studium in Wirtschaft, Mathematik, Informatik, Naturwissenschaften oder Technik („WiMINT"-Fächer) nicht mit ausreichenden Kompetenzen ausgestattet sind, was häufig zum Abbruch des Studiums führt.

Ein weiteres großes Problem sind die unterschiedlichen Zugänge zum Studium. Die Bildungspläne der verschiedenen Schultypen in den verschiedenen Bundesländern sind unterschiedlich, die verschiedenen Fächer werden mit unterschiedlicher Intensität behandelt. Eine Analyse der Profile der Studierenden in den einzelnen Studienfächern erlaubt eine klare Korrelation zwischen dem Studienerfolg und den Schultypen, die die Studierenden vor Antritt des Studiums besucht haben. Der EU-Bildungsrahmen hat die Problematik noch verschärft. In den technischen Fächern sind mittlerweile Studierende eingeschrieben, die möglicherweise nur bis zur 10. Klasse Mathematikunterricht hatten und zudem vor dem Studium schon mehrere Jahre gearbeitet haben und deshalb mit Antritt des Studiums die Bindung zum Fach Mathematik wieder neu aufbauen müssen.

Die Arbeitsgruppe „Cooperation Schule Hochschule" beschäftigt sich deshalb seit mittlerweile über 10 Jahren mit der damals wie heute aktuellen Frage, wie Schülerinnen und Schülern ausreichende Kenntnisse in Mathematik vermittelt werden können, damit sie die Chance haben, ein WiMINT-Studium mit Erfolg abzuschließen. Das wichtigste Ergebnis der Initiative ist sicherlich der Mindestanforderungskatalog Mathematik, der im Zusammenwirken von äußerst engagierten Expertinnen und Experten aus Schule und Hochschule entstanden ist (Prof. Dr. Klaus Dürrschnabel, Hochschule Karlsruhe; Studiendirektor Bruno Weber, Landesinstitut für Schulentwicklung Stuttgart; Prof. Dipl.-Math. Hanspeter Bopp, Hochschule für Technik Stuttgart; Prof. Dr. Elkedagmar Heinrich, Hochschule Konstanz; Prof. Dr. Harro Kümmerer, Hochschule Esslingen; Prof. Dr. Axel Stahl, Hochschule Esslingen; Studiendirektor Dr. Thomas Weber, Carl-Engler-Schule Karlsruhe; Studiendirektorin Rita Wurth, Mettnau-Schule Radolfzell).

Steigende Studierendenzahlen sowie die Öffnung des europäischen Bildungsraums mit damit einhergehenden immer heterogeneren Bildungslebensläufen machen es offensichtlich, dass dieser Katalog in den Schulen immer besser zur Anwendung kommt und die Studienverläufe flexibilisiert werden müssen. Dazu leisten die von COSH angebotenen Aufbaukurse in den Schulen einen wichtigen Beitrag. Zudem wollen wir aber erreichen, dass die Bedeutung dieser Aktivitäten in der Öffentlichkeit und in den Landesministerien noch besser erkannt wird, zumal eine Initiative dieser Dimension nur mit ausreichenden Ressourcen verstetigt und in die Breite getragen werden kann. Deswegen freut es mich, dass die öffentliche Veranstaltung der cosh-Jahrestagung 2015 mit prominenten Gästen an der Hochschule Esslingen durchgeführt werden konnte. Ein herzliches Dankeschön an alle Sprecherinnen und Sprecher, Organisatorinnen und Organisatoren sowie Besucherinnen und Besucher, die zum Gelingen der Veranstaltung beigetragen haben!

Christian Maercker

4.2 Ablauf der öffentlichen Veranstaltung und Vorstellung der Teilnehmer der Podiumsdiskussion

Jochen Schröder, Hochschule Karlsruhe – Technik und Wirtschaft

Der Abend der öffentlichen Veranstaltung in der Aula der Hochschule Esslingen begann um 18:00 Uhr mit einem offenen Forum. Ein besonderer Hingucker war dabei der rüsselförmige Roboter Robotino der FESTO-AG, der die Anwesenden begeisterte. An Stellwänden konnten sich die Teilnehmer über cosh, über die Hochschule Esslingen und über die Landesakademie informieren sowie die Grußworte der Wissenschaftsministerin und des Kultusministers lesen.

Ab 19:00 Uhr eröffnete Klaus Dürrschnabel den offiziellen Teil des Abends. Er begrüßte die Anwesenden und stellte die Geschichte von cosh kurz vor.

Anschließend folgten Grußworte des Rektors der Hochschule Esslingen Christian Maercker und der Vertreter der Ministerien, Klaus Lorenz für das Kultusministerium und Andreas Schütze für das Wissenschaftsministerium.

Als Einstieg in die Podiumsdiskussion stellte Rita Wurth die Empfehlungen und Lösungsansätze vor, die bisher auf der Tagung diskutiert worden waren.

Nun wurde das Wort direkt an Alexander Mäder, Leiter des Wissenschaftsressorts der Stuttgarter Zeitung, weitergegeben. Dieser begrüßte die Zuschauer und stellte die sechs Teilnehmer der Podiumsdiskussion vor. In den anschließenden zwei Stunden entbrannte eine rege Diskussion um die Frage „Ohne Mathe keine Chance!?" Neben Herrn Mäder saßen folgende Vertreter aus Politik, Hochschulpolitik und Wirtschaft auf dem Podium:

Hilde Cost, geboren 1956, ist seit 2009 Geschäftsführerin der IHK-Bezirkskammer Esslingen-Nürtingen. Seit 2009 ist sie Mitglied des Hochschulrates der HfWU Nürtingen-Geislingen.

Prof. Dr. Bastian Kaiser, geboren 1964, ist seit 2001 Rektor an der Hochschule für Forstwirtschaft Rottenburg. Seit 2007 ist er Mitglied des Vorstandes der Rektorenkonferenz der Hochschulen für angewandte Wissenschaften in Baden-Württemberg, seit 2013 ist er dort Vorsitzender.

Dr. Timm Peter Kern MdL, geboren 1972, ist seit 1991 Mitglied der FDP. Seit 2011 ist er Abgeordneter des Landtags Baden-Württembergs und vertritt die FDP unter anderem im Ausschuss für Kultus, Jugend und Sport.

Gerhard Kleinböck MdL, geboren 1952, ist seit 1976 Mitglied der SPD. Mitglied des Landtags Baden-Württembergs ist er seit 2009. Er ist Mitglied des Ausschusses für Kultus, Jugend und Sport.

Sabine Kurtz MdL, geboren 1961, ist seit 1990 Mitglied der CDU. 2006 wurde sie in den Landtag Baden-Württembergs gewählt. Dort sitzt sie unter anderem in den Ausschüssen für Wissenschaft, Forschung und Kunst sowie für Kultus, Jugend und Sport.

Siegfried Lehmann MdL, geboren 1955, ist seit 1994 Mitglied von Bündnis 90/Die Grünen. Seit 2006 vertritt er die Partei im Landtag Baden-Württembergs und ist dort unter anderem als Vorsitzender des Ausschusses für Kultus, Jugend und Sport und als stellvertretendes Mitglied im Ausschuss für Wissenschaft, Forschung und Kunst tätig.

4.3 Zusammenfassung der Podiumsdiskussion „Ohne Mathe keine Chance"

Aus offensichtlichen Gründen kann die zwei Stunden andauernde Podiumsdiskussion hier nicht vollständig widergegeben werden. Die wichtigsten Statements werden nachfolgend nah am Originalton aufgeführt.

Im Vorfeld wurden Themen entwickelt, die im Rahmen der Podiumsdiskussion angesprochen werden sollten. Anhand dieser Themengebiete wurden die Statements in diesem Beitrag sortiert. Innerhalb jedes Themengebiets wurden die Aussagen in der richtigen zeitlichen Reihenfolge aufgeführt. Die Einteilung in die Kategorien ist dabei nicht immer eindeutig.

4.3.1 Eingangsfrage „Ohne Mathe keine Chance!?"

Mäder: „Der Titel dieser Podiumsrunde heißt „Ohne Mathe keine Chance?!". Ich wüsste gerne von Ihnen, ob Sie eher für das Fragezeichen oder für das Ausrufezeichen sind? (…)

Nun aber, weil Sie, Herr Kaiser, eben beim Fragezeichen aufgezeigt haben, ohne Mathe keine Chance? – warum das Fragezeichen?"

Kaiser: „Es sind ganz einfache Antworten und ich glaube auch unverfängliche. Ich bin der einzige Hochschulvertreter hier und vertrete eben nicht nur die MINT-Fächer und nicht nur WiMINT-Fächer. Ich möchte einfach kurz drauf hinweisen, dass auch an unseren Hochschulen, wie vorher schon einmal gesehen, die Hälfte der Studierenden auch Nicht-MINT-Fächer studieren. Und an den Universitäten, die ich mich jetzt mal anmaße, hier mitzuvertreten, ist es noch deutlicher, und da gibt es schon Fächer, wo man eben möglicherweise auch ohne in Mathe eine große Leuchte zu sein, zu einem hervorragenden Studienabschluss kommen kann. Deshalb war ich vorher etwas zögerlich. Andererseits gibt's aber auch Fächer, wo man Mathe braucht, die nicht

MINT sind, ich sag jetzt mal, ich weiß nicht, ob Linguistiker unter uns sind, das ist für mich Mathematik, soweit ich das mitbekommen habe. Also drum war es mir vorher etwas zu einfach, zu plakativ für die Heterogenität unserer Hochschulen."

Mäder: „Herr Kern, Sie waren sich auch bei Ausrufezeichen und Fragezeichen nicht ganz sicher. Aus einem ähnlichen Grund, weil es zu pauschal war?"

Kern: „Aus den gleichen Gründen wie mein Vorredner gerade eben gesagt hat. Ich hab zum Beispiel Theologie, Politikwissenschaft und Geschichte studiert, da war der Mathe-Anteil doch eher übersichtlich, und ich hab mein Studium doch einigermaßen erfolgreich beendet und genau aus den Gründen. Aber ohne Frage, wir haben das ja durch die zahlreichen Eingangsreferate gehört, Mathematik ist für unseren Wohlstand in Baden-Württemberg die oder eine der wesentlichen Grundvoraussetzungen, deshalb hab ich mich auch gemeldet. So ein bisschen in Schlangenlinien, dass also ohne Mathematik würde ich eher das Ausrufezeichen setzen als das Fragezeichen, aber ganz bestimmt kann man auch ein Hochschulstudium erfolgreich beenden mit eher übersichtlichen Mathematik-Kenntnissen. Besser ist es natürlich, wenn man mehr Mathematik-Kenntnisse hat als übersichtliche Mathematik-Kenntnisse."

Cost: „Logisches Denken und soziale Kompetenz werden eigentlich in allen Berufen gebraucht, deshalb habe ich mich beim Ausrufezeichen gemeldet. Sie müssen eine Problemlösungsfähigkeit haben und die kann man durch Mathematik sehr gut lernen. Ich habe Mühe zu verstehen, warum so viele sich so schwer damit tun. In vielen anderen Zusammenhängen im Leben hat man es immer mit Irrationalitäten zu tun. Ich finde es angenehmer, wenn es klar ist: 0 oder 1, wie geht es weiter? Und das ist, glaube ich, ein bisschen verloren gegangen. Heute kann man einfach sagen: „Ach Mathe, da hab ich keine Ahnung." und niemand regt sich drüber auf. Ich finde das schade, denn dabei bleibe ich: Wir alle brauchen klares Denken in allen Berufen."

Kleinböck: „Ich denke schon, dass Mathematik überall und durchgängig gebraucht wird."

4.3.2 Defizite – welche Defizite liegen vor, was sind die Ursachen und welche Lösungsansätze gibt es?

Kaiser: „Also die Defizite sehe ich, die sehe ich grundsätzlich, das hör ich auch, das erlebe ich auch selbst in einfachen BWL-Vorlesungen. (...) Aber Defizite ohne Frage, ja, die sind absolut feststellbar. Was die Professoren und Professorinnen in dem Bereich besser beurteilen können als ich, ist eher die spannende Frage, ob es schlechter wird in den letzten Jahren. Das wäre mal eine Frage, da weiß man nicht so richtig genau, wie man die analysieren kann. Ich hab immer so das Gefühl, es ist so ein Stimmungsbild, also das Können würde immer weiter nachlassen, das hab ich auch schon von anderen Fächern gehört. In den Fächern, wo ich einen direkten Bezug dazu habe, würde ich das nicht bestätigen. Die Frage ist, wie sieht die Zeitreihe aus, die Dynamik. Das würde mich dann auch von den Fachleuten nachher mal interessieren."

Lehmann: „Ich glaub, die Problemlage ist sehr vielschichtig. Es haben sich nicht nur die Übergangszahlen im schulischen Bildungssystem, hin zu höheren allgemeinbildenden Abschlüssen, stark verändert und die Übergangsquoten auf die Hochschulen fortwährend erhöht, sondern auch die Anforderungen in der sich wandelnden Hochschullandschaft haben sich radikal verändert. Ich habe vor 40 Jahren nach einer dualen Berufsausbildung ein Studium an der Fachhochschule und später noch an der Uni Stuttgart absolviert. Die Fachhochschule hatte damals noch einen anderen bildungspolitischen Charakter, war der hochschulische Aufstiegsbildungsgang für die berufliche Qualifizierten mit Fachhochschulreife, die diese oft über den zweiten Bildungsweg erworben hatten.

Die heutigen Hochschulen für angewandte Wissenschaften haben im Bachelor-Master-System anderen Zielgruppen im Blick als seinerzeit die Fachhochschulen. Ich will es einmal provokant sagen: Die Hochschulen für angewandte Wissenschaften setzen heute vorwiegend auf die Eingangsvoraussetzung Abitur und der klassische Zugang über die duale Ausbildung und Fachhochschulreife, den gibt es halt immer noch, wird aber nicht selten als nicht mehr ausreichend angesehen. Es hat sich aber auch in den Schulen viel verändert. Ich bin sehr lange Mathematiklehrer an einer beruflichen Schule und musste über die vielen Jahre leider zur Kenntnis nehmen, dass sich die mitgebrachten mathematischen Kenntnisse und Fertigkeiten der Schülerinnen und Schüler aus den Haupt- und Realschulen sich stetig verschlechtert haben. Die mathematischen Basiskompetenzen, wie das beherrschen des Dreisatzes oder des Prozentrechnens, die die Realschüler heute tatsächlich noch in die beruflichen Schulen mitbringen, sind leider in der notwendigen Breite und Tiefe nicht mehr vorhanden.

Die Problemlage ist daher vielschichtig und hat mit den Veränderungen im Bildungssystem zu tun, aber auch mit den Fragen: Wie sind die Schulen intern aufgestellt, wie viel wird fachfremd unterrichtet, welche mathematischen Kompetenzen und wie werden diese in den Grundschulen und der Sekundarstufe 1 tatsächlich vermittelt, entsprechen die erworbenen mathematischen Kompetenzen dem gewandelten Anforderungen der weiterführende Ausbildungsgängen und nicht zuletzt, bieten die Hochschulen ein ausreichendes Unterstützungsangebot für die Studierenden in Mathematik an?

Es sind also zwei Handlungsfelder, die heute weniger zusammenpassen als früher und da gilt es anzusetzen."

Mäder: „Herr Kaiser hatte sich gleich gemeldet, vermutlich zu der veränderten Rolle der Hochschulen."

Kaiser: „Also, wenn wir gleich in die Diskussion eintreten dürfen, möchte ich einfach nur zwei Korrekturen anbringen. (...) Es ist aber doch immer noch so, dass die Hochschulen für angewandte Wissenschaften, nur etwa die Hälfte unserer Studierenden haben die allgemeine Hochschulreife, also Abitur, nur etwa die Hälfte, und ungefähr die Hälfte unserer Studierenden kommen aus sogenannten bildungsfernen Schichten, also Elternhäusern, wo keiner der beiden einen Hochschulabschluss hat, und wir verstehen uns tatsächlich als Hochschule des sozialen Aufstiegs. Es ist ein Ziel, das wir haben, das wollen wir sein, und die Landesregierung Baden-Württemberg, das Land Baden-Württemberg hat 2006 schon mal dieses Hochschulgesetz massiv reformiert, mit dem Ziel, die Heterogenität des Hochschulzugangs, wir haben ja heute schon mal so ein Chart gesehen, einzurichten, und wir als Hochschulen für angewandte Wissenschaften nehmen das sehr ernst. Insofern ist der Punkt, den Sie gerade adressiert haben, am wenigsten anders im Vergleich zu vielen anderen Punkten, wo wir tatsächlich anders sind zu der Fachhochschule, an der Sie wahrscheinlich studiert haben."

Kleinböck: „Wir haben ja viele Jahre lang die Gleichwertigkeit der allgemeinen und der beruflichen Bildung diskutiert und vor zehn Jahren, zwölf Jahren hatten dann die Absolventen der Fachschulen die Studienberechtigung erhalten. Das war ein Riesenfortschritt, aber es hatte keinerlei Konsequenzen, weil die, ich spreche jetzt für den Bereich, den ich in der Schule verfolgt habe, weil die zwar die Studienberechtigung hatten, aber nicht studierfähig waren, gerade weil die Mathematik unterentwickelt war. Und das war eines der zentralen Probleme. (...)

Da haben wir eine Kollegin, die sehr engagiert in diesem Bereich auch im Bereich der Lehrerbildung arbeitet. Sie sagt, sie ist der Meinung, dass bereits in der Grundschule Fehler gemacht werden, die Zahlenvorstellung wird nicht so vermittelt, wie das nach ihrem Dafürhalten notwendig wäre und sie sagt dann, im nächsten Schritt erlebt sie viel zu oft von, wir sind eine berufliche Schule, die kommen aus ganz vielen Realschulen, Hauptschulen, Werkrealschulen, die Schüler in die Ausbildung, sie sagt, sie erlebt viel zu oft, dass die Schülerinnen und Schüler mit Rechenroutinen arbeiten, aber nicht das Problemlösungsdenken gelernt haben und von daher sagt sie, es gibt ein großes Betätigungsfeld."

Kurtz: „Ich bin etwas beunruhigt über das, was ich hier heute höre, und zusätzlich hören wir ja auch zum Beispiel von Ausbildungsbetrieben, dass die Abgänger aus den Schulen nicht mehr das mitbringen, was die Ausbilder erwarten. Also nicht nur die Hochschulen beklagen sich über die, die bei ihnen ankommen, sondern auch andere Zweige, die die jungen Menschen, die unsere Schulen verlassen, weiter ausbilden sollen. Also ist es wohl doch eine allgemeine Klage, die natürlich bei der Mathematik besonders problematisch ist und vielleicht auch besonders schwerwiegende Konsequenzen hat, aber insgesamt scheint es ja keine Zufriedenheit mehr mit der schulischen Leistung insgesamt zu geben. Und da frage ich mich, ob wir in den letzten Jahren eine falsche Richtung eingeschlagen haben oder etwas gut Gemeintes falsch umgesetzt haben. Wenn ich nämlich an die Kompetenz-Orientierung denke: Wir sprechen ja kaum mehr von Fachwissen und von Unterrichtsinhalten, sondern in erster Linie von Kompetenzen. Daneben wird das Fachwissen, was manchmal einfach auch mit Lernen und mit Pauken zu tun hat und vielleicht nicht immer so viel Spaß macht etwas vernachlässigt. Und da glaube ich, müssten wir mal ansetzen. Und dann bin ich zweitens beunruhigt, wenn ich mir die derzeitige Bildungsplandiskussion anschaue, was da im Mittelpunkt steht, da haben wir jetzt eine politische Debatte über Leitprinzipien und Leitperspektiven. Da spricht kein Mensch in der Öffentlichkeit über mathematische Fähigkeiten, sondern da geht es um Nachhaltigkeit, um Toleranz und Akzeptanz von Vielfalt und Prävention und Gesundheitsförderung. Ich glaube, dass wir unsere Schulen sehr aufladen mit zusätzlichen Aufgaben, mit Erziehungsaufgaben und mit vielen Dingen, die früher vielleicht auch an anderen Orten, nicht nur in der Schule, gelernt und vermittelt wurden. Die Schulen sind möglicherweise auch etwas überfordert. Und ich bin auch aus dem dritten Punkt heraus beunruhigt, weil wir im Moment auf eine Änderung der Lehrerausbildung setzen, und da ist mir immer gesagt worden, wir müssten die Pädagogischen Hochschulen noch stärker heranziehen, weil dort die Fachleute für die Didaktik, für die Fachdidaktik sind Ich hatte wirklich gehofft, dass die Pädagogischen Hochschulen in die gymnasiale Lehrerausbildung zusätzliches Knowhow reinbringen. Jetzt höre ich hier, dass es gerade in den Realschulen, wo ja PH-Absolventen unterrichten, offensichtlich schon hakt mit der Mathematikvermittlung. Dass also diese Fachleute, die die PH verlassen haben, in den Realschulen scheinbar die Fachdidaktik in Mathematik nicht so gut geleistet haben. Da frage ich mich, ob wir möglicherweise jetzt aufs falsche Pferd setzen bei der Reform der Lehrerausbildung.

Also ich bin wirklich gespannt und hoffe, hier Ansätze zu finden, damit ich etwas beruhigter nach Hause gehen kann, als ich jetzt hier oben sitze."

Lehmann: „Was wir brauchen, ist eine Orientierung an den tatsächlichen Erwerb der notwendigen mathematischen Kompetenzen. Es reicht nicht aus, wenn sich der Mathematikunterricht zu einseitig auf die Einübung von Prüfungsanforderungen konzentriert. Es muss vielmehr im Unterricht darum gehen, ein grundlegendes Verständnis für mathematische Zusammenhänge und Verfahren zu vermitteln. Darum geht es und dafür braucht es eben auch den Kompetenzbegriff, dass dieser Kompetenzerwerb bei den Schülerinnen und Schülern aber auch bei den Studierenden in den Mittelpunkt gestellt wird. Die von der grün-roten Landesregierung eingeleitete Reform der Lehrerausbildung setzt genau hier an. Es ist elementar wichtig, dass an den pädagogischen Hochschulen die Fachkompetenzen in einzelnen Fächern gestärkt werden sowie an den Universitäten allgemein die pädagogischen Kompetenzen in der Lehrerausbildung gestärkt werden und die Lehrerausbildung an den Hochschulen nicht mehr als fünftes Rad am Wagen gesehen werden.

Aber es ist natürlich auch klar, dass wir allein mit der Reform der Lehrerausbildung oder die grundlegende Bildungsplanreform nicht alle Probleme lösen können.

Wir haben, Frau Kurtz, etwa 110 000 Lehrerinnen und Lehrer im staatlichen Bildungssystem in Baden-Württemberg und die sind weitgehend alle nach alten Standards ausgebildet worden. Ich war lange genug als Fachberater unterwegs, um zu wissen, wie wenig nachhaltig Bildungsplanreformen in den Köpfen der Lehrerinnen und Lehrer wirken. Hier sind ganz dicke Bretter zu bohren. Da braucht es ein umfassendes und nachhaltiges Fortbildungskonzept und wir müssen hierfür erheblich mehr Ressourcen in die Hand nehmen als bisher, sonst werden alle Anstrengen verpuffen. Der vorgelegte Mindestanforderungskatalog Mathematik ist ebenfalls ein wichtiger Baustein. Wir brauchen aber für deren wirksame Umsetzung im Schulsystem und für einen gelingen Übergang in die Hochschulausbildung auch hierfür verlässliche Netzwerkstrukturen in Schule und Hochschulen."

Kern: „Also wenn Elternhäuser sich aus Erziehung, aus Bildung verabschieden, wird es für Schule extrem schwer, das zu kompensieren. Und zu glauben, die Schule könnte all diese Fehlentwicklungen auch auffangen, da überfordert man sowohl Kolleginnen und Kollegen als auch die Schulen und das ist glaub ich mal ganz wichtig festzuhalten. (…)

Hattie hat doch jetzt genau das wissenschaftlich rausgefunden, was wir als Schülerinnen und Schüler und auch später dann als Kolleginnen und Kollegen schon immer gewusst haben. Es kommt auf den einzelnen Kollegen an und da kommt es in allererster Linie auf die Fachlichkeit an, denn nur wenn sie fachlich wirklich gut sind, können sie im Unterricht bestehen. Wenn Sie da drumrum reden, aber das brauche ich ja allen Ihnen nicht zu sagen, sonst würden Sie nicht hier sitzen, die Fachlichkeit ist das entscheidende. Deshalb muss in der Lehrerausbildung oder darf dort unter keinen Umständen die Fachlichkeit leiden und wenn man solche Begriffe wie Einheitslehrer auf Gymnasialniveau produziert, da sehe ich, da habe ich große Sorgen, ob die Fachlichkeit tatsächlich da noch gegeben ist. Da sollte man viel stärker Wert drauf legen. Ich überspitze es mal etwas. Die Landesregierung hat sicherlich zum Ziel, eher die Gymnasiallehrer in Richtung PH zu ziehen, was die Ausbildung angeht. Mein Ansatz ist eher ein umgekehrter, dass man sich mal überlegt, ob man nicht alle anderen, die nicht an den Universitäten ausgebildet werden, auch die Chance auf ein Universitätsstudium gibt, damit eben die Fachlichkeit entsprechend gut ist und dass es auf die Didaktik ankommt, das ist ja klar, das haben wir als Schülerinnen und Schüler immer gewusst. Da gab es Kollegen, da hat man Mathematik verstanden, und dann gab es Kollegen, da hat man es eben nicht verstanden, weil die das nicht entsprechend rübergebracht haben. Da hat sich aber nach meiner Beobachtung, ich hab 1991 Abitur gemacht, sehr, sehr viel getan schon mit den Referendarskollegen aus der Mathematik, mit denen ich mich unterhalten habe, die mir zum ersten Mal erklären konnten, wozu ich eigentlich Kurvendiskussion brauche. Die konnten mir dann so Handytarif daran erklären, das fand ich spannend und das finde ich eine sehr bemerkenswerte Fortentwicklung, die ich natürlich begrüße."

Kaiser: „Wir reden jetzt über die didaktischen Fähigkeiten verschiedener Lehrerherkünfte, PH, Uni und so weiter. Also wenn man es mal vereinfacht sagt, und das stell ich jetzt einfach mal nur in den Raum, nimmt die pädagogische Ausbildung von einer Kindergärtnerin zum Hochschullehrer generell ab. Das muss man einfach so sehen, also wir werden Hochschullehrer ohne pädagogische Ausbildung, das ist vielleicht auch schon mal ein Kernproblem, das man hier und da mal vielleicht auch noch einmal in den Fokus nehmen muss."

Kurtz: „Also das ist für mich jetzt auch die Frage, wie entwickle ich Freude an der Mathematik und mathematischem Denken. Wenn ich eine Sprache lerne, dann sage ich, du musst unbedingt in das Land und du musst auch mal freiwillig einen Roman zusätzlich lesen, musst in die Sprache eintauchen. Wie gelingt das bei Mathematik? Und vor allen Dingen denke ich manchmal, wie gelingt das bei einer Bildschirm-Jugend, die ja jetzt nicht mehr im Keller irgendwas bastelt und vielleicht Größenordnungen und verschiedenen Materialien und Verhältnismäßigkeiten durch Begreifen im Sinne von Anfassen erfährt. Und ich könnte mir vorstellen, dass wir da noch mehr Wert darauf legen müssen. Da kommen wir wieder zu den außerschulischen Bildungsorten, weil ich das nicht alles nur in Klassenzimmern unter dem Dach einer Schule vermitteln kann. (…)

Also ich glaube, es gibt da viel, wo wir ansetzen können, was über den reinen Unterricht hinausgeht, und das halte ich für sehr wichtig."

Cost: „Mathematik ist für uns hier ungeheuer wichtig und wenn die Kinder sich nicht damit anfreunden können, dann haben wir ein riesiges Problem. Wenn ein Lehrer es schafft, fachlich gut zu sein und das auch rüberzubringen, dann haben wir schon viel gewonnen. Das nur zu dem Punkt fachlich oder pädagogisch.

Auch wir in der IHK stellen fest, dass Kinder oft nicht genau wissen, wofür das gut ist, was sie lernen und was sie mal davon haben könnten. Wir vermitteln deshalb Bildungspartnerschaften zwischen Schulen und Unternehmen. Morgen treffen sich 200 Bildungspartner hier in Leinfelden-Echterdingen und tauschen sich über ihre Projekte aus. Die machen zum Beispiel gemeinsamen Unterricht oder es gehen mal die Eltern in einen Betrieb oder die Lehrer in einen Betrieb. Ich werde mal nachfragen, was in den Bildungspartnerschaften zum Thema Mathematik gemacht wird. Hier wäre ein Ort, wo sich der Nutzen der Mathematik vielleicht noch besser vermitteln ließe, denn im Betrieb sieht man das dann schon, wozu man sie braucht. Und dann ist es vielleicht auch leichter, sich das anzueignen."

Kleinböck: „(…) Diese Synchronisierungsaufgabe *(zwischen Schule und Hochschule, Anm. d. Red.)*, das scheint mir doch wirklich diese große Herausforderung jetzt auch für uns zu sein. Was brauchen wir, Sie haben das erlebt mit dem Wirtschaftsgymnasium, ich hab auch das Wirtschaftsgymnasium besucht, hab auf diesem Weg das Abitur gemacht, kann Ihnen also sagen, diese Bezüge zu den Anwendungen, die haben mir natürlich ganz viel geholfen, auch ging mir wahrscheinlich nicht anders als Ihnen selbst auch, Mathematik als Werkzeug, das ist die Forderung, die wir ja schon ganz lange hören. Mathematik als Werkzeug zur Problemlösung, das wird eben in der Form nicht unterrichtet, ich erlebe es eben in dieser Form auch nicht. Eines hat mir die Kollegin, von der ich vorhin schon einmal kurz gesprochen habe, mitgegeben: „Mathematik als Fach tradiert sich mehr als jedes andere Fach", sagt sie über Jahrzehnte fort, nach dem Motto man kann damit kokettieren „Ich hab in Mathe schon immer Schwierigkeiten gehabt.", „Mathematik war schon immer schwer", „Es hat immer schon nur ein Teil kapiert." und von daher hat die Mathematik auch bei dieser Wahrnehmung sicher eine andere, oder spielt Mathematik eine andere Rolle als jedes andere Fach."

Mäder: „Aber weil es jetzt mehrmals kam, dass die Mathematik nicht so attraktiv sei: Wir sprechen hier doch über Studierende, die ein naturwissenschaftliches, technisches oder wirtschaftliches Fach studieren. Da weiß man doch, dass man auch rechnen muss. Das heißt, da muss doch eine gewisse Affinität zur Mathematik sowieso schon vorhanden sein. Aber Sie sehen es trotzdem so, mehrere auf dem Podium haben das gesagt, dass die Mathematik so abschreckend ist, dass das einer der Gründe sein kann, warum so wenige Fähigkeiten mitgebracht werden?"

Kurtz: „Mich hat vorhin schon gewundert, dass es hieß „geht jemand mit einer vier in Mathe in einen entsprechenden Studiengang". Da muss man sich schon mal fragen, ob unsere Studienberatung ausreichend ist. Wir haben auch schon gehört, dass sich das Problem verschärft durch die Heterogenität der Zugangsmöglichkeiten zu den Hochschulen. Und da möchte ich jetzt den Blick auf die Hochschulen lenken, nachdem wir bisher schwerpunktmäßig von der Schule gesprochen haben. Vorhin hat jemand gezuckt, als wir gesagt haben, der Professor sagt immer noch „gucken sie rechts, gucken sie links, von Ihnen dreien wird im nächsten Semester nur noch einer hier sitzen." Mein Sohn, der jetzt im ersten Semester am KIT ist, hat das auch gehört. Wir versuchen in der Schule, die Kids in Watte zu packen und ans Händchen zu nehmen und individuell zu fördern und dann kommt dieser brutale Schnitt und an der Hochschule heißt es dann im Grunde, friss oder stirb, wenn du nicht mitkommst, bist du wohl falsch hier. Das ist diese Schülergeneration aber nicht mehr gewöhnt. Bei der Studienberatung gibt man sich schon viel Mühe, und wir haben uns auch mal in einer Landtagsanfrage danach erkundigt. Das sind aber alles zeitlich begrenzte Projekte von drei und fünf Jahren. Da geht ein Haufen Geld rein, aber das ist bisher nur eine Modellphase. Und da denke ich, sind wir gefordert, ist das Wissenschaftsministerium gefordert, hier eine gewisse Standardisierung herbeizuführen. Bei aller Autonomie der Hochschulen hätte ich schon gerne, dass man sich mal zusammen an einen Tisch setzt und schaut: welche Form der Begleitung gerade am Anfang hat sich besonders bewährt, kann ich Mindeststandards für die Studienbegleitung am Anfang für diese heterogene, für diese diversifizierte Studierendenschaft herbeiführen. Ich glaube, dass wir da gefordert sind und das nicht weiter einfach so laufen lassen können und nur ein paar Modelle aufsetzen. Also das wäre eine Maßnahme, die auf Hochschulseite meiner Ansicht nach ansteht."

Kern: „Es ist überhaupt keine Rede mehr, über die Dinge zu diskutieren, die ich mal so mit der Überschrift Qualität umreißen möchte. Also kleinere Klassen, wird überhaupt nicht mehr darüber diskutiert. (…) Diskutieren wir eigentlich die hohe Unterrichtsbelastung, die Deputatsbelastung, unterhalten wir uns im Parlament eigentlich über so Fragen wie Krankheitsreserve, unterhalten wir uns im Parlament über Fragen, dass wir 2013 zum Beispiel knapp 9 % fachfremde Mathematik-Lehrer an den Schulen in Baden-Württemberg hatten und wie gelingt es uns eigentlich, auch die besten nach der Ausbildung für den Schulberuf zu begeistern? "

4.3.3 Der Mindestanforderungskatalog

Lehmann: „Die Sternchen im Mindestanforderungskatalog sind sehr wichtig, da Sternchen ein „Niemandsland" beschreiben. Es reicht hierbei nicht aus den Schülerinnen und Schülern oder den Studierenden lediglich zu sagen „Jetzt müsst ihr halt schauen, dass ihr die „Sternchen-Themen", die im Mindestanforderungskatalog gekennzeichnet sind, irgendwie selbst aufarbeitet." Dringend notwendig ist es, dass die Sternchen-Themen durch zusätzliche Angebote an den Schulen bzw. Hochschulen verlässlich abgedeckt werden. Den notwendigen zusätzlichen Angeboten an den Berufskollegs für die Schülerinnen und Schüler im Fach Mathematik wird hierbei eine besondere Bedeutung zukommen."

Kaiser: „Das zweite, was die cosh geleistet hat, die Arbeitsgruppe, so wie ich es wahrgenommen habe, ist, dass es auch gar nicht so ganz wichtig ist, wie genau man abgrenzt zwischen Wissen und Kompetenz, sondern dass man uns jetzt auch mitgeteilt hat, so hab ich auch dieses Papier verstanden, dass es gar nicht so sehr das Niveau ist der Mathematik, was schlecht wäre. Sondern es ist dieses, die fehlende Synchronisierung dessen, was an Schulen gelernt wird und das, was man nachher an Hochschulen möchte, „akzeptiert" heißt es ja jetzt, und was nachher in der Wirtschaft gebraucht wird. Da sind zu viele Lücken drin."

Lehmann: „Alle Anstrengungen werden aber nur dann gelingen, wenn wir sowohl ein umfassendes und nachhaltiges Fortbildungskonzept für das Fach Mathematik für die allgemeinbildenden sowie beruflichen Schulen bereitstellen, als auch ein verlässliches Qualitätssicherungssystem für die Lehre an den Hochschulen einführen und zügig klären, wie und wo die Sternchen-Themen des Mindestanforderungskatalogs in die Schul- bzw. Hochschulausbildung integrieren."

4.3.4 cosh – Bewertung der bisherigen Arbeit und die Zukunft der Arbeitsgruppe

Kleinböck: „Da haben wir eine Kollegin, die sehr engagiert in diesem Bereich auch im Bereich der Lehrerbildung arbeitet. (…) Als ich ihr dann das von cosh erzählt hab, sagt sie, ja, also das bräuchten wir dann natürlich in Hessen auch. In Hessen ist vieles anders als in Baden-Württemberg, aber nicht alles besser."

Kaiser: „Ich wollte zu den anderen Wortmeldungen vorher noch das ein oder andere sagen und wieder zurückkommen von Partei- und Ausschussarbeit hin zur Arbeit von cosh. Weil die Arbeit von cosh hat aus meiner Sicht zwei ganz wertvolle Leistungen vollbracht. Die erste wertvolle Leistung, sie hat aufgeräumt oder aufgehört mit diesem Schwarze-Peter-Spiel. Das ist vorher schon mal angesprochen worden, dass man angefangen hat, miteinander zu reden und nicht übereinander. Und wir sind immer alle versucht, da nehme ich mich, uns, auch gar nicht aus, immer zu sagen, das Problem ist viel früher. Sie sagten vorher auch schon einmal, es fängt im Grunde schon an im Kindergarten. Das kann man sozusagen immer bis in die pränatale Phase zurückverfolgen. Ja und damit, also nimmt man sich ein Stück aus der Verantwortung, ich glaube, da müssen wir alle mit aufhören und das hat cosh getan und hat uns da auch Wege aufgezeigt, dass man zusammenarbeiten kann und hat eigentlich genutzt, dass sowohl Lehrer als auch Hochschullehrer, dass die immerhin einen gemeinsamen Erfahrungshintergrund haben. Alle Hochschullehrer waren mal Schüler und alle Lehrer waren mal Studenten, also eigentlich hat man eine hervorragende Gesprächsebene, die hier jetzt endlich genutzt wird und dafür allein gebührt schon einmal ein Dank."

Kaiser: „Deswegen nochmal so ein bisschen differenziert: Wir tun viel in diesen ganzen Programmen, wir tun auch jede Hochschule für sich viel, weil es macht keinem Hochschullehrer Spaß, jedes Semester Leute verabschieden zu müssen, auch wenn er merkt, es fehlt zum Beispiel an dem, was die cosh-Gruppe auch gesagt hat, an der Möglichkeit zu üben, redundant zu sein. Und dann arbeiten wir zum Beispiel mit Volkshochschulen zusammen, machen alles Mögliche mit pensionierten Mathematiklehrern, aber es fehlt sozusagen das übergeordnete Konzept. Und auch da ist ein Verdienst von cosh. Jetzt müssen wir es nur noch finanzieren, und wenn die Politik vorher gesagt hat, Herr Lehmann, Sie haben es sogar gesagt, was können wir tun, wir müssten das mal auf die Fläche bringen. Ein Dilemma von cosh ist, also in Anführungszeichen Dilemma, dass es nicht aus dem System kam, sondern dass da Leute freiwillig nebenher was entwickelt haben und die beiden großen Systeme, Kultus- und Wissenschaft, wissen nicht so richtig, ob das von der Gegenseite akzeptiert wird. Also holen Sie die doch einfach rein, und machen das zum Standard beider Häuser und schon haben wir sie verflächnet. Und Frau Kurtz ist in beiden Ausschüssen, Sie sind die Vorsitzende des Kultusausschusses, nichts leichter als das."

Mäder: „Dann bevor es weitergeht kurze Frage: Nichts leichter als das?"

Lehmann: „Theoretisch ja. Wir können uns sicher schnell auf die notwendigen Handlungsfelder und auf die Umsetzungsschritte einigen. Wenn es aber an die Finanzierung geht, dann wird es immer gleich kritisch, weil dann nicht nur die Bildungspolitiker, sondern auch die Finanzpolitiker mit am Tisch sitzen. Wir brauchen daher für die Umsetzung eines umfassenden Reformkonzeptes eine volkswirtschaftliche und staatliche Bilanzierung des bisherigen unzureichenden Bildungssystems, der problembehafteten Übergänge in die Hochschulausbildung sowie der hohen Studienabbrecherquoten.

Wir brauchen echte Bildungschancen und die müssen wir in beiden Systemen, Schule wie Hochschule abbilden. Hierüber müssen wir eine offene Diskussion führen und die notwendigen Finanzmittel zur Verfügung stellen. Also ich bin da auf jeden Fall dabei."

4.3.5 Empfehlungen aus der Tagung

Lehmann: „Der vorhandenen mathematischen Kompetenzen, die die Schülerinnen und Schüler heute in der Regel mit der Mittleren Reife über eine Realschule und die Fachhochschulreife über ein Berufskolleg erworben haben, sind in vielen Fällen nicht ausreichend für einen aufbauenden Ausbildungsgang an den beruflichen Schulen oder den Hochschulen. Wir müssen daher durch umfassende Reformen sicherstellen, dass die jungen Menschen, die erfolgreich die Fachhochschulreife erwerben, auch tatsächlich ein Studium erfolgreich durchlaufen können.

Wir müssen daher sicherstellen, dass die Fachhochschulreife nach wie vor ein selbstverständlicher Zugang zur Hochschule für angewandte Wissenschaften bleibt und die hierfür erforderlichen integrativen zusätzlichen Mathematikangebote in den Schulen wie an der Hochschule bereitgestellt werden."

Lehmann: „Als Lehrer einer gewerblichen, beruflichen Schule sehe ich die Notwendigkeit von vielfältigen Reformen, da die Schülerinnen und Schüler, die bei uns in der Regel die Schule besuchen, später oft ein Studium im Bereich der Ingenieur- oder Informationswissenschaften aufnehmen wollen. Aber gerade in diesen Studiengängen, die Zahlen sind ja vorhin gezeigt worden, ist das Fach Mathematik das Killerfach im Grundstudium.

Deswegen bin ich dankbar über den Vorschlag an den Berufskollegs das Stundenkontingent für Mathematik zu erhöhen. Ebenso brauchen wir aber auch an den beruflichen Gymnasien, aufgrund der starken Angebotserweiterung dieses Ausbildungsganges, zusätzliche Angebote in Mathematik in der Eingangsstufe. Die Berufskollegs sind darüber hinaus verstärkt in Richtung Ganztageschulen weiter zu entwickeln und durchgängig mit den Ausbildungsberufen des dualen Systems zu vernetzen, damit sie auch eine echte und attraktive Alternative zur Hochschulausbildung bieten. Nicht selten haben die Schülerinnen und Schüler an den Berufskollegs falsche Vorstellungen darüber, was sie selber tatsächlich erreichen können und welcher Ausbildungsweg – Berufsausbildung oder Hochschule – für sie geeignet ist. Wir müssen auf der einen Seite die Möglichkeiten an den Berufskollegs erweitern, was die Mathematik und die Studierfähigkeit angeht. Wir brauchen aber auch eine attraktivere Form einer dualisierten Ausbildung, die sowohl die Fachhochschulreife beinhaltet wie auch eine anerkannte berufliche Ausbildung. Viele junge Menschen – vor allem mit Migrationshintergrund – haben heute ein eingeschränktes Ausbildungsverständnis, da zählt oft nur eine Hochschulausbildung. Die sehr guten Qualifizierungsmöglichkeiten, die über eine duale Ausbildung möglich sind, werden heute leider unzureichend wahrgenommen. Hier haben wir noch viel zu tun."

Kaiser: „Eine Frage war, warum studiert man/frau ein ganz bestimmtes Fach, wieso studieren Leute die wenig Mathe können, Ingenieurwissenschaften. Weil es ganz andere Motivatoren noch gibt außer der Mathematik. Ich sag mal Kreativität, Technikbegeisterung und, und, und. Ich bin froh, dass die alle sich auch zutrauen, sowas zu studieren. Das ist dann unsere Verantwortung, denen in den Pfeilern zu helfen, wo sie schwächer sind. (…)

Wir haben Modelle, da sind wir unterwegs. Aber das sind in der Regel projektfinanziert, die sind nicht so finanziert, wie es der Herr Lorenz heute gesagt hat in seinem Grußwort, da hab ich frohlockt, das habe ich mir gleich aufgeschrieben. Er hat wörtlich gesagt „Die cosh-Gruppe, dieser Weg hat es verdient, nachhaltig finanziert zu werden." Das finde ich hervorragend.

(Herr Kleinböck kommentiert die Aussage leise.) Genau, er hat nicht gesagt, von wem. Und Herr Schütze, ich hätte Sie auch zitiert, wenn Sie es auch gesagt hätten vom Wissenschaftsministerium. Vielleicht kann ich es jetzt sagen, sie nicken heftig. Dann hätten wir schon eine Teilfinanzierung. (…)

Solche Querschnittsdaueraufgaben, die alle Hochschulen und jetzt sogar auch Schulen betreffen, sind auch politische Verantwortung, wenn das politische Ziel ist, dass man mehr Leute an die Hochschule bringen möchte und wenn man heterogenen Hochschulzugang haben möchte. Dann ist das nicht für lau und für umme zu haben, das geht nicht. Und dann muss man darein auch investieren."

Kleinböck: Ich will noch eines deutlich machen, was cosh vorhin bei den Empfehlungen formuliert hat. Da war ja die Rede davon, die Zeiten, die Lernzeiten, Übungszeiten oder auch die Unterrichtszeiten etwas oder stärker auszubauen. Ganz zu Beginn gesagt, wir haben in Hessen nicht vieles, was besser ist, wir haben vieles, was anders ist. Und eine Sache in der beruflichen Schule ist deutlich unterschiedlich zu dem, was ich in Baden-Württemberg erlebe. Ich bin als selbstständige berufliche Schule unterwegs und hab die Möglichkeiten, Förderangebote ohne Rücksprache mit dem Schulamt aus meinem Budget anzubieten. Wir machen deshalb auch eine Lernstandserhebung, wenn wir in die vollschulische Ausbildung gehen und sehen, wo die jungen Leute Defizite haben. (...) Das ist eine Entwicklung, für die Baden-Württemberg schon längst überfällig ist, bin ich der Meinung. Und deshalb sage ich, cosh ist prima. An der Stelle würde ich eine ganze Reihe von Punkten, ganze Reihe von diesen Empfehlungen auch aufgreifen. Und ein Abschließendes: Als wir zu Beginn da unten saßen, habe ich zum Kollegen Lehmann gesagt, diese 57 %, von denen die Rede war, die müssen ja wirklich nicht sein. Dass wir da oftmals Irrwege gehen, ich glaub, das hat die Diskussion jetzt auch gezeigt. Vielen Dank."

Lehmann: „Besonders an den Berufskollegs sind zusätzliche Unterstützungsangebote notwendig. Das bisherige Stundenkontingent für das Fach Mathematik an den Berufskollegs reicht in der Regel für die Schülerinnen und Schüler nicht aus, um ein Studium an der Hochschule für angewandte Wissenschaften im Ingenieurstudiumsbereich erfolgreich beginnen und bestehen zu können. (...)

Wir brauchen aber auch an den Hochschulen im Fach Mathematik mehr Qualität in der Lehre und eine bessere Qualifizierung der Hochschullehrer in Methodik und Didaktik."

Kern: „Die Mittel für Ansprechpartner an Schulen und Hochschulen oder mehr Zeit, Vertiefungskurse, mehr Geld für Hochschuldidaktik, für Lehrerausbildung, dazu brauchen Sie Personal. (...)

Solange wir kein Personalentwicklungskonzept haben, ist es natürlich auch extrem schwierig, dann zu sagen, wir wollen mehr Kurse, Vertiefungskurse, mehr Zeit zum Wiederholen und ähnliches anbieten. (...) Wir halten das aber für sinnvoll, um zu mehr Planbarkeit, mehr Verlässlichkeit, mehr Nachhaltigkeit im Bildungsbereich zu kommen. (...)

Auch die Institutionalisierung der Kooperations-AG, also dass, ich war sehr überrascht, auf der einen Seite positiv, dass das ja ganz offensichtlich anfänglich ehrenamtlich geschafft wurde, diese cosh-AG, aber das muss natürlich dringend institutionalisiert werden vom Land, weil das Land muss doch ein Interesse daran haben, dass das funktioniert."

Kleinböck: „Und von daher sage ich auch, es ist eine politische Aussage, zu sagen, wir unterstützen cosh, das können wir machen. (...) Gleichwohl haben wir ja die Zusage vom Herrn Lorenz gehört, und da bin ich mal gespannt, was er sich dazu jetzt auf dem Heimweg einfallen lässt."

4.3.6 Das Schlusswort

Kaiser: „Und das glaube ich, das braucht doch ein bisschen Geduld, das weiß ich, dass dann wirklich Ergebnisse rauspurzeln, aber so weit, glaube ich, war cosh noch nie, wie heute Abend."

Mäder: „Vielen Dank. Ich glaube, dass man das tatsächlich als Schlusswort stehen lassen kann, so weit wie heute Abend war cosh noch nie. Man ist ins Gespräch gekommen, die Vorschläge sind auf große Sympathie gestoßen, es gibt erste Ansätze, was man da tun kann. Einige Ideen wurden aufgenommen und ich glaube, es sollte nicht die letzte Veranstaltung dieser Art gewesen sein. Ich danke Ihnen sehr herzlich für Ihre Aufmerksamkeit, für Ihre Diskussionsbeiträge, bedanke mich bei den sechs Teilnehmern hier auf dem Podium, bedanke mich für die Einladung bei cosh und wünsche Ihnen noch einen guten Abend."

Artikel in der Stuttgarter Zeitung 4.4

Was Studenten in Mathe können müssen

Forum In Esslingen wurde darüber diskutiert, wie Schüler besser auf die Anforderungen im Studium vorbereitet werden. *Von Klaus Zintz*

Mathematik hat hierzulande keinen guten Ruf – es gilt bei vielen Menschen als „Killerfach“. Dabei sind in vielen wirtschaftswissenschaftlichen, technischen und naturwissenschaftlichen Studiengängen fundierte mathematische Kenntnisse unabdingbar. Umso bedauerlicher ist, dass viele Studenten hier keinen Abschluss schaffen, wobei sie meist an Mathe scheitern. Daher gab es auch über viele Jahre hinweg gegenseitige Vorwürfe: Die Schulen klagten über die hohen Anforderungen, welche die Hochschulen stellen; und die Hochschulen beschwerten sich, dass die Schulen vor allem in Mathe die künftigen Studenten nur unzureichend ausbilden würden.

Dies will die Arbeitsgruppe Cosh (Cooperation Schule-Hochschule) ändern. Sie hat nach mehr als zwölfjähriger Arbeit einen Mindestanforderungskatalog Mathematik vorgelegt und diesen jetzt an der Hochschule Esslingen mit Lehrern, Hochschullehrern, Ministeriumsvertretern und Politikern diskutiert. Erklärtes Ziel dieser auf privatem Engagement aufgebauten Initiative ist, dass Schulen und Hochschulen nicht mehr übereinander, sondern miteinander reden – und die Ergebnisse dieser Gespräche dann auch umgesetzt werden und in konkrete Verbesserungen münden.

Diese sind auch dringend erforderlich, wenn die teilweise hohen Abbrecherquoten gesenkt werden sollen. Bei den Bauingenieuren etwa lagen sie zuletzt an den Universitäten bei rund 50 Prozent und bei den Hochschulen für angewandte Wissenschaften bei einem Drittel, wie Klaus Dürrschnabel von der Hochschule Karlsruhe berichtete. Und 44 Prozent der Studienabbrecher fühlten sich schlecht auf ihr Studium vorbereitet. „Erschreckende Ergebnisse“, wie der Mathematikprofessor und Mitinitiator von Cosh findet.

Rita Wurth vom Beruflichen Gymnasium Mettnau-Schule in Radolfzell erläuterte, wie der von Cosh erarbeitete Anforderungskatalog die Situation verbessern soll. In diesem Katalog sind die erforderlichen mathematischen Kompetenzen festgehalten – von der Prozentrechnung bis zu linearen Gleichungssystemen. Dazu sollen Beispielaufgaben anschaulich den Leistungsumfang aufzeigen. Nach Vorstellungen von Cosh sollen die Hochschulen den Katalog – „und nicht mehr“ – als Basis für die Studienanfänger akzeptieren. Die Anfänger wiederum sollen dafür sorgen, dass sie die Anforderungen erfüllen. Dabei wiederum müssen ihnen sowohl die Schulen als auch die Hochschulen helfen.

Dies allerdings ist gar nicht so einfach. Insbesondere wenn bei verschiedenen beruflichen Zugangsmöglichkeiten zum Hochschulstudium schlicht Mathestunden fehlen, müssen diese nachgeholt sowie mehr Übungsstunden abgehalten werden.

Mathe ist für viele ein „Killerfach“. Foto: dapd

Auch an den Hochschulen können Übungs- und Vertiefungskurse helfen.

Das alles aber kostet Geld – und da wird es bekanntlich schwierig. Das wurde auch auf der abschließenden Podiumsdiskussion mit Bildungspolitikern von Grünen, SPD, CDU und FDP sowie Vertretern aus Wirtschaft und Hochschulen deutlich. Dabei wurde immer wieder für eine bessere Beratung geworben wie auch für die duale Berufsausbildung. Zudem wurde gemahnt, doch mit Note „Vier“ in Mathe kein Fach zu studieren, wofür mathematische Kenntnisse nötig seien. Hier erinnerte indes Bastian Kaiser, der Vorsitzende der Landesrektorenkonferenz der Hochschulen für angewandte Wissenschaften, daran, dass auch Technikbegeisterung und Kreativität wichtig seien und man deshalb begeisterten Studenten bei Matheproblemen helfen müsse.

Konkrete Hilfen boten die Politiker und Ministeriumsvertreter an diesem Abend nicht an. Aber die Erkenntnis, wie groß dieses Problem ist und dass man es ernsthaft angehen muss, wurde immer wieder deutlich. „So weit wie heute Abend war Cosh noch nie“, stellte dann auch Bastian Kaiser am Ende der Veranstaltung fest.

// **Der Mindestanforderungskatalog unter http://stzlinx.de/mathematik**

Stuttgarter Zeitung, 12.02.2015

5 Empfehlungen

Auf der Grundlage der informativen Einstiegsreferate, der engagierten Diskussionen in den Foren und der Aussagen bei der Podiumsdiskussion wurden sechs Empfehlungen formuliert, die am letzten Tag der Veranstaltung von den Teilnehmerinnen und Teilnehmern in geheimer Abstimmung mit sehr großer Mehrheit angenommen wurden. Diese Empfehlungen richten sich in erster Linie an die Politik, aber auch an die Hochschulen und Schulen. Im Folgenden werden diese Empfehlungen vorgestellt und kommentiert.

5.1 Mehr Zeit für SchülerInnen aller Schularten zum Üben und Wiederholen von Mathematik vorsehen

Die Zahl der Wochenstunden für Mathematikunterricht von der Klasse 5 bis zum Abitur bzw. bis zur Fachhochschulreife ist in den letzten Jahrzehnten in Baden-Württemberg drastisch zurückgegangen. Die folgenden Zahlen für das allgemeinbildende Gymnasium dokumentieren dies beispielhaft in eindrücklicher Weise.

Im Jahr 1957 wurden im mathematisch-naturwissenschaftlichen Zug in den Klassen 5 bis 11 insgesamt 33 Wochenstunden Mathematik unterrichtet, in den Klassen 12 und 13 waren es 8 Wochenstunden, insgesamt also 41 Wochenstunden. Im sprachlichen Zug waren es insgesamt 32 Wochenstunden.

Mit der reformierten Oberstufe im Schuljahr 1977/78 erhielten interessierte Schülerinnen und Schüler 44 Wochenstunden Mathematik (32 Wochenstunden im math.-nat. Zug sowie 12 Stunden im Leistungskurs). Mit dem Besuch des sprachlichen Zugs und des Grundkurses Mathematik erhielten Schülerinnen und Schüler insgesamt 34 Wochenstunden Mathematikunterricht.

Mit der Lehrplanrevision 1984 reduzierte sich die Wochenstundenzahl in den Leistungskursen um 2, während alle anderen gleich blieben.

1994 wurden sowohl im math.-nat. Zug als auch im sprachlichen Zug die Wochenstundenzahl in Mathematik um 2 Stunden reduziert, so dass nun maximal 40, mindestens aber 32 Wochenstunden unterrichtet wurden.

1999 wurden die Züge durch sogenannte Profile abgelöst, bei denen alle Schülerinnen und Schüler bis zur Oberstufe dieselbe Wochenstundenzahl Mathematik hatten. Dies führte zu insgesamt 38 (mit Leistungskurs) bzw. 34 Wochenstunden (mit Grundkurs).

Mit der Abschaffung der Grund- und Leistungskurse im Jahr 2002 veränderte sich die Wochenstundenzahl auf 36 Wochenstunden für alle Schülerinnen und Schüler. Der Bildungsplan 2004 für das achtjährige Gymnasium reduzierte diese Zahl dann auf die heute noch gültigen 32 Wochenstunden für alle.

Fazit: Innerhalb von 27 Jahren wurden die Wochenstunden für mathematisch-naturwissenschaftlich interessierte Schülerinnen und Schüler um 12 (d. h. um 27 %) reduziert und sind heute gerade noch so hoch wie das absolute Minimum, das bisher für mathematisch wenig Interessierte vorgesehen war.

Der Stoffumfang wurde bei den einzelnen Lehrplanreformen zwar umstrukturiert und in geringem Umfang auch reduziert, aber bei Weitem nicht im gleichen Maße wie die Wochenstunden. Die Kürzung der Unterrichtszeit ging also weitgehend zu Lasten der Zeit zum Üben und Vertiefen.

Erschwerend kommt noch hinzu, dass der naturwissenschaftliche Unterricht, insbesondere der Physikunterricht der Mittelstufe, immer weniger mathematisch ausgerichtet ist, so dass auch hier viele Übungen im Anwendungskontext weggefallen sind.

Nachhaltiges Lernen kann aber nur durch vielfältiges Üben stattfinden.

Die immer wieder vorgebrachte Forderung nach einer „Entrümpelung" der Lehrpläne, d. h. einer weitergehenden Streichung von Inhalten, ist sicher keine sinnvolle Lösung. Auch wenn das eine oder andere Thema verzichtbar erscheint, so bleibt doch sehr wenig zu streichen, ohne dass die Studierfähigkeit insbesondere für WiMINT-Fächer erheblich darunter leiden würde.

Eine Erhöhung der Wochenstundenzahl auf Werte wie im Jahr 1977 ist sicher völlig illusorisch, aber die Wiedereinführung von Angeboten für mathematisch-naturwissenschaftlich interessierte Schülerinnen und Schüler schon in der Sekundarstufe 1 und insbesondere in der Sekundarstufe 2 ist eine realistische Option. Mit dem Vertiefungskurs Mathematik (2 Jahre mit je 2 Wochenstunden) am allgemeinbildenden Gymnasium und dem Mathe-Plus-Kurs an den beruflichen Gymnasien ist ein erster Schritt in Richtung Vertiefung erreicht. Fehlende Übungszeit in der Sekundarstufe 1 bleibt aber dennoch ein Problem.

Eine Aufgabe für die Fachdidaktik in der Schule ist die Entwicklung von Modellen, mit denen die Vermittlung neuer Inhalte mit der Sicherung des bisher Gelernten verbunden werden kann, so dass im Mathematikunterricht mehr Nachhaltigkeit erreicht wird.

5.2 Mehr Mathestunden/Mathe-Plus-Kurse für Schularten vorsehen, die zur Fachhochschulreife führen

Seit 2012 werden im allgemeinbildenden Gymnasium und seit 2014 im beruflichen Gymnasium Vertiefungskurse bzw. Mathe-Plus-Kurse angeboten, die dem Mangel an Vertiefung und Nachhaltigkeit entgegenwirken können. Die am stärksten von diesen Problemen betroffene Schulart Berufskolleg kann aber bisher keine derartigen Kurse anbieten. Gerade die Berufskollegs, in denen junge Erwachsene die Fachhochschulreife erwerben, nachdem sie eine mindestens zweijährige Berufsausbildung gemacht haben, in der Regel ohne Oberstufen-Mathematik, brauchen mehr Zeit und mehr Unterstützung in Mathematik. Dies müsste durch eine zusätzliche Mathematikstunde und/oder durch Zusatzangebote wie Mathe-Plus verwirklicht werden.

5.3 Differenzierte Online-Tests zur Selbsteinschätzung auf der Basis des Mindestanforderungskatalogs mit Verlinkung auf Vorbereitungsangebote anbieten

Studienanfänger haben häufig falsche Vorstellungen von den Anforderungen im Studium. Dies ist einerseits darauf zurückzuführen, dass insbesondere im Berufskolleg und in den beruflichen Gymnasien eine Reihe von Inhalten, die an den Hochschulen erwartet werden, laut Bildungsplan nicht behandelt werden, andererseits darauf, dass Studienanfänger dazu neigen, ihre eigenen Kompetenzen zu überschätzen.

Der Mindestanforderungskatalog kann den Schülerinnen und Schülern dazu dienen, die Lücken in der schulischen Ausbildung zu identifizieren und ihre eigenen Stärken und Schwächen zu erkennen. Der Mindestanforderungskatalog als reine Papierversion weist jedoch deutliche Schwächen auf, die durch Online-Tests reduziert werden können. Online-Tests bieten die Möglichkeit, die Mindestanforderungen mit einem modernen Medium zu verbreiten und zusätzlich auf individuelle, dem Studiengang angepasste Unterstützungsangebote zu verweisen.

Viele Hochschulen bieten bereits eigene Online-Tests an. Diese stehen meistens nur den eigenen Studierenden zur Verfügung und laufen oft auf Plattformen (z. B. ILIAS oder moodle), auf die Schüler keinen Zugriff haben. Gerade aber für Schüler ist eine Plattform wichtig, während sie sich studientechnisch orientieren. Diese Plattform sollte sie bereits zu dem Zeitpunkt ansprechen, bevor sie ihre Hochschule gewählt haben, was hochschuleigene Tests nur bedingt erreichen. Die Zentralität einer cosh-eigenen Plattform, die überall und für jeden verfügbar ist, behebt diese Mängel. Dadurch, dass die Plattform Baden-Württemberg-weit anerkannt ist, gewinnt sie an Wichtigkeit und erfährt höhere Akzeptanz unter den Schülern.

5.4 Mittel für den Aufbau bzw. die Weiterentwicklung einer fachbezogenen Hochschuldidaktik (Mathematik) bereitstellen

Fachdidaktik als Lehrangebot für Lehramtsstudierende wird an den Pädagogischen Hochschulen des Landes, aber auch in ersten Ansätzen an den Universitäten und vor allem an den Staatlichen Seminaren für Didaktik und Lehrerbildung angeboten. Eine Mathematik-Fachdidaktik für Lehrende an Hochschulen existiert nur in Ansätzen. Insbesondere im Bereich „Service-Mathematik", d. h. Mathematik für Studierende der wirtschafts-, natur- und ingenieurwissenschaftlichen Fächer sowie der Informatik, ist der Bedarf an einer Hochschul-Fachdidaktik aus mehreren Gründen besonders dringend.

Die Anzahl der Studierenden dieser Fachrichtung ist wesentlich höher als die der Mathematikstudierenden, d. h. die Anzahl der Teilnehmerinnen und Teilnehmer in den Service-Veranstaltungen ist ein Vielfaches von derjenigen in Veranstaltungen für Mathematikstudierende. Angesichts des Fachkräftemangels im Ingenieurbereich wird sich daran in absehbarer Zeit auch nichts ändern.

Studierende dieser Fachrichtungen empfinden Mathematik oft als ein notwendiges Übel, d. h. ihnen fehlt weitgehend die intrinsische Motivation für das Fach Mathematik. Deswegen muss gerade in diesem Bereich die Lehre besonders gut auf die Studierenden abgestimmt sein.

Lehrenden der „Service-Mathematik" fehlt häufig eine didaktische Ausbildung, die das Vorwissen, die Lern- und Arbeitstechniken und die spezielle Motivationslage der Studierenden berücksichtigt.

Zur Weiterentwicklung einer Fachdidaktik für „WiMINT" sind Stellen und damit verbundene finanzielle Ressourcen notwendig. Vorhandene Ansätze müssen evaluiert, gegebenenfalls modifiziert, neue Ansätze entwickelt und in die Breite getragen werden. Dazu müsste eine systematische Kooperation mit Pädagogischen Hochschulen, Staatlichen Seminaren für Didaktik und Lehrerbildung sowie mit qualifizierten Fachberatern der Regierungspräsidien aufgebaut werden. Solche Kooperationen erfordern natürlich ebenfalls Deputatsstunden und Geld.

5.5 Ressourcen bereitstellen, um Unterstützungsmaßnahmen in der Studieneingangsphase zu koordinieren und zu verstetigen

Projekte in der Studieneingangsphase (Studienmodelle individueller Geschwindigkeit, MINT-Kolleg, Projekte aus dem Qualitätspakt-Lehre, Willkommen in der Wissenschaft, …) sind zeitlich begrenzt. Nach Förderungsende werden bewährte Maßnahmen eingestellt, wissenschaftlichen Mitarbeitern, die solche Projekte betreuen, kann keine Perspektive geboten werden; sie wandern ab. Nur ein Teil der Projekte kann mit Hochschulmitteln weitergeführt werden. Es gibt keine Bindung von Hochschulmitteln an Maßnahmen in der Studieneingangsphase.

Die Empfehlung ist nicht nur, die Hochschulen dauerhaft mit Mitteln auszustatten, sondern auch, diese Mittel an die Verwendung für Maßnahmen in der Studieneingangsphase zu binden.

5.6 Kooperation durch eine zentrale strukturelle Verankerung stärken

Die Arbeitsgruppe cosh ist seit ihrer Gründung eine „Selbsthilfegruppe" engagierter Mathematik-Lehrender an Schulen und Hochschulen ohne rechtliche und finanzielle Sicherheit. Die Kooperation ist von den agierenden Personen abhängig und damit dauerhaft in Gefahr, sich wieder aufzulösen. Um die Kooperation auf Dauer zu etablieren, muss das Aufgabenfeld von cosh klar beschrieben werden. Die Aufgaben müssen von cosh als juristischer Person wahrgenommen werden. Sie soll im Auftrag der Bildungsbehörden (Ministerien, Regierungspräsidien, Hochschulen, Rektorenkonferenz, Landesregierung, …) handeln, aber eigenständig Entscheidungen treffen können. Dafür ist eine eigene Administration unumgänglich. Das darüber hinaus gehende Engagement von LehrerInnen und HochschuldozentInnen muss z. B. durch Deputatsanrechnung honoriert werden.

Als Struktur bietet sich „cosh vor Ort" an, d. h. es müssen Stellen, Deputate und finanzielle Mittel für AnsprechpartnerInnen an Schulen und Hochschulen bereitgestellt werden. Im Einzelnen sind das folgende Maßnahmen:

- Schaffung von Stellen (z. B. Doktorandenstellen) an Pilot-Hochschulen mit dem Auftrag der Verzahnung von Schulen und Hochschulen
- Ausstattung von Mathematik-Fachberatern an jedem Regierungspräsidium als cosh-Koordinator und Ansprechpartner für Schulen und Hochschulen mit Deputatsanrechnung
- Zusätzliche Deputatsstunden für Lehrerinnen und Lehrern an Pilot-Schulen oder Ausschreibung von A14-Stellen als Koordinator zwischen Schule, Regierungspräsidium und Hochschule.

Vordringliche Aufgabe dieser Personen wäre die Verbreitung des Mindestanforderungskatalogs an Schulen und Hochschulen.

Schlusswort

Im Rückblick auf die Tagung mag die Frage erlaubt sein, ob die gesteckten Ziele erreicht wurden und welche Aufgaben in der nächsten Zeit in Angriff genommen werden müssen.

Bei der Tagung waren erstmals alle Institutionen aus Baden-Württemberg, die sich mit der Schnittstelle Schule-Hochschule befassen, paritätisch vertreten. Zum ersten Mal haben mehr als 70 Teilnehmer gemeinsam nach Lösungen für das wichtige Problem des Übergangs gesucht und einmütig Empfehlungen an die Politik formuliert.

Allen Teilnehmern wurde bewusst, dass dieser Erfolg nur durch die bisherige Kooperation zwischen Schulen und Hochschulen möglich wurde. Es wurde außerdem jedem klar, dass es unverzichtbar ist, um die Übergangsproblematik zu lösen, dass die Kooperation sogar weiter ausgebaut wird und alle Beteiligten gemeinsam an einem Strang ziehen müssen, auch die Parteien und die Ministerien.

Die große Zahl an Teilnehmern, auch aus anderen Bundesländern, hat dazu beigetragen, dass der Mindestanforderungskatalog noch mehr Beachtung gefunden hat. Der damit verbundene Name cosh ist bundesweit zum Synonym für Kooperation zwischen Schule und Hochschule schlechthin geworden. Auch bei den mit Bildungspolitik befassten Landtagsabgeordneten und in der bildungspolitisch interessierten Öffentlichkeit wurde durch die öffentliche Veranstaltung und die Berichterstattung in der Presse ein Problembewusstsein geschaffen, das nun wachgehalten werden muss.

Viele Hochschulen berufen sich bei ihren Förder- und Diagnoseangeboten für Studienanfänger auf den Mindestanforderungskatalog und verwenden zum Teil die Beispielaufgaben in Brückenkursen und anderen Unterstützungsangeboten. Diverse Online-Tests aus ganz Deutschland für Studienanfänger beziehen sich explizit auf den Mindestanforderungskatalog. Es ist zu hoffen, dass die Studienanfänger auf diese Weise schnell mit den erwarteten Kompetenzen des Mindestanforderungskatalogs vertraut gemacht werden.

Als erstes konkretes Ergebnis der gewachsenen Bekanntheit von cosh ist die Kooperationsvereinbarung zu nennen, die mit der Mathematik-Kommission Übergang Schule-Hochschule[1] getroffen wurde. Als Ziele dieser Vereinbarung wurden die gegenseitige Information über aktuelle Projekte, die Zusammenarbeit bei bundesweiten Veranstaltungen und die gemeinsame Entwicklung von Mindestanforderungen in Mathematik für weitere Studiengänge vereinbart.

In den letzten Jahren ist eine engagiert geführte Debatte entstanden, die von kritischen Hochschullehrern angeregt und bundesweit von den Medien aufgegriffen wurde. Die einen sahen die Ursache für die „Mathematikdefizite der Studienanfänger" in der „mangelnden Einübung von Grundlagenwissen"[2], also in der Schule. Die anderen hingegen machten darauf aufmerksam, dass sich die Hochschulen um die gestiegene Zahl von Studierenden mehr kümmern müssen und sie „in Zeiten des Fachkräftemangels erfolgreich zum Abschluss führen"[3] sollen.

Dieses Thema wurde natürlich auch am Rande der Tagung immer wieder aufgegriffen. Durch die Kooperation ist es aber gelungen, dass dabei die eigentliche Zielgruppe, nämlich die Studienanfänger in WiMINT-Fächern, nicht aus dem Blickfeld geraten ist.

Weitere Erfolge der Tagung waren die Aus- und Zusagen der Teilnehmer der Podiumsdiskussion. Die Behandlung eines Antrags zur „Zukunft der Cooperation Schule-Hochschule (cosh)" im Landtag von Baden-Württemberg steht zum aktuellen Zeitpunkt noch aus. Bisher wurde allerdings keine der Empfehlungen der Tagung umgesetzt und wir sind gespannt, inwiefern die Absichtserklärungen und Zusagen umgesetzt werden.

Einige Hochschulen haben im Rahmen von Projektanträgen Mittel für Kooperationsbeauftragte beantragt, es bleibt aber abzuwarten, ob diese genehmigt werden. Auch die Anerkennung der cosh-Tätigkeit von schulischen Fachberatern hängt von der wohlwollenden Entscheidung der Referenten in den Regierungspräsidien ab.

„So weit wie heute war cosh noch nie!" war die euphorische Feststellung von Herrn Prof. Dr. Kaiser am Ende der Podiumsdiskussion. Aber wie geht es weiter?

Trotz aller Ungewissheit lässt sich die cosh-Gruppe nicht von ihren Zielen abbringen. Einer der wichtigsten Schritte wird sein, der Gruppe eine tragfähige rechtliche Struktur zu geben und die Finanzierung in der Zukunft sicherzustellen. Nur damit kann auf Dauer gewährleistet werden, dass die anstehenden Projekte bewältigt werden können. Dies sind unter anderem die regelmäßigen Aufgaben wie die Durchführung der Jahrestagung und Informations- und Fortbildungsveranstaltungen an Schulen und Hochschulen. Ein besonderes Augenmerk wollen wir auf die Stärkung

1 Die Kommission Übergang Schule-Hochschule setzt sich zusammen aus Vertretern der DMV (Deutsche Mathematiker-Vereinigung), der GDM (Gesellschaft für Didaktik der Mathematik) und des MNU (Deutscher Verein zur Förderung des mathematischen und naturwissenschaftlichen Unterrichts).

2 „Klarer Abstieg", Der Spiegel, 14/2014

3 „Die Lückenfüller", Die ZEIT, 20/2013

der regionalen Kooperation und den Aufbau einer Fachdidaktik Mathematik für WiMINT legen.

Auf die besonders wichtige Empfehlung, in der Schule mehr Zeit für Mathematik zu reservieren, hat die Gruppe wenig Einfluss, aber es ist ihre Pflicht, die Politik regelmäßig an die Notwendigkeit dieser Übungszeit zu erinnern.

Die Studienanfänger sind es wert, dass wir uns um sie kümmern. Ihre Schwierigkeiten können nur gemindert werden, wenn verantwortliche und engagierte Menschen aus Schule und Hochschule gemeinsam nach Lösungen suchen. Dies wird auch künftig unser Ziel sein.

Anhang: der Mindestanforderungskatalog

Mindestanforderungskatalog Mathematik (Version 2.0)

der Hochschulen Baden-Württembergs
für ein Studium von WiMINT-Fächern
(Wirtschaft, Mathematik, Informatik, Naturwissenschaft und Technik)

Ergebnis einer Tagung vom 05.07.2012
und einer Tagung vom 24.-26.02.2014

27. Oktober 2014

Vorwort

Das vorliegende Papier ist das Ergebnis einer Arbeitstagung an der Akademie Esslingen zum Thema „Übergangsschwierigkeiten in Mathematik an der Schnittstelle Schule zu Hochschule“, überarbeitet im Jahr 2014. Teilnehmer waren ProfessorInnen von Hochschulen für angewandte Wissenschaften und Universitäten sowie LehrerInnen der beruflichen und allgemeinbildenden Gymnasien und der Berufskollegs in Baden-Württemberg.

Bei der Abfassung der vorliegenden Version 2.0 haben auch Vertreter der Pädagogischen und der Dualen Hochschulen Baden-Württembergs mitgewirkt. Die Mathematik-Kommission Übergang Schule-Hochschule der Verbände DMV, GDM und MNU hat die Bemühungen um diesen Katalog ausdrücklich begrüßt, da Kataloge dieser Art in geeigneter Weise die Bildungsstandards konkretisieren können. Der Mindestanforderungskatalog erfährt eine breite Akzeptanz durch Hochschulen und Fachverbände.

Die Formulierung des Katalogs wurde initiiert von der Arbeitsgruppe cosh[1], die sich seit über zehn Jahren mit dem Übergang von Schule zu Hochschule beschäftigt. Bei diesem Übergang haben seit vielen Jahren die StudienanfängerInnen Probleme im Fach Mathematik. Empirische Analysen belegen, dass sich diese Problematik verschärft hat.

Bei der Tagung wurde mehrfach auf die unterschiedlichen Bildungsaufträge von Schule und Hochschule hingewiesen. In der Hochschule wird Mathematik häufig zielgerichtet als Werkzeug und Sprache zur Lösung von komplexen berufsrelevanten Problemen eingesetzt. In der Schule steht der allgemeinbildende Charakter des Mathematikunterrichts im Vordergrund. Kompetenzen wie Argumentieren, Problemlösen oder Modellieren haben in den letzten Jahren im Mathematikunterricht ein deutlich größeres Gewicht erhalten. Die Schule soll nicht nur auf ein Ingenieurstudium vorbereiten.

Durch die Hochschulreife erhalten SchülerInnen die formale Berechtigung, alle Fächer an Hochschulen studieren zu können. Offensichtlich beherrschen aber nicht alle die in der Schule vermittelten mathematischen Inhalte und Kompetenzen mit der Sicherheit, die für das Studium eines wirtschafts-, informations-, ingenieur- oder naturwissenschaftlichen Faches (im Folgenden mit WiMINT bezeichnet) erforderlich ist. Es darf aber bei einem Studienanfänger erwartet werden, dass er diese Lücken in eigener Verantwortung schließen kann. Dabei soll er von den Schulen und Hochschulen unterstützt werden. Darüber hinaus setzt die Hochschulseite in den WiMINT-Studiengängen Kenntnisse und Fertigkeiten voraus, die nicht in den Bildungsplänen der Gymnasien und Berufskollegs in Baden-Württemberg abgebildet sind. Nach Einschätzung der Teilnehmer ändern auch die beschlossenen bundesweiten Bildungsstandards nichts an dieser Diskrepanz.

Der folgende Mindestanforderungskatalog beschreibt die Kenntnisse, Fertigkeiten und Kompetenzen, die StudienanfängerInnen eines WiMINT-Studiengangs haben sollten, um das Studium erfolgreich zu starten. Diese Anforderungen werden durch Aufgabenbeispiele konkretisiert. Die Aufgaben sind keine Lehr-, Lern- oder Testaufgaben. Sie dienen lediglich der Orientierung und zur Konkretisierung/Erläuterung der Kompetenzen.
Die im folgenden Text in Klammern gesetzten Zahlen beziehen sich auf die Aufgabenbeispiele im Anhang.

[1] Cooperation Schule-Hochschule

Im Katalog sind einige Inhalte und Aufgaben besonders gekennzeichnet:
(*) nicht in den Bildungsplänen der Berufskollegs verpflichtend aufgeführt.
(**) weder in den Bildungsplänen der Berufskollegs noch der Gymnasien verpflichtend aufgeführt.

Aus drei Gründen messen die Teilnehmer diesem Katalog eine außerordentliche Bedeutung zu:

- Er stellt das Ergebnis einer engagierten Diskussion und Analyse der eingangs beschriebenen Problematik dar und legt eine differenzierte Beschreibung dazu vor.
- Er wurde in einem breiten Konsens von beiden beteiligten Seiten – Schule und Hochschule – erstellt.
- Er spiegelt das Interesse von Schule und Hochschule wider, die Problematik gemeinsam zu lösen.

Der Katalog macht deutlich, dass die Anforderungen an der Schnittstelle Schule-Hochschule in großen Bereichen aufeinander abgestimmt sind. Die dort auftretenden Schwierigkeiten der StudienanfängerInnen können durch Vertiefungs- und Übungsangebote weitgehend aufgefangen werden. Die Analyse zeigt aber auch eine systematische Diskrepanz, die es aufzulösen gilt.

Die Teilnehmer der Tagungen haben die Verantwortung der einzelnen Beteiligten an dieser Schnittstelle klar benannt:

- Die **Schule** muss den SchülerInnen ermöglichen, die im Anforderungskatalog nicht besonders gekennzeichneten Fertigkeiten und Kompetenzen zu erwerben. SchülerInnen, die beabsichtigen, ein WiMINT-Fach zu studieren, sollen über die bestehenden Probleme informiert werden. Im Rahmen ihrer Möglichkeiten bietet die Schule Hilfestellungen an.
- Die **Hochschule** akzeptiert diesen Anforderungskatalog – und nicht mehr – als Basis für StudienanfängerInnen. Im Rahmen ihrer Möglichkeiten bietet die Hochschule Hilfestellungen an.
- Die **StudienanfängerInnen** müssen, wenn sie ein WiMINT-Fach studieren, dafür sorgen, dass sie zu Beginn des Studiums die Anforderungen des Katalogs erfüllen. Dafür muss ihnen ein adäquater Rahmen geboten werden.
- Die **Politik** muss auf die beschriebene systematische Diskrepanz reagieren. Solange diese Diskrepanz besteht, sind flächendeckend Maßnahmen erforderlich, um die beschriebenen Schwierigkeiten möglichst rasch zu beseitigen. Um die Qualität unseres Bildungssystems zu sichern, müssen Rahmenbedingungen für Schule, Hochschule und StudienanfängerInnen so verbessert werden, dass diese ihrer oben beschriebenen Verantwortung gerecht werden können.

1 Allgemeine Mathematische Kompetenzen

Das Studium von WiMINT-Fächern erfordert zusätzlich zur allgemeinen Studierfähigkeit die Bereitschaft, auch komplexe Fragestellungen dieser Gebiete ohne Scheu anzugehen, daran hartnäckig und sorgfältig zu arbeiten und dabei die strenge Exaktheit der Fachsprache und Fachsymbolik zu akzeptieren. Die Nutzung elektronischer Hilfsmittel – insbesondere mathematischer Software – wird immer selbstverständlicher. Ihr sinnvoller Einsatz erfordert Kontrolle durch Plausibilitätsbetrachtungen, die eine besondere Vertrautheit im Umgang mit Zahlen und Variablen (vergleiche Kapitel 2) voraussetzen. Diese muss durch nachhaltiges Üben wachgehalten werden.

1.1 Probleme lösen

Sachverhalte oder Probleme in den WiMINT-Fächern können in unterschiedlichen Darstellungsarten vorliegen, zum Beispiel als Text, Grafik, Tabelle, Bild, Modell usw. Manchmal können Probleme auch offen formuliert sein. Die StudienanfängerInnen können

- dazu nützliche Fragen stellen (1, 58);
- die gegebenen Sachverhalte mathematisch modellieren (2, 3, 26);
- Strategien des Problemlösens anwenden (4);
- Hilfsmittel (Formelsammlung, elektronische Hilfsmittel) angemessen nutzen (17, 48).

1.2 Systematisch vorgehen

Die StudienanfängerInnen können systematisch arbeiten. Sie

- zerlegen komplexe Sachverhalte in einfachere Probleme;
- können Fallunterscheidungen vornehmen (5);
- arbeiten sorgfältig und gewissenhaft (67).

1.3 Plausibilitätsüberlegungen anstellen

Zur Kontrolle ihrer Arbeit können die StudienanfängerInnen

- Fehler identifizieren und erklären (6);
- Größenordnungen abschätzen (7, 12, 13);
- mittels Überschlagsrechnung ihre Ergebnisse kontrollieren (8).

1.4 Mathematisch kommunizieren und argumentieren

Für das Begreifen der Fragestellungen und das Weitergeben mathematischer Ergebnisse ist es unerlässlich, dass die StudienanfängerInnen

- Fachsprache und Fachsymbolik verstehen und verwenden (9, 10, 11);
- mathematische Sachverhalte mit Worten erklären (14, 15, 16);
- mathematische Behauptungen mithilfe von unterschiedlichen Darstellungsformen, z.B. Worten, Skizzen, Tabellen, Berechnungen begründen oder widerlegen;
- Zusammenhänge (mit und ohne Hilfsmittel) visualisieren (3, 17, 18);
- eigene sowie fremde Lösungswege nachvollziehbar präsentieren können (19).

2 Elementare Algebra

Wir setzen voraus, dass die StudienanfängerInnen die Aufgaben zu den folgenden Kompetenzen – abgesehen von der Bestimmung eines numerischen Endergebnisses – ohne CAS-Rechner und ohne Taschenrechner (TR/GTR) lösen können.

2.1 Grundrechenarten

Die StudienanfängerInnen verfügen über grundlegende Vorstellungen von Zahlen ($\mathbb{N}$, $\mathbb{Z}$, $\mathbb{Q}$, $\mathbb{R}$). Sie

- können überschlägig mit Zahlen rechnen (20);
- können die Regeln zur Kommaverschiebung anwenden (21);
- beherrschen die Vorzeichen- und Klammerregeln, können ausmultiplizieren und ausklammern (22);
- können Terme zielgerichtet umformen mithilfe von Kommutativ-, Assoziativ- und Distributivgesetz (23);
- (**) beherrschen die binomischen Formeln mit beliebigen Variablen (24, 25);
- verstehen Proportionalitäten und können mit dem Dreisatz rechnen (26, 27, 55).

2.2 Bruchrechnen

Die StudienanfängerInnen können die Regeln der Bruchrechnung zielgerichtet anwenden. Sie können

- erweitern und kürzen (28, 29);
- Brüche multiplizieren, dividieren, addieren und subtrahieren (30, 31).

2.3 Prozentrechnung

Die StudienanfängerInnen können mit Prozentangaben gut und sicher umgehen. Sie beherrschen die Zins- und Zinseszinsrechnung (8, 32, 33, 34).

2.4 Potenzen und Wurzeln

Die StudienanfängerInnen können die Potenz- und Wurzelgesetze zielgerichtet anwenden. Sie wissen, wie Wurzeln auf Potenzen zurückgeführt werden und können damit rechnen (30, 35, 36, 42).

2.5 Gleichungen mit einer Unbekannten

Die StudienanfängerInnen können Gleichungen mithilfe von Äquivalenzumformungen und Termumformungen lösen. Sie können

- lineare und quadratische Gleichungen lösen (37, 38, 39, 41(d));
- einfache Exponentialgleichungen lösen (64);
- Gleichungen durch Faktorisieren lösen (41(a));
- (**) Wurzelgleichungen lösen und kennen dabei den Unterschied zwischen einer Äquivalenzumformung und einer Implikation (40, 42);
- (*) einfache Betragsgleichungen lösen und dabei den Betrag als Abstand auf dem Zahlenstrahl interpretieren (5(a));
- (*) Gleichungen durch Substitutionen lösen (biquadratisch, exponential, ...) (41(b), 41(c)).

2.6 (*) Ungleichungen mit einer Unbekannten

Die StudienanfängerInnen können die Lösungsmengen von einfachen Ungleichungen bestimmen. Sie können

- lineare Ungleichungen lösen (43);
- quadratische Ungleichungen grafisch lösen (44);
- einfache Betragsungleichungen lösen und dabei den Betrag als Abstand auf dem Zahlenstrahl interpretieren (45, 46);
- (**) Ungleichungen mit Brüchen lösen (47).

3 Elementare Geometrie/Trigonometrie

Die StudienanfängerInnen können

- elementargeometrische Objekte anhand ihrer definierenden Eigenschaften identifizieren (48, 49);

- Strecken und Winkel mithilfe grundlegender Sätze der Elementargeometrie (Stufen- und Wechselwinkel an Parallelen, Strahlensätze, Kongruenz von Dreiecken, Winkelsummen, Satz des Pythagoras) berechnen (50, 51);
- Umfang und Flächeninhalt von Kreisen und einfachen Vielecken berechnen (52, 53, 54);
- Oberfläche und Volumen einfacher Körper berechnen (Prisma, Zylinder, Pyramide, Kegel, Kugel) (52, 53, 54).
- Gradmaß und Bogenmaß unterscheiden und ineinander umrechnen (55, 56);
- Sinus, Kosinus und Tangens als Seitenverhältnisse in rechtwinkligen Dreiecken interpretieren und damit fehlende Größen bestimmen (57, 58, 59);
- Sinus und Kosinus als Koordinaten der Punkte des Einheitskreises identifizieren (60, 61);

4 Analysis

4.1 Funktionen

Die StudienanfängerInnen verfügen über ein Verständnis für Funktionen, d. h. sie

- kennen wichtige Eigenschaften (Definitionsmenge, Wertemenge, Symmetrie, Monotonie, Nullstellen, Extrem- und Wendestellen) folgender elementarer Funktionen:
  Polynomfunktionen (ganzrationale Funktionen), insbesondere lineare und quadratische Funktionen
  Potenzfunktionen, $x \mapsto \sqrt{x}$, $x \mapsto \frac{1}{x}$, $x \mapsto \frac{1}{x^2}$,
  Exponentialfunktionen (auch $x \mapsto e^x$),
  (*) $x \mapsto \ln(x)$,
  $x \mapsto \sin(x)$, $x \mapsto \cos(x)$,
  (*) $x \mapsto \tan(x)$ (62, 63, 64, 65);
- können den qualitativen Verlauf der Graphen dieser elementaren Funktionen beschreiben sowie Funktionsterme von elementaren Funktionen ihren Schaubildern zuordnen und umgekehrt;
- können elementare Funktionen transformieren und die entsprechende Abbildung (Verschiebung, Spiegelung an Koordinatenachsen, Streckung/Stauchung in x- und y-Richtung) durchführen (65, 66);
- können durch Addition, Multiplikation und (*)Verkettung von Funktionen neue Funktionen erzeugen (67);
- können Tabellen und Graphen auch für nichtelementare Funktionen (in einfachen Fällen auch ohne Hilfsmittel) erstellen (68);
- können aus gegebenen Bedingungen einen Funktionsterm mit vorgegebenem Typ bestimmen (69).

4.2 Differenzialrechnung

Die StudienanfängerInnen verfügen über ein grundlegendes Verständnis des Ableitungsbegriffs und beherrschen die zentralen Techniken der Differenzialrechnung, d. h. sie

- haben ein propädeutisches Wissen über Grenzwerte (70);
- verstehen die Ableitung an einer Stelle als momentane Änderungsrate und als Tangentensteigung (71);
- können den Zusammenhang zwischen einer Funktion und ihrer Ableitungsfunktion erläutern (72);
- können aus dem Graphen einer Funktion den qualitativen Verlauf des Graphen der Ableitungsfunktion bestimmen und umgekehrt (73);
- kennen die Ableitungsfunktionen elementarer Funktionen (74);
- kennen die Summen-, Faktor-, (*)Produkt- und (*)Kettenregel und können diese sowie einfache Kombinationen davon anwenden (75);
- können die Differenzialrechnung zur Bestimmung von Eigenschaften von Funktionen (insbesondere Monotonieverhalten und Extremstellen) nutzen (72, 76, 77);
- können mithilfe der Differenzialrechnung Optimierungsprobleme lösen (78).

4.3 Integralrechnung

Die StudienanfängerInnen verfügen über ein grundlegendes Verständnis des Integralbegriffs und beherrschen zentrale Techniken der Integralrechnung, d. h. sie

- verstehen das bestimmte Integral als Grenzwert von Summen (79);
- können das bestimmte Integral als Rekonstruktion eines Bestandes aus der Änderungsrate und als orientierten Flächeninhalt interpretieren (80);
- kennen den Begriff der Stammfunktion und kennen die Stammfunktionen der grundlegenden Funktionen $x \mapsto x^k$ $(k \in \mathbb{Z})$, $x \mapsto e^x$, $x \mapsto \sin(x)$, $x \mapsto \cos(x)$ (81, 82(a));
- können die Faktor- und Summenregel zur Berechnung von Stammfunktionen anwenden (82);
- können bestimmte Integrale mithilfe von Stammfunktionen berechnen (83);
- können die Integralrechnung zur Berechnung der Fläche zwischen zwei Kurven anwenden (84).

5 Lineare Algebra/Analytische Geometrie

5.1 Orientierung im zweidimensionalen Koordinatensystem

Die StudienanfängerInnen finden sich sicher im zweidimensionalen Koordinatensystem zurecht. Insbesondere können sie

- eine analytisch gegebene Gerade zeichnen (85);
- Koordinatenbereiche skizzieren (86);
- (**) einen durch eine Gleichung gegebenen Kreis zeichnen (87);

5.2 Lineare Gleichungssysteme

Die StudienanfängerInnen können

- (*) lineare Gleichungssysteme mit bis zu 3 Gleichungen und 3 Unbekannten ohne Hilfsmittel lösen. Offensichtliche Lösungen werden ohne Gauß-Elimination erkannt (88);
- (*) die Lösbarkeit derartiger Gleichungssysteme – in einfachen Fällen auch in Abhängigkeit von Parametern – diskutieren (88, 89);
- ein lineares Gleichungssystem mit 2 Gleichungen und 2 Unbekannten geometrisch im zweidimensionalen Koordinatensystem interpretieren (90).

5.3 (**)[1] Grundlagen der anschaulichen Vektorgeometrie

Die StudienanfängerInnen können mit Vektoren in Ebene und Raum umgehen. Insbesondere

- können sie Vektoren als Pfeilklassen interpretieren (91);
- kennen sie die Komponentendarstellung von Vektoren (92, 93);
- können sie Punktmengen im Anschauungsraum mithilfe von Vektoren untersuchen (92, 93);
- beherrschen sie die Addition und S-Multiplikation von Vektoren (93);
- können sie mithilfe von Vektoren Geraden und Ebenen im Raum darstellen (94, 95, 96).

6 Stochastik

Die Hochschulen setzen keine Vorkenntnisse der Stochastik zu Studienbeginn voraus, begrüßen aber im Sinne der Allgemeinbildung, dass statistische sowie wahrscheinlichkeitstheoretische Grundlagen in der Schule vermittelt werden.

[1] Pflichtthema in den technischen Gymnasien, ansonsten Wahlpflichtthema

Anhang – Beispielaufgaben

Die aufgeführten Beispielaufgaben verdeutlichen das Anforderungsniveau der oben genannten Kenntnisse und Fertigkeiten.

1. Im Jahr 2006 hatte Deutschland 41,27 Millionen weibliche und 40,27 Millionen männliche Einwohner. In Baden-Württemberg lebten 10,75 Millionen Menschen, davon waren 50,88 % weiblich. Die Anzahl der Ausländer betrug in Deutschland 7,29 Millionen, in Baden-Württemberg 1,27 Millionen und in Hamburg 250.000.
   (a) Formulieren Sie Fragen, die mithilfe dieser Daten beantwortet werden können.
   (b) Formulieren Sie eine Frage, für deren Beantwortung mindestens eine weitere Information notwendig ist.
2. Die Geschwindigkeit eines Autos beträgt 20 $\frac{\text{m}}{\text{s}}$ zu Beginn der Beobachtung. Innerhalb der nächsten 10 s nimmt die Geschwindigkeit gleichmäßig bis zum Stillstand ab. Bestimmen Sie die Geschwindigkeit als Funktion der Zeit.
3. Modellieren Sie den Tagesgang der Temperatur durch eine Sinusfunktion. Bestimmen Sie die Parameter aus den folgenden Angaben: Um 16:00 Uhr ist die Temperatur mit 25 °C am höchsten. Nachts um 4:00 Uhr ist es mit 3 °C am kältesten.
4. Ein Schwimmbecken mit dem Volumen 720 m^3 kann durch drei Leitungen mit Wasser gefüllt werden. Eine Messung ergab, dass die Füllung des Beckens mit den beiden ersten Leitungen zusammen 45 Minuten dauert. Die Füllung mit der ersten und der dritten Leitung zusammen dauert eine Stunde, mit der zweiten und der dritten Leitung zusammen dauert es 1,5 Stunden.
   (a) Wie groß ist die Wassermenge, die durch jede der drei Leitungen pro Minute ins Becken gepumpt werden kann?
   (b) Wie lange benötigt man bei der Benutzung aller drei Leitungen, um das Becken zu füllen?
5. Für welche $x \in \mathbb{R}$ sind die folgenden Gleichungen und Ungleichungen erfüllt?
   (a) (*) $|2x - 3| = 8$
   (b) (**) $|3x - 6| \leq x + 2$
   (c) (**) $\dfrac{x+1}{x-1} \leq 2$
6. Sei f eine Polynomfunktion. Welche Aussagen sind falsch? Erläutern Sie anhand eines Beispiels.
   - Wenn $f'(x_0) = 0$ ist, dann ist x_0 eine Extremstelle von f.
   - Wenn x_0 eine Extremstelle von f ist, dann ist $f'(x_0) = 0$.
   - Ist $f''(x_0) > 0$, so ist der Punkt $P(x_0|f(x_0))$ ein Tiefpunkt des Graphen von f.

7. Im Jahr 2013 wurde in Baden-Württemberg auf einer Fläche von 11.333 ha Wein angebaut. Der durchschnittliche Ertrag pro Ar betrug 92 Liter.
Wie lang wäre die Flaschenreihe ungefähr, wenn man die gesamte Jahresproduktion in Dreiviertelliterflaschen abfüllen würde und diese Flaschen der Länge nach hintereinander legen würde?

8. Zu Beginn jedes Jahres werden auf ein Sparbuch 1000 € eingezahlt.

   (a) Das Guthaben wird während der gesamten Zeit mit einem Zinssatz von 5 % pro Jahr verzinst, und die Zinsen werden jährlich dem Guthaben zugeschlagen. Schätzen Sie, welcher der folgenden Werte dem Guthaben am Ende des 5. Jahres am nächsten kommt. Begründen Sie Ihre Wahl, ohne das genaue Ergebnis zu berechnen.
   1250 € 5000 € 6250 € 5800 € 5250 €

   (b) Berechnen Sie das Ergebnis genau.

9. Erläutern Sie den Unterschied zwischen der Menge $\{2;5\}$ und dem Intervall $[2;5]$. Ist ein Intervall auch eine Menge?
Entscheiden Sie für alle $x \in \{1;2;3;4;5;6\}$, ob $x \in \{2;5\}$ beziehungsweise $x \in [2;5]$ gilt.

10. (a) Formulieren Sie in Worten:
   - $x \in \{0;1;2;3\}$
   - $x \in [0;1{,}5]$
   - $x \in \mathbb{R} \setminus \{0;2\}$
   - $x \in \mathbb{R} \setminus [-1;1]$

   (b) Notieren Sie in Mengenschreibweise:
   - Die Zahl s ist größer oder gleich 5 und kleiner oder gleich 7.
   - Die Zahl 5 gehört nicht zu den einstelligen geraden Zahlen.
   - Die Funktion f hat 2 als einzige Definitionslücke.
   - Die Definitionsmenge D der Funktion g besteht aus allen reellen Zahlen, die größer als 1 sind.

11. Was ist an der folgenden Darstellung falsch?
$x^2 - 4 \Rightarrow (x-2)(x+2)$

12. Ordnen Sie (ohne Verwendung eines Taschenrechners) die angegebenen Zahlen der Größe nach, beginnend mit der kleinsten:
0; $(0,5)^{-2{,}4}$; 1; 4; $4^{-3{,}8}$; 0,25; $2^{-3{,}3}$; $(0{,}5)^{2{,}4}$; 8; 2^{-3}

13. Wenn man die Zahlen $a = (10^{10})^{10}$ und $b = 10^{(10^{10})}$ ausschreibt, beginnen sie mit einer 1, danach kommen viele Nullen. Wie viele Stellen haben die Zahlen a bzw. b? Ein Drucker gibt 150 Ziffern pro Sekunde aus. Wie lange braucht er, um die ausgeschriebenen Zahlen a bzw. b zu drucken?
Schätzen Sie zuerst das Ergebnis und berechnen Sie es anschließend!

14. Die Abbildung zeigt für $-6 \leq x \leq 3$ das Schaubild der Ableitungsfunktion h' einer Funktion h.

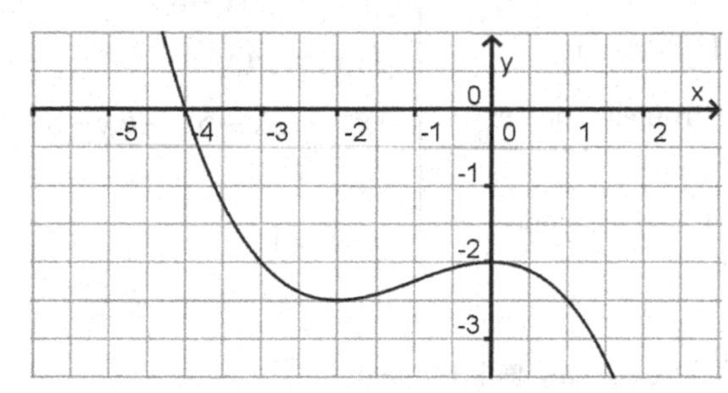

Entscheiden und begründen Sie, ob gilt:

- $x_1 = 0$ ist eine Wendestelle von h.
- $h''(-2) = 1$
- Die Funktion h ist auf dem Intervall $[-3; 1]$ streng monoton fallend.

Skizzieren Sie das Schaubild von h''.

15. Beschreiben Sie den Term $a \cdot \sqrt{b \cdot c^2 + d}$ in Worten.

16. (*) Welche Ableitungsregeln benötigen Sie zur Ableitung der Funktion f gegeben durch $f(x) = x \cdot e^{-x^2}$? Berechnen Sie die Ableitung.

17. Vor 200 Jahren wurden in Entenhausen 2 Dagos – das entspricht 0,3 € – bei einer Bank angelegt und jährlich mit 8 % fest verzinst.

    (a) Wie groß wäre das Guthaben heute, wenn die Zinsen stets wieder mitverzinst würden? Stellen Sie eine Wertetabelle auf und den Verlauf des Guthabens in Abhängigkeit von den Jahren dar.

    (b) Nach wie vielen Jahren wären die 2 Dagos auf 200 Dagos angewachsen?

    (c) Wie hoch müsste der Zinssatz sein, damit nach 200 Jahren das Guthaben umgerechnet 2.000.000 € beträgt?

18. Betrachten Sie die beiden LGS:

$$\left\{\begin{matrix} 15x + 3y = 30 \\ 5x + 0,96y = 0 \end{matrix}\right\} \quad \text{sowie} \quad \left\{\begin{matrix} 15x + 3y = 30 \\ 5x + 0,98y = 0 \end{matrix}\right\}$$

    (a) Lösen Sie beide LGS.

    (b) Vergleichen und interpretieren Sie die beiden Ergebnisse.

    (c) Skizzieren Sie die 3 beteiligten Geraden.

    (d) Bei welcher Variation des Koeffizienten vor y in der zweiten Gleichung gibt es gar keine Lösung?

19. Jan formuliert die Lösung einer Aufgabe in "Kurzschreibweise":
    (a) Ergänzen Sie die fehlende Rechnung.
    (b) Welches geometrische Problem hatte Jan zu lösen?
    (c) Interpretieren Sie das von Jan errechnete Ergebnis geometrisch.

$f(x) = 3x^2 - 12x - 5$
$g(x) = -6x - 8$
$f(x) = g(x)$:
$3x^2 - 12x - 5 = -6x - 8$
$\Leftrightarrow \ldots$
$\Leftrightarrow x = 1$

20. (a) Begründen Sie, dass $\left(\frac{99}{41}\right)^2$ zwischen 4 und 9 liegt.
    (b) Zwischen welchen aufeinander folgenden ganzen Zahlen liegt $\sqrt{150}$?

21. Vereinfachen Sie:
    (a) $0{,}005 \cdot 100$
    (b) $\frac{78653}{10^4}$

22. Vereinfachen Sie soweit wie möglich:
    (a) $-(-(b + c - (5 - (+3))))$
    (b) $\frac{4 \cdot a \cdot b + 6 \cdot a}{2 \cdot (b + 1) + 1}$

23. Vereinfachen Sie den Ausdruck $3ab - (b(a - 2) + 4b)$.

24. (**) Multiplizieren Sie $\left(\frac{b}{3x} - \frac{x^2}{b^3}\right)^2$ mithilfe der binomischen Formeln aus.

25. (**) Vereinfachen Sie den Ausdruck $\frac{4 - t^2}{4 - 4t + t^2}$.

26. Fließt ein Gleichstrom durch eine verdünnte Kupfersulfatlösung, so entsteht am negativen Pol metallisches Kupfer. Die abgeschiedene Kupfermenge ist sowohl zur Dauer des Stromflusses, als auch zur Stromstärke direkt proportional. Bei einer Stromstärke von 0,4 A werden in 15 Minuten 0,12 g Kupfer abgeschieden. Wie lange dauert es, bis 0,24 g Kupfer bei einer Stromstärke von 1 A abgeschieden werden?

27. Eine Kamera hat eine Auflösung von 6 Megapixel (der Einfachheit halber 6 Millionen Pixel) und produziert Bilder im Kleinbildformat 3 : 2. Wie groß ist ein quadratisches Pixel auf einem Ausdruck im Format (60 cm) × (40 cm)?

28. (a) Für den Gesamtwiderstand R zweier parallel geschalteter Widerstände R_1, R_2 gilt $\frac{1}{R} = \frac{1}{R_1} + \frac{1}{R_2}$. Lösen Sie die Gleichung nach R auf.
    (b) Bringen Sie $\frac{a}{x-2} + \frac{b}{(x-2)^2} + \frac{c}{x-3}$ auf den Hauptnenner.

29. Fassen Sie den Ausdruck $\frac{1}{x+1} + x - 1$ zu einem Bruch zusammen.

30. Vereinfachen Sie $\left(\frac{a^2 \cdot b}{c \cdot d^3}\right)^3 : \left(\frac{a \cdot b^2}{c^2 \cdot d^2}\right)^4$.

31. Formen Sie den Doppelbruch $\frac{\frac{1}{\omega \cdot C}}{\frac{1}{\omega \cdot C} + \mathrm{R}}$ so um, dass das Ergebnis nur einen Bruchstrich enthält.

32. Der Aktienkurs der Firma XXL fällt im Jahr 2011 um 10 % und wächst in den Jahren 2012 und 2013 um je 5 %. Wo steht der Kurs Ende 2013 im Vergleich zum Beginn von 2011?

33. Ein Kreissektor füllt 30 % der Fläche eines Kreises aus. Welchem Mittelpunktswinkel entspricht das?

34. Wie verändert sich der Flächeninhalt eines rechtwinkligen Dreiecks, wenn eine der Katheten um 20 % verkürzt und die andere um 20 % verlängert wird?

35. Fassen Sie den Ausdruck $x^2 x^4 + \frac{x^8}{x^2} + (x^2)^3 + x^0$ zusammen.

36. Vereinfachen Sie $\frac{\sqrt{x} \cdot \sqrt[3]{x^2}}{\sqrt[6]{x}}$.

37. Bestimmen Sie die Nullstellen der quadratischen Funktion f mit $f(x) = x^2 - 3x - 4$.

38. Lösen Sie die Gleichung $y = \frac{x+1}{x-1}$ nach x auf.

39. Welche der Aussagen sind in Bezug auf die folgende Gleichung richtig?

$$(x-2)\left(x-\sqrt{2}\right)\left(x^2-9\right) = 0$$

Begründen Sie Ihre Entscheidung!

(a) Die Nullstellen sind hier schwierig zu bestimmen.

(b) $x = 1$ und $x = 2$ sind Lösungen.

(c) $x = 2$ und $x = 3$ sind Lösungen.

(d) $x = 1,4142$ und $x = 2$ sind Lösungen.

(e) Es gibt genau vier Lösungen.

40. (**) Für welche $x \in \mathbb{R}$ gilt $\sqrt{8-2x} = 1 + \sqrt{5-x}$?

41. Für welche $x \in \mathbb{R}$ sind die folgenden Gleichungen erfüllt?

    (a) $2e^{-2x} - 5e^{-x} = 0$

    (b) (*) $x^4 - 13x^2 + 36 = 0$

    (c) (*) $3 + 2e^{-2x} - 5e^{-x} = 0$

    (d) (**) $\frac{1}{x+3} + \frac{1}{x-3} = \frac{6}{x^2-9}$

42. Lösen Sie die folgenden Ausdrücke nach x auf:

    (a) $\sqrt{x} \cdot u = \frac{v}{x^2}$

    (b) $x^{\frac{3}{4}} \cdot t^2 = x^{-4} \cdot y$

43. Für welche x gilt $3x - 7 > 2 + 5x$?

44. (*) Für welche x gilt $x^2 - 2x < 3$?

45. (**) Lösen Sie:

    (a) $|x - 3| < 2$

    (b) $|2x - 3| > 5$

46. (*) Der Staudruck p_{St} bei einer Strömung ist proportional zum Quadrat der Geschwindigkeit, d. h. $p_{St}(v) = kv^2$. In welchem Geschwindigkeitsbereich ist er kleiner als ein vorgegebener Wert $p_0 > 0$?

47. (**) Für welche $x \in \mathbb{R}$ ist

    (a) $\frac{1}{\sqrt{x}} < \frac{1}{9}$?

    (b) $\frac{1}{1-x} > 3$?

48. Von einem Viereck ist bekannt, dass es sowohl eine Raute (Rhombus) als auch ein Rechteck ist. Welche der folgenden Aussagen sind richtig?

    (a) Das Viereck ist ein Parallelogramm.

    (b) Das Viereck ist ein Drachen.

    (c) Das Viereck ist ein Quadrat.

    Schauen Sie fehlende Begriffe in einer Formelsammlung nach.

49. (a) Wie viele Quadrate und wie viele Rauten sind hier dargestellt?

    (b) Begründen Sie, dass beide Figuren Quadrate sind.

    (c) Zeichnen Sie eine Raute, die kein Quadrat ist.

50. Zwei Dreiecke heißen ähnlich, wenn sie die gleichen Innenwinkel besitzen.
In einem spitzwinkligen Dreieck ABC seien nun D der Höhenfußpunkt von C, E der Höhenfußpunkt von B und S der Schnittpunkt der beiden Höhen DC und EB.
   (a) Skizzieren Sie den dargestellten Sachverhalt.
   (b) Begründen Sie, dass die Dreiecke SCE, ADC, BEA und SDB ähnlich sind.

51. Welche der folgenden Aussagen über Winkel sind stets korrekt?
   (a) Die Summe zweier Nebenwinkel ist 180°.
   (b) Stufenwinkel sind gleich groß.
   (c) Scheitelwinkel sind gleich groß.
   (d) Wechselwinkel an parallelen Geraden sind gleich groß.

52. Berechnen Sie die Oberfläche und das Volumen eines Zylinders mit dem Durchmesser 4 cm und der Höhe 8 cm.

53. Gegeben sei eine quadratische Pyramide mit dem Volumen 60 cm^3 und der Höhe 6 cm. Berechnen Sie die Länge der Grundseite und den Inhalt der Grundfläche.

54. Ein gleichseitiges Dreieck der Seitenlänge 10 cm wird um eine der Symmetrieachsen gedreht. Welches Volumen und welche Oberfläche hat der erzeugte Drehkörper?

55. (a) Geben Sie im Bogenmaß an: $135°; 19,7°$.
   (b) Geben Sie die folgenden Bogenmaße im Gradmaß an: $0{,}6\pi$; 2,7.
   (c) Ergänzen Sie die folgende Tabelle.

Bogenmaß	π		$\frac{\pi}{4}$	$-\frac{\pi}{3}$			1
Gradmaß		180°			270°	18°	

56. Die folgenden Werte wurden mit dem Taschenrechner berechnet und gerundet.
$\cos(\frac{\pi}{4}) = 0,7071$ $\cos(\pi) = 0,998$ $\sin(\frac{\pi}{2}) = 0{,}027$ $\sin(270°) = -1$
$\sin(30°) = -0,988$
   (a) Überprüfen Sie ohne Taschenrechner, ob die Ergebnisse plausibel sind.
   (b) Welcher Fehler wurde bei der Berechnung teilweise gemacht?

57. Eine 4 m lange Leiter wird in einer Höhe von 3 m an eine Hauswand gelehnt. Welchen Winkel schließt die Leiter mit dem Boden ein?

58. Von der auf 1800 m Höhe gelegenen Bergstation einer Seilbahn erscheint die auf 1100 m Höhe gelegene Talstation unter einem Blickwinkel von 42° gegenüber der Waagerechten.
Überlegen Sie sich, welche Fragestellungen interessant sein könnten, und berechnen Sie entsprechende Längen mithilfe der Trigonometrie.

59. Das zylinderförmige Schaufelrad eines Dampfers hat einen Durchmesser von 5,90 m.

    (a) Bei entsprechender Beladung des Dampfers taucht das Rad 1,20 m tief in das Wasser ein. Wie viel Prozent des Umfangs der kreisförmigen Querschnittsfläche des Schaufelrads sind dann unter Wasser?

    (b) Berechnen Sie den Tiefgang unter der Voraussetzung, dass 40 % des Umfangs unter Wasser sind.

60. Der Sinus von 15° ist ungefähr 0,2588. Berechnen Sie daraus ohne Taschenrechner näherungsweise die Werte $\sin(165°)$, $\sin(-15°)$ und $\cos(105°)$.

61. Zeichnen Sie in ein Koordinatensystem einen Einheitskreis mit Mittelpunkt $(0|0)$.

    (a) Zeichnen Sie einen Punkt P auf dem Einheitskreis ein, so dass für den zu P gehörenden Winkel α zur x-Achse $\sin(\alpha) = 0{,}6$ ist.
    Begründen Sie, dass es für $0° \leq \alpha \leq 180°$ einen weiteren Punkt mit dieser Eigenschaft gibt.

    (b) Entnehmen Sie Ihrer Zeichnung einen Näherungswert für $\cos(\alpha)$ und berechnen Sie diesen Wert.

    (c) Begründen Sie mithilfe des Einheitskreises, dass es für $0° \leq \alpha \leq 180°$ nur einen Punkt P gibt, für den gilt: $\cos(\alpha) = 0{,}8$.

    (d) Erläutern Sie, dass für alle Winkel α gilt: $(\sin(\alpha))^2 + (\cos(\alpha))^2 = 1$.

62. Welche der folgenden Aussagen sind falsch? Geben Sie für die falschen Aussagen ein Gegenbeispiel an.

    (a) Eine Polynomfunktion ungeraden Grades hat mindestens eine Nullstelle.

    (b) Eine Polynomfunktion geraden Grades hat keine Nullstellen.

    (c) Quadratische Funktionen haben keine Wendestellen.

    (d) Die Funktion f mit $f(x) = \frac{1}{x}$ hat die Menge aller reellen Zahlen als Definitionsmenge.

    (e) Die Funktion f mit $f(x) = \frac{1}{x}$ hat die Menge aller reellen Zahlen als Wertemenge.

    (f) Alle Funktionen f mit $f(x) = a^x$ (mit $a > 0$) sind streng monoton wachsend.

    (g) Der Graph der Funktion f mit $f(x) = x^n$ ($n \in \mathbb{N}$) ist achsensymmetrisch zur y-Achse.

    (h) (*) Die Definitionsmenge der Funktion f mit $f(x) = \sqrt{x+5}$ ist die Menge aller reellen Zahlen, die größer als 5 sind.

    (i) Die Maximalstellen der Funktion f mit $f(x) = \sin(x)$ sind Wendestellen der Funktion g mit $g(x) = \cos(x)$.

63. Gesucht ist die ganzrationale Funktion niedrigsten Grades mit den drei Nullstellen $x_1 = -3$, $x_2 = -1$, $x_3 = 2$, deren Schaubild durch den Punkt $(0|3)$ geht.

64. Das Gesetz des radioaktiven Zerfalls lautet $n(t) = n_0 \cdot e^{-kt}$. Die Zahl $n(t)$ gibt die Anzahl der Atome nach t Zeiteinheiten wieder, $n_0 = n(0)$ ist der Bestand an Atomen zur Zeit $t = 0$. Die Zahl $k > 0$ ist die Zerfallskonstante mit der Einheit 1/Zeiteinheit.

    (a) Ermitteln Sie die Halbwertszeit t_h, nach der die Zahl der anfangs vorhandenen Atome durch Zerfall auf die Hälfte abgenommen hat.
    Nach welcher Zeit, ausgedrückt in Halbwertszeiten, sind von dem radioaktiven Stoff nur noch 25 %, 5 % beziehungsweise 1 % vorhanden?

    (b) Die Tangente an die Kurve von n im Punkt $(0|n_0)$ schneidet die t-Achse im Punkt $(T|0)$. Bestimmen Sie T.
    Welcher Anteil des Anfangswertes n_0 ist zur Zeit T noch vorhanden?

65. Bestimmen Sie die Periode p der Funktion f mit $f(x) = -3\cos(2x)$ und geben Sie – ohne Hilfsmittel aus der Differenzialrechnung – sämtliche Nullstellen, Hoch-, Tief- und Wendepunkte auf dem Intervall $0 \leq x < p$ an.

66. Skizzieren Sie die Graphen von:

    (a) $y = \sin x$
    (b) $y = 2\sin x$
    (c) $y = 2 + \sin x$
    (d) $y = \sin(2x)$
    (e) $y = \sin(x + 2)$
    (f) $y = 2\sin(x + 2) + 2$
    (g) $y = -\sin x$
    (h) $y = \sin(-x)$
    (i) $y = -\sin(-x)$

67. (*) Gegeben seien die Funktionen f_1, f_2 und f_3 mit $f_1(x) = x^2$, $f_2(x) = 1$ und $f_3(x) = \sqrt{x}$; $x \in \mathbb{R}^+$.
    Bestimmen Sie die Funktionen g, h und k mit

    (a) $g(x) = f_3(f_1(x) + f_2(x))$;
    (b) $h(x) = f_3(f_1(x)) + f_2(x)$;
    (c) $k(x) = f_1(f_2(x) + f_3(x))$.

    Vereinfachen Sie dabei die Funktionsterme so weit wie möglich.

68. Skizzieren Sie die Graphen der Funktionen f und g:

    (a) $f(x) = |\sin(x)|$.
    (b) $g(x) = 2 \cdot e^{\sin(x)}$.

69. (a) Bestimmen Sie die Funktion f mit $f(x) = a^x$, $a > 0$, deren Graph durch den Punkt $P(2|49)$ geht.
    (b) Der Graph einer ganzrationalen Funktion vierten Grades ist achsensymmetrisch zur y-Achse, schneidet die y-Achse 2 Einheiten oberhalb des Ursprungs und hat den Hochpunkt $H(1|3)$.
    Bestimmen Sie die Funktion f.

70. (**) Wie verhält sich die Funktion f mit
    (a) $f(x) = \dfrac{2}{x+2}$ für $x \to +\infty$;
    (b) $f(x) = \dfrac{2x}{x+2}$ für $x \to +\infty$;
    (c) $f(x) = \dfrac{2x^2}{x+2}$ für $x \to +\infty$;
    (d) $f(x) = \dfrac{2x^2}{x+2}$ für $x \to -\infty$;
    (e) $f(n) = (-0,5)^n$ für $n \to +\infty$ ($n \in \mathbb{N}$);
    (f) $f(n) = (-1)^n$ für $n \to +\infty$ ($n \in \mathbb{N}$);
    (g) $f(x) = \dfrac{x}{x+1}$ für $x \to -1$;
    (h) $f(x) = \dfrac{x^2-1}{x+1}$ für $x \to -1$?

71. Sind die folgenden Aussagen wahr, falsch oder unentscheidbar? Erläutern Sie Ihre Entscheidung mithilfe einer Skizze.
    (a) Besitzt die Funktion f an der Stelle 2 den Funktionswert 1, so gilt $f'(2) = 1$.
    (b) Gilt $f'(2) = 1$, so hat die Tangente an den Graphen von f im Punkt $P(1|f(1))$ die Steigung 2.
    (c) Die momentane Änderungsrate der Funktion f mit $f(x) = -0,5x^2 + 2$ an der Stelle -3 ist positiv.

72. Die Abbildung zeigt für $-4 \le x \le 10$ den Graphen der Ableitungsfunktion h' einer Funktion h.

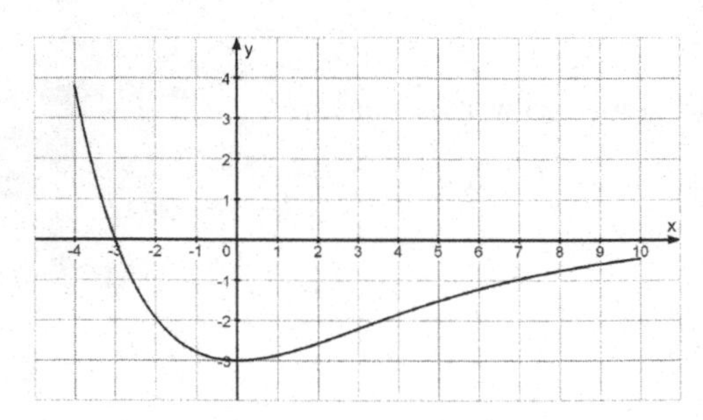

Entscheiden und begründen Sie, ob gilt:

(a) Die Funktion h ist auf dem Intervall $-3 < x < 10$ streng monoton fallend.

(b) Die Funktion h hat an der Stelle -3 ein Minimum.

(c) $x = 0$ ist eine Wendestelle von h.

73. Gegeben ist der Graph einer Funktion f. Skizzieren Sie in dasselbe Koordinatensystem den Graphen der Ableitungsfunktion f'.

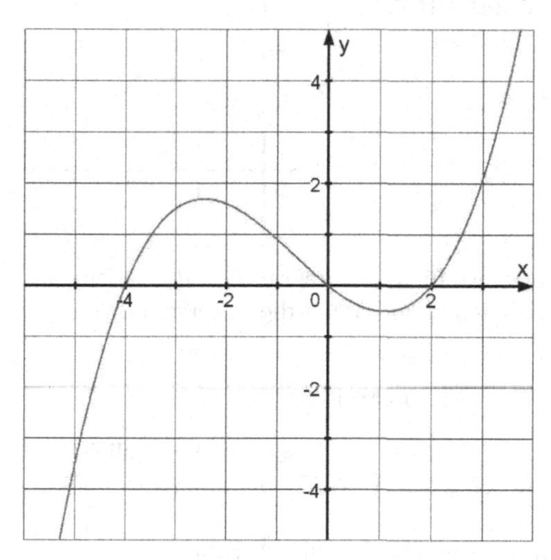

74. Geben Sie die Ableitungsfunktion an.

(a) $f(x) = x^n, \qquad n \in \mathbb{Z}$

(b) $f(x) = e^x$

(c) $f(x) = \sqrt{x}$

(d) $f(x) = \sin(x)$

(e) $f(x) = \cos(x)$

(f) (*) $f(x) = \ln(x)$

75. Bestimmen Sie die Ableitung folgender Funktionen.

(a) $f(x) = x^3 - 6x + 1$

(b) $f(x) = e^5$

(c) (*) $f(x) = (1 - x^2)^9$

(d) (*) $f(x) = x \cdot e^{2x}$

(e) (*) $f(x) = \frac{1}{x^2} \cdot \sin(x)$

76. Berechnen Sie die Extrem- und Wendepunkte des Schaubildes der Funktion f mit $f(x) = x^3 - 6x + 1$. In welchem Bereich ist die Funktion f streng monoton fallend?

77. (*) Gegeben sei die Funktion f durch $f(x) = x \cdot e^{-0,5x}$.
Bestimmen Sie den Extrempunkt von f und weisen Sie rechnerisch nach, dass es sich um einen Hochpunkt handelt.

78. Zwei Seiten eines Rechtecks liegen auf den positiven Koordinatenachsen, ein Eckpunkt auf dem abgebildeten Stück der Parabel mit der Gleichung $y = -0,25x^2 + 4$.
Wie groß müssen die Seitenlängen dieses Rechtecks sein, damit sein Umfang maximal wird?
Wie groß ist dann der Umfang?

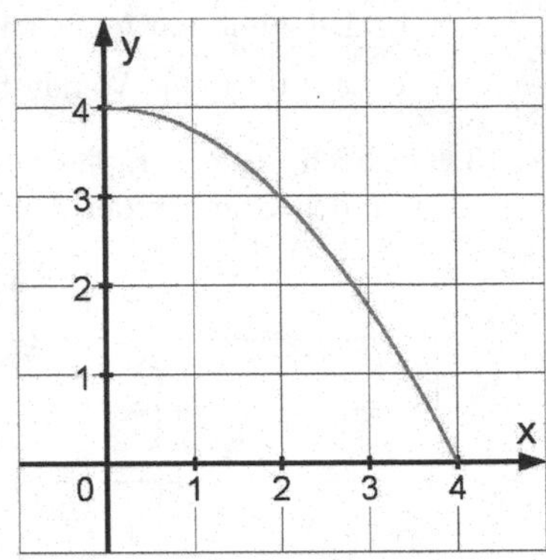

79. (a) Berechnen Sie einen Näherungswert für das Integral $\int_0^1 x^2 dx$, indem Sie das Intervall $[0, 1]$ in fünf gleiche Teile teilen und damit die Untersumme berechnen.
    (b) Wie kann man den Näherungswert verbessern?
    (c) Wie erhält man den exakten Wert des Integrals?

80. Bei einem Wasserbecken, das zu Beginn 2000 m^3 Wasser enthält, fließt Wasser ein und aus. Die Wasserzuflussrate kann für $t \in [0; 70]$ durch die Funktion f beschrieben werden:
$f(t) = -t^2 + 40t + 225$ (t in Tagen seit Beginn, $f(t)$ in m^3/Tag).

    Bestimmen Sie die Funktion, die die vorhandene Wassermenge zu jedem Zeitpunkt angibt. Wie viel Wasser befindet sich nach 30 Tagen im Wasserbecken?

81. f ist eine auf $\mathbb{R}$ definierte differenzierbare Funktion mit der Ableitung f'. Welche Aussagen sind richtig?
    (a) Die Funktion f hat genau eine Ableitung aber viele Stammfunktionen.
    (b) Sind F und G Stammfunktionen zu f, so ist auch die Summe $F + G$ eine Stammfunktion zu f.
    (c) Ist F Stammfunktion von f, so gilt $f'(x) = F(x)$.
    (d) Stammfunktionen von f unterscheiden sich nur durch einen konstanten Summanden.

82. Geben Sie eine Stammfunktion F der Funktion f an.
    (a) $f(x) = x^3 - 3x^2 + 5$
    (b) $f(x) = \dfrac{2}{x^2}$
    (c) $f(x) = 2e^{-2x}$
    (d) (*) $f(x) = \sqrt{5x - 1}$

83. Berechnen Sie ohne Taschenrechner:

    (a) $\int_{-1}^{2}(2x^3+1)dx$

    (b) $\int_{0}^{\frac{\pi}{2}}(1+\cos(2x))dx$

84. Gegeben seien die Funktionen f und g mit $f(x) = -x^2 + 4$ und $g(x) = 2x + 1$.

    (a) Skizzieren Sie die Graphen der beiden Funktionen.

    (b) Berechnen Sie den Inhalt der Fläche, die der Graph von f mit der x-Achse einschließt.

    (c) Berechnen Sie den Inhalt der Fläche, die von den Graphen der Funktionen f und g eingeschlossen wird.

85. Skizzieren Sie:

    (a) $y = -2x + 3$

    (b) $-2x + y - 5 = 0$

    (c) $x + 8 = 0$

    (d) die Gerade mit der Steigung 3 durch den Punkt $P(0|3)$

    (e) die Gerade mit der Steigung -2 durch den Punkt $P(2|3)$

    (f) die Gerade durch die Punkte $A(-4|-3)$ und $B(1|3)$

86. (**) Schraffieren Sie in einem Koordinatensystem den Bereich, der durch die Ungleichung $|x - y| < 1$ gegeben ist.

87. (**) Überprüfen Sie, ob sich die folgenden Kreise schneiden. Bestimmen Sie hierzu die Mittelpunkte und die Radien. Überprüfen Sie Ihre Ergebnisse mittels einer Zeichnung.

$$\begin{aligned} k_1: \quad (x+6)^2 + (y+4)^2 &= 64 \\ k_2: \quad x^2 + 2x + y^2 - 16y + 40 &= 0 \end{aligned}$$

88. (**) Lösen Sie folgendes LGS in Abhängigkeit vom Parameter α :

$$\begin{array}{rcrcrcl} x_1 & + & x_2 & + & x_3 & = & 18 \\ x_1 & + & x_2 & - & 2x_3 & = & 0 \\ x_1 & + & x_2 & - & x_3 & = & \alpha \end{array}$$

89. Durch die Punkte $P(-3|3)$ und $Q(3|0)$ gehen unendlich viele Parabeln.

    (a) Stellen Sie ein lineares Gleichungssystem für die Koeffizienten a, b, c der Parabelgleichung $y = ax^2 + bx + c$ auf.

    (b) (**) Bestimmen Sie die Lösungsmenge dieses Gleichungssystems.

90. Zeichnen Sie die beiden Geraden g und h in der (x_1, x_2)-Ebene:

$$\begin{array}{rrcrcl} g: & 2x_1 & + & x_2 & = & 1 \\ h: & x_1 & - & x_2 & = & 3 \end{array}$$

    Berechnen Sie den Schnittpunkt der beiden Geraden. Stimmt das Ergebnis mit Ihrer Zeichnung überein?

91. (**) Ein Flugzeug würde bei Windstille mit einer Geschwindigkeit von 150 km/h genau nach Süden fliegen. Es wird jedoch vom Wind, der mit der Geschwindigkeit 30 km/h aus nordöstlicher Richtung bläst, abgetrieben. Stellen Sie die Geschwindigkeit des Flugzeugs relativ zur Erde als Pfeil dar.

92. (**) Überprüfen Sie, ob das Viereck mit den Ecken $A(1|4|-1)$, $B(8|8|4)$, $C(4|4|3)$, $D(-3|0|-2)$ ein Parallelogramm ist.

93. (**) Seien P, Q, R und S Punkte im Anschauungsraum. Vereinfachen Sie:

    (a) $\overrightarrow{PQ} + \overrightarrow{QR}$

    (b) $\overrightarrow{PQ} - \overrightarrow{RQ}$

    (c) $\overrightarrow{PQ} - (\overrightarrow{PQ} - \overrightarrow{QR}) + \overrightarrow{RS}$

    (d) $\begin{pmatrix} 2 \\ 1 \\ -3 \end{pmatrix} - \begin{pmatrix} 3 \\ 2 \\ 1 \end{pmatrix} + \begin{pmatrix} 1 \\ 2 \\ -5 \end{pmatrix}$

    (e) $2\begin{pmatrix} -1 \\ 4 \\ 2 \end{pmatrix} - 3\begin{pmatrix} 1 \\ 6 \\ -2 \end{pmatrix}$

94. (**) Skizzieren Sie die Gerade g und geben Sie die Gleichung der Geraden in der Form $y = mx + b$ an.

$$g: \quad \overrightarrow{x} = \begin{pmatrix} 2 \\ 5 \end{pmatrix} + t\begin{pmatrix} -1 \\ 5 \end{pmatrix}$$

95. (**) Gegeben sei die Ebene

$$E: \quad \overrightarrow{x} = \begin{pmatrix} 3 \\ 0 \\ 2 \end{pmatrix} + r\begin{pmatrix} 2 \\ 1 \\ 7 \end{pmatrix} + s\begin{pmatrix} 3 \\ 2 \\ 5 \end{pmatrix}.$$

Bestimmen Sie p so, dass $P\ (p|2|-2)$ in dieser Ebene liegt.

96. (**) Welche Lagebeziehung haben die Geraden g und h mit

$$g: \quad \overrightarrow{x} = \begin{pmatrix} 1 \\ 2 \\ 4 \end{pmatrix} + r\begin{pmatrix} -5 \\ 10 \\ -15 \end{pmatrix} \qquad \text{und} \qquad h: \quad \overrightarrow{x} = \begin{pmatrix} 1 \\ 2 \\ 4 \end{pmatrix} + r\begin{pmatrix} 3 \\ -2 \\ 3 \end{pmatrix}$$

zueinander? Begründen Sie Ihre Entscheidung.

Tagungsteilnehmer 2012 beziehungsweise 2014:

OStR Friedrich ACHTSTÄTTER, LS Stuttgart
StD Annemarie AHRING-NOWAK, Technische Oberschule Stuttgart
Dr. Jochen BERENDES, Geschäftsstelle für Hochschuldidaktik Karlsruhe
StD Achim BOGER, Berufliche Schulen Schwäbisch Gmünd
Prof. Dr. Steffen BOHRMANN, HS Mannheim
Prof. Dr. Manuela BOIN, HS Ulm
Prof. Hanspeter BOPP, HfT Stuttgart
Dr. Isabel BRAUN, HS Karlsruhe
StD Gabriele BROSCH-KAMMERER, Berufliches Schulzentrum Leonberg
StD Heidi BUCK, Staatliches Seminar für Didaktik und Lehrerbildung (Gymnasien) Tübingen
Prof. Dr. Eva DECKER, HS Offenburg
StD Ralf DEHLEN, Gewerbliche Schule Kirchheim/Teck
StD Renate DIEHL, IBG Lahr
Prof. Rolf DÜRR, Staatliches Seminar für Didaktik und Lehrerbildung (Gymnasien) Tübingen
Prof. Dr. Klaus DÜRRSCHNABEL, HS Karlsruhe
StD Armin EGENTER, Gewerbliche Schule Heidenheim
Prof. Dr. Michael EISERMANN, Uni Stuttgart
StD Wolfgang EPPLER, Walther-Groz-Schule, Kaufmännische Schule Albstadt
StR Andrea ERBEN, Kaufmännische Schule Böblingen
Prof. Dr. Wolfgang ERBEN, HfT Stuttgart
Prof. Dr. Michael FELTEN, HDM Stuttgart
Prof. Dr. Gerhard GÖTZ, DHBW Mosbach
Dr. Daniel HAASE, KIT
Prof. Bernd HATZ, Elly-Heuss-Knapp-Gymnasium Stuttgart
Prof. Dr. Elkedagmar HEINRICH, HS Konstanz
Prof. Dr. Gert HEINRICH, DHBW Villingen-Schwenningen
Prof. Dr. Frank HERRLICH, KIT
StD Dr. Jörg HEUSS, Staatliches Seminar für Didaktik und Lehrerbildung (BS) Karlsruhe
Prof. Dr. Stefan HOFMANN, HS Biberach
Dr. Ralph HOFRICHTER, HS Pforzheim
OStR Christa HOLOCH, Johanna-Wittum-Schule Pforzheim
Prof. Dr. Reinhold HÜBL, DHBW Mannheim
Prof. Dr. Andreas KIRSCH, KIT
Prof. Dr. Hans-Dieter KLEIN, HS Ulm
Dr. Michael KÖLLE, RP Tübingen
OStR Bernhard KOOB, Gottlieb-Daimler-Schule 2 Sindelfingen
StR Ulrike KOPIZENSKI, Hubert-Sternberg-Schule Wiesloch
Prof. Dr. Harro KÜMMERER, HS Esslingen
Prof. Dr. Günther KURZ, HS Esslingen
Prof. Dr. Axel LÖFFLER, HS Aachen
Prof. Dr. Frank LOOSE, Uni Tübingen
Prof. Dr. Karin LUNDE, HS Ulm
Prof. Dr. Werner LÜTKEBOHMERT, Uni Ulm
StR Vera MAY, Albert-Einstein-Schule Ettlingen
Prof. Dr. Silke MICHAELSEN, HTWG Konstanz
Prof. Dr. Thomas MORGENSTERN, HS Karlsruhe
Prof. Dr. GERRIT NANDI, DHBW Heidenheim
Prof. Dr. Cornelia NIEDERDRENK-FELGNER, HS Nürtingen-Geislingen
Dipl.-Math. Bernd ODER, HS Aalen
Prof. Dr. Guido PINKERNELL, PH Heidelberg
Prof. Dr. Stephan PITSCH, HS Reutlingen
Prof. Dr. Ivica ROGINA, HS Karlsruhe
Dr. Norbert RÖHRL, Uni Stuttgart
Prof. Dr. Ralf ROTHFUSS, HS Esslingen
StD Dr. Torsten SCHATZ, Staatliches Seminar für Didaktik und Lehrerbildung (Gymnasien) Tübingen

Prof. Dr. Axel Schenk, HS Heilbronn
Dipl.-Math. Jochen Schröder, HS Karlsruhe
Prof. Dr. Axel Stahl, HS Esslingen
StR Martin Stöckel, Carl-Engler-Schule Karlsruhe
StD Ulla Sturm-Petrikat, Oskar-von-Nell-Breuning-Schule Rottweil
Prof. Dr. Kirstin Tschan, HS Furtwangen
Prof. Dr. Ursula Voss, HS Reutlingen
Prof. Hans-Peter Voss, Geschäftsstelle für Hochschuldidaktik Karlsruhe
MR Steffen Walter, Ministerium für Wissenschaft, Forschung und Kunst Stuttgart
StD Bruno Weber, LS Stuttgart
StD Dr. Thomas Weber, Carl-Engler-Schule Karlsruhe
Prof. Dr. Frédéric Weller, HS Esslingen
Prof. Dr. Holger Wengert, DHBW Stuttgart
StD Karen Wunderlich, Ministerium für Kultus und Sport, Stuttgart
StD Rita Wurth, Mettnau-Schule Radolfzell

Satz:

Dr. Isabel Braun, Projekt 'SKATING', HS Karlsruhe
Dipl.-Math. Jochen Schröder, HS Karlsruhe

Die Arbeitsgruppe cosh dankt der Studienkommission für Hochschuldidaktik an Hochschulen für Angewandte Wissenschaften in Baden-Württemberg für die Gewährung von Fördermitteln im Rahmen der Projekte „Heterogenität als Chance – Entwicklung und Erprobung tutorieller Betreuungsmodelle" und „Initiative zur hochschuldidaktischen Professionalisierung der Lehrenden im Zusammenhang mit dem Hochschulausbau", welche durch das Ministerium für Wissenschaft, Forschung und Kunst Baden-Württemberg gefördert werden.

Printed in the United States
By Bookmasters